画法几何与工程制图

主　编　张裕媛　魏　丽

参　编　刘继海　郭俊英　张　威

北京理工大学出版社
BEIJING INSTITUTE OF TECHNOLOGY PRESS

内 容 简 介

本书主要内容包括绪论、制图基础、正投影法的基本概念与理论、基本几何元素的投影、基本几何体的投影、被截切基本几何体的投影、两立体相贯、轴测投影、组合体、剖面图与断面图、建筑施工图、结构施工图、设备施工图、机械工程图。本书配套有魏丽、张裕媛主编的《画法几何与工程制图习题集》，可供教师和学生选用。

本书可供普通高等院校土木工程类、建筑管理类及相关专业使用，也可供其他类型院校相关专业选用。

图书在版编目（CIP）数据

画法几何与工程制图/张裕媛，魏丽主编．—北京：北京理工大学出版社，2018.6
ISBN 978 - 7 - 5682 - 5720 - 6

Ⅰ. ①画…　Ⅱ. ①张… ②魏…　Ⅲ. ①画法几何 - 高等学校 - 教材 ②工程制图 - 高等学校 - 教材　Ⅳ. ①TB23

中国版本图书馆 CIP 数据核字（2018）第 107693 号

出版发行 /	北京理工大学出版社有限责任公司
社　　址 /	北京市海淀区中关村南大街 5 号
邮　　编 /	100081
电　　话 /	（010）68914775（总编室）
	（010）82562903（教材售后服务热线）
	（010）68948351（其他图书服务热线）
网　　址 /	http：//www. bitpress. com. cn
经　　销 /	全国各地新华书店
印　　刷 /	北京紫瑞利印刷有限公司
开　　本 /	787 毫米 × 1092 毫米　1/16
印　　张 /	17
字　　数 /	410 千字
版　　次 /	2018 年 6 月第 1 版　2018 年 6 月第 1 次印刷
定　　价 /	65.00 元

责任编辑 / 高　芳
文案编辑 / 赵　轩
责任校对 / 周瑞红
责任印制 / 李志强

图书出现印装质量问题，请拨打售后服务热线，本社负责调换

本书依据 2004 年教育部工程图学教学指导委员会制订的《普通高等院校工程图学课程教学基本要求》，并结合编者多年教学经验编写而成。

本书在编写过程中，力求以工程制图的图示理论、图示基本知识、图示基本技能为基础，建立贯彻工程制图最新标准、形体表达，培养学生尺规绘图的能力，增强学生的工程意识。在编写中注意考虑了以下几个方面：

（1）突出投影和制图的基本理论。旨在通过基本理论的学习，使学生的空间思维能力得到提高，培养图学素养。采用图示分解、作图步骤和读图过程、形体分析等方法，既直观、清晰，充分体现了工程图学的特征，又有利于学生自学。

（2）适应建筑工程各专业的需要。结合工程实践，拓宽图样的范围，加强了工程图的实用性和适应性。为了适应高等学校优化课程结构和专业培养方案的改革，满足建筑工程类各专业工程图学课程的教学需要，书中包括了建筑、结构、给水排水、机械等专业的工程图，供各专业工程图学课程教学选用。

（3）注意贯彻现行的国家制图标准。书中专业图的内容按照《房屋建筑制图统一标准》（GB/T 50001—2017）、《建筑制图标准》（GB/T 50104—2010）、《建筑结构制图标准》（GB/T 50105—2010）、《建筑给水排水制图标准》（GB/T 50106—2010）等编写。

（4）考虑到目前高等院校课程设置改革的需要，将机械工程图作为一章编入教材，使本书内容更加多样化、不拘一格。

（5）每章都有学习目标和习题。目的是便于学生了解和掌握所学知识点。

（6）与本书配套的习题集，题型多样、类型突出，有利于学生开拓思路，从不同角度深入了解和掌握课程内容。

本书由张裕媛、魏丽担任主编，编写分工如下：张裕媛编写绪论、第1章、第4章、第7章、第10章、第11章，魏丽编写第2章、第3章、第8章、第9章，张威编写第6章，刘继海编写第12章，郭俊英编写第5章、第13章。

限于编者的水平，书中难免有疏漏之处，欢迎同仁和读者批评指正。

编　者

目　录

绪论 ……………………………………………………………………………… （1）

第1章　制图基础 ……………………………………………………………… （3）

1.1　制图工具及其使用方法 …………………………………………………… （3）

1.2　制图基本规定 ……………………………………………………………… （8）

　　1.2.1　图纸幅面 ……………………………………………………………… （8）

　　1.2.2　线型 …………………………………………………………………… （12）

　　1.2.3　字体 …………………………………………………………………… （13）

1.3　尺寸标注 …………………………………………………………………… （15）

　　1.3.1　尺寸界线 ……………………………………………………………… （16）

　　1.3.2　尺寸线 ………………………………………………………………… （16）

　　1.3.3　尺寸起止符号 ………………………………………………………… （16）

　　1.3.4　尺寸数字 ……………………………………………………………… （16）

1.4　几何作图 …………………………………………………………………… （17）

　　1.4.1　过已知点作一直线平行于已知直线（图1-34） …………………… （17）

　　1.4.2　过已知点作一直线垂直于已知直线（图1-35） …………………… （17）

　　1.4.3　等分线段 ……………………………………………………………… （18）

　　1.4.4　作圆的切线 …………………………………………………………… （18）

　　1.4.5　正多边形的画法 ……………………………………………………… （19）

　　1.4.6　椭圆的画法 …………………………………………………………… （19）

　　1.4.7　圆弧连接 ……………………………………………………………… （20）

1.5　建筑制图的一般步骤 ……………………………………………………… （23）

　　1.5.1　准备工作 ……………………………………………………………… （23）

　　1.5.2　画底稿 ………………………………………………………………… （23）

　　1.5.3　加深图线 ……………………………………………………………… （24）

第2章　正投影法的基本概念与理论 ·················· (25)

2.1　投影的形成和投影法的分类 ·················· (25)

2.1.1　投影和投影法 ·················· (25)

2.1.2　投影法的分类 ·················· (26)

2.1.3　投影法的基本性质 ·················· (26)

2.2　平行投影法的特性 ·················· (27)

2.3　工程上常用的投影图 ·················· (28)

2.4　正投影图的形成及特性 ·················· (29)

2.4.1　两面投影图及其特性 ·················· (30)

2.4.2　三面投影图及其特性 ·················· (31)

第3章　基本几何元素的投影 ·················· (34)

3.1　点的正投影 ·················· (34)

3.1.1　点在两投影面体系中的投影 ·················· (34)

3.1.2　点在三投影面体系中的投影 ·················· (35)

3.1.3　点的直角坐标及两点的相对位置 ·················· (36)

3.1.4　点的辅助投影 ·················· (39)

3.2　直线的正投影 ·················· (41)

3.2.1　各种位置直线的投影 ·················· (41)

3.2.2　直线上的点 ·················· (45)

3.2.3　一般位置线段的实长及对投影面的倾角 ·················· (47)

3.2.4　两直线的相对位置 ·················· (48)

3.3　平面的正投影 ·················· (54)

3.3.1　平面的表示法及其空间位置的分类 ·················· (54)

3.3.2　各种位置平面的投影 ·················· (55)

3.3.3　平面内的直线和点 ·················· (58)

3.3.4　直线和平面的相对位置 ·················· (61)

3.3.5　两平面的相对位置 ·················· (67)

第4章　基本几何体的投影 ·················· (74)

4.1　平面基本几何体的投影及其表面取点 ·················· (75)

4.1.1　平面立体的投影 ·················· (75)

4.1.2　平面立体表面上的点和线 ·················· (77)

4.2　回转体的投影 ·················· (79)

4.2.1　曲面体的投影 ·················· (80)

4.2.2　曲面立体表面的点 ·················· (82)

第5章 被截切基本几何体的投影 ·· (86)

5.1 概述 ·· (86)

5.2 被截切平面基本几何体的投影 ·· (87)

5.3 被截切曲面基本几何体的投影 ·· (90)

  5.3.1 被截切圆柱体的投影 ·· (91)

  5.3.2 被截切圆锥体的投影 ·· (92)

  5.3.3 被截切圆球体的投影 ·· (93)

第6章 两立体相贯 ·· (100)

6.1 两平面立体相贯 ·· (101)

  6.1.1 相贯线的特点 ··· (101)

  6.1.2 相贯线的求法 ··· (101)

  6.1.3 相贯线作图步骤 ·· (101)

  6.1.4 相贯线作图的注意事项 ·· (102)

6.2 平面立体与曲面立体相贯 ·· (104)

  6.2.1 相贯线的特点 ··· (104)

  6.2.2 相贯线的求法 ··· (105)

  6.2.3 相贯线作图步骤 ·· (105)

6.3 两曲面立体相贯的一般情况 ·· (107)

  6.3.1 相贯线的特点 ··· (107)

  6.3.2 相贯线的求法 ··· (108)

6.4 两曲面立体相贯的特殊情况 ·· (111)

  6.4.1 两圆柱的轴线平行 ·· (111)

  6.4.2 两圆锥共锥顶 ··· (111)

  6.4.3 同轴回转体 ··· (111)

  6.4.4 两回转体共内切于圆球面 ····································· (112)

第7章 轴测投影 ·· (113)

7.1 基本知识 ·· (114)

  7.1.1 轴测投影图的形成 ·· (114)

  7.1.2 轴测投影的基本性质 ··· (114)

7.2 正等轴测投影 ·· (115)

  7.2.1 正等测的轴间角和轴向变形系数 ····························· (115)

  7.2.2 点的正等测画法 ·· (115)

  7.2.3 圆的正等测画法 ·· (118)

  7.2.4 曲面立体的正等测画法 ·· (119)

7.3 斜二等轴测投影 ·· (121)

7.3.1 斜二测的轴间角和轴向变形系数 ················· (121)

7.3.2 斜二测投影图的画法 ····························· (122)

第8章 组合体 ·· (124)

8.1 组合体的形成分析 ································· (124)

8.2 组合体视图的画法和尺寸标注 ················· (126)

8.2.1 组合体视图的画法 ····························· (126)

8.2.2 尺寸标注的基本要求 ·························· (130)

8.3 组合体投影图的阅读 ···························· (132)

8.3.1 组合体投影图阅读的一般步骤 ··············· (132)

8.3.2 组合体投影图的阅读方法 ···················· (133)

第9章 剖面图与断面图 ·· (141)

9.1 剖面图 ·· (141)

9.1.1 基本概念及画法 ······························· (142)

9.1.2 常用剖面图的种类 ····························· (144)

9.2 断面图 ·· (147)

9.2.1 断面图的基本概念及画法 ···················· (147)

9.2.2 常用断面图的种类 ····························· (148)

第10章 建筑施工图 ·· (150)

10.1 基本知识 ··· (150)

10.1.1 房屋的组成及其作用 ························· (150)

10.1.2 房屋施工图的分类 ··························· (151)

10.1.3 绘制房屋施工图的有关规定 ················· (152)

10.1.4 施工图的阅读步骤 ··························· (158)

10.2 建筑总平面图 ···································· (158)

10.2.1 建筑总平面图的内容 ························· (158)

10.2.2 图示实例 ···································· (161)

10.3 建筑平面图 ······································ (162)

10.3.1 建筑平面图的形成、表达内容与用途 ········· (162)

10.3.2 建筑平面图的图示内容 ······················ (162)

10.3.3 识读建筑平面图示例 ························· (166)

10.4 建筑立面图 ······································ (169)

10.4.1 建筑立面图的形成、命名与用途 ·············· (169)

10.4.2 建筑立面图的图示内容 ······················ (170)

10.4.3 识读建筑立面图示例 ························· (170)

10.5 建筑剖面图 ······································ (172)

10.5.1　建筑剖面图的形成和特点 ……………………………………………（172）

10.5.2　建筑剖面图的图示内容 ………………………………………………（173）

10.5.3　识读建筑剖面图示例 …………………………………………………（173）

10.6　建筑详图 ……………………………………………………………………（174）

10.6.1　有关规定与画法特点 …………………………………………………（175）

10.6.2　墙身剖面详图 …………………………………………………………（175）

10.6.3　看图示例 ………………………………………………………………（176）

10.7　楼梯详图 ……………………………………………………………………（177）

10.7.1　楼梯平面图 ……………………………………………………………（177）

10.7.2　楼梯剖面图 ……………………………………………………………（178）

10.7.3　楼梯节点详图 …………………………………………………………（178）

第11章　结构施工图 ………………………………………………………………（181）

11.1　概述 …………………………………………………………………………（181）

11.1.1　结构施工图的种类 ……………………………………………………（181）

11.1.2　结构施工图的一般规定 ………………………………………………（182）

11.1.3　钢筋混凝土结构及基本图示方法 ……………………………………（184）

11.2　基础图 ………………………………………………………………………（188）

11.2.1　基础图的形成及作用 …………………………………………………（188）

11.2.2　基础图的图示内容和图示方法 ………………………………………（188）

11.2.3　基础图的阅读示例和绘制 ……………………………………………（189）

11.3　钢筋混凝土结构图 …………………………………………………………（191）

11.3.1　钢筋混凝土结构图的内容和图示特点 ………………………………（191）

11.3.2　结构平面图 ……………………………………………………………（191）

11.3.3　构件详图 ………………………………………………………………（194）

11.3.4　平面整体表示法 ………………………………………………………（196）

第12章　设备施工图 ………………………………………………………………（198）

12.1　给水排水施工图 ……………………………………………………………（198）

12.1.1　概述 ……………………………………………………………………（198）

12.1.2　室外给水排水平面图 …………………………………………………（203）

12.1.3　室内给水排水施工图 …………………………………………………（205）

12.1.4　给水排水工程详图 ……………………………………………………（212）

12.2　采暖工程图 …………………………………………………………………（213）

12.2.1　采暖工程图的一般规定 ………………………………………………（213）

12.2.2　采暖工程图的规定 ……………………………………………………（214）

12.2.3　室内采暖工程图 ………………………………………………………（215）

12.3　建筑电气施工图 ……………………………………………………………（220）

12.3.1　有关电气施工图的一般规定 ·· (221)

12.3.2　电气照明施工图 ·· (224)

第13章　机械工程图 ·· (232)

13.1　零件图 ·· (232)

13.1.1　零件图的作用 ·· (232)

13.1.2　零件图的内容 ·· (232)

13.2　零件图的视图及表达方法 ·· (234)

13.2.1　零件图的视图选择 ·· (234)

13.2.2　典型零件的表达方法 ·· (234)

13.3　零件图的尺寸标注 ·· (238)

13.4　极限与配合 ·· (240)

13.4.1　极限与配合的基本概念 ·· (240)

13.4.2　公差带图 ·· (241)

13.4.3　标准公差和基本偏差 ·· (241)

13.4.4　配合种类 ·· (242)

13.4.5　基准制 ·· (243)

13.4.6　极限与配合在零件图中的标注 ·· (243)

13.5　读零件图的方法及步骤 ·· (245)

13.6　装配图的作用和内容 ··· (246)

13.6.1　装配图的作用 ·· (246)

13.6.2　装配图的内容 ·· (246)

13.7　装配图的表达方法 ·· (248)

13.7.1　装配图的一般表达方法 ·· (248)

13.7.2　装配图的规定画法 ·· (248)

13.7.3　装配图的特殊表达方法 ·· (249)

13.8　画装配图的方法及步骤 ·· (250)

13.9　读装配图的方法及步骤 ·· (257)

参考文献 ··· (259)

工程制图是高等工科院校学生必须掌握的一门重要技术基础课。开设本课程的目的是培养学生的工程文化素养、绘制和阅读工程图样能力、空间想象能力，帮助学生树立创新意识，为后续课程的学习和未来从事工程技术工作打下良好的基础。

1. 学习任务

本课程的主要内容包括画法几何、制图基础、专业工程图三部分。画法几何以正投影原理为主要理论基础；制图基础介绍、贯彻国家有关制图标准；专业工程图是投影原理和国家制图标准在各专业的应用，介绍各专业图样的表达方法和规定，培养阅读和绘制专业工程图样的基本能力。

本课程的学习任务如下：

（1）学习正投影法的基本理论和方法。

（2）培养空间想象能力、空间逻辑思维能力和图解分析能力。

（3）学习、贯彻工程制图的国家有关标准，培养绘制和阅读专业工程图样的基本能力。

2. 学习方法

（1）本课程是一门实践性很强的技术基础课，所以在掌握基本概念、基本理论和基本方法的前提下，要完成一定数量的习题练习。

画法几何研究图示和图解空间几何问题的理论与方法，讨论空间形体与平面图形之间的对应关系。所以学习时要下功夫培养空间思维能力，根据实物、模型或立体图画出物体的二维平面图形（即投影图），并且学会由物体的投影图想象它的空间形状，由浅入深，逐步理解三维空间物体和二维平面图形（即投影图）之间的对应关系，并坚持反复练习。要多观察、多联想、多动手，有意识地培养自己的空间想象力和创新能力，为今后的学习打下良好的基础。

（2）确立"严格遵守标准"的意识。按照制图国家标准规定，使工程图成为技术交流的工具。所以在学习过程中，必须认识到国家标准的权威性，树立严格遵守标准的观念，贯彻执行国家标准。

（3）学习要有主动性、自觉性。主动学习，做到独立思考，独立完成作业。在求解空间几何问题时，要先对问题做空间分析，研究找出解题方法，再利用所掌握的投影理论，研究找出在投影图上求解问题的方法、作图步骤。分析空间问题时，可以利用身边的笔、尺、书本等物件摆出问题的空间模型，来帮助分析和理解；本课程作业基本上都是动手用尺、规画图或图解作图，作图要准确、规范。绘图与读图是相辅相成的，只有认真、仔细地绘图，读图才能深入、细致，弄清图样表达的内容。在提高绘图能力的同时也积累了相关专业知识，提高了读图能力。

（4）有意识地培养自己的工程人文素养，养成认真负责的工作态度。土木工程质量关系到人民人身财产的安全，高度负责、严谨细致是工程技术人员应具备的优秀素质。工程图是施工的依据，绘图错误、看图不仔细都会给生产带来损失。因此，绘图和读图时必须养成细心、耐心、严肃、认真、一丝不苟的工作作风和工作态度。

第 1 章

制图基础

★学习目标

1. 了解制图工具及其使用方法。
2. 熟悉建筑制图国家标准规定。
3. 掌握基本几何作图方法。
4. 了解建筑制图的一般步骤。

1.1　制图工具及其使用方法

学习制图，要了解各种制图工具的性能，掌握其使用方法，并经常维护保养，这样才能保证绘图质量，提高绘图速度。常用的制图工具有绘图板、丁字尺、三角板、圆规、比例尺、曲线板和铅笔等。

1. 绘图板

绘图板的四周工作边要平直，否则用丁字尺画出的平行线就不准确；板面要保持平滑，否则会影响画图质量，如图 1-1 所示。绘图板一般有 0 号（900 mm × 1200 mm）、1 号（600 mm × 900 mm）和 2 号（400 mm × 600 mm）三种规格，可根据需要选定。0 号绘图板适合画 A0 号图纸，1 号绘图板适合画 A1 号图纸，四周还略有宽余。绘图板放在桌面上，板身宜与水平桌面成 10°～15°倾角。绘图板不可用水刷洗和在日光下暴晒。

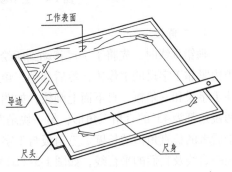

图 1-1　绘图板和丁字尺（一）

2. 丁字尺

丁字尺由尺头和尺身两部分构成。尺头与尺身互相垂直，尺身带有刻度，如图 1-2 所示。尺身要牢固地连接在尺头上，尺头的内侧面必须平直，使用时应紧靠绘图板的左侧导边。在画同一张图纸时，尺头不可以在绘图板的其他边滑动，以避免绘图板各边不成直角时，画出的线不准确。丁字尺的尺身工作边必须平直光滑，不可用丁字尺击物和用刀片沿尺身工作边裁纸。丁字尺用毕后，宜竖直挂起，以避免尺身弯曲变形或折断。选择绘图板导边时，应选择比较光滑笔直的一端，在画图时应该始终如一地以此端为工作边，丁字尺尺头不可以随时调换位置，如图1-3所示。

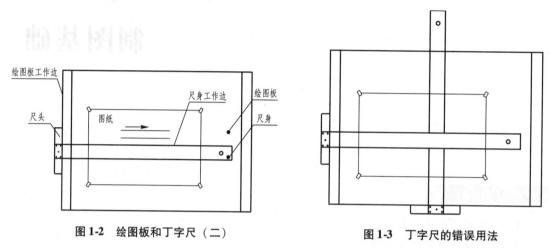

图1-2 绘图板和丁字尺（二）   图1-3   丁字尺的错误用法

丁字尺主要用于画水平线，使用时左手握住尺头，使尺头内侧紧靠绘图板的左侧导边，上下移动到位后，用左手按住尺身，即可沿丁字尺的工作边自左向右画出一系列水平线。画较长的水平线时，可把左手滑过来按住尺身，以防止尺尾翘起和尺身摆动（图1-4）。

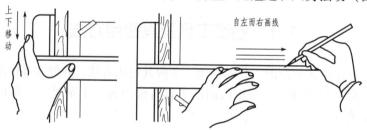

图1-4   上下移动丁字尺及画水平线的手势

3. 三角板

画铅垂线时，先将丁字尺移动到所绘图线的下方，把三角板放在应画线的右方，并使一直角边紧靠丁字尺的工作边，然后移动三角板，直到另一直角边对准要画线的地方，再用左手按住丁字尺和三角板，自下而上画线，如图1-5（a）所示。三角板由两块组成一副，其中一块是两锐角都为45°的直角三角形，另一块是两锐角分别为30°和60°的直角三角形。前者的斜边等于后者的长直角边的长度。三角板与丁字尺配合使用，还可以画出15°、30°、45°、60°、75°等倾斜直线及它们的平行线，如图1-5（b）所示。

4. 圆规

圆规是画圆和圆弧的专用仪器。为了扩大功能，圆规一般配有三种插腿：铅笔插腿（画铅笔线圆用）、直线笔插腿（画墨线圆用）、钢针插腿（代替分规用）。画圆时可在圆规上接一个延伸杆，以扩大圆的半径。画图时应先检查两脚是否等长，当针尖插入绘图板后，

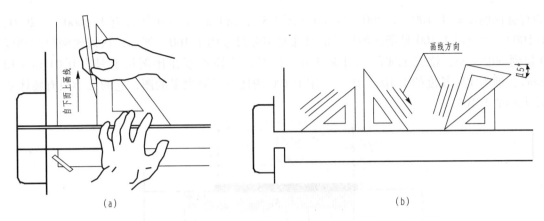

图1-5 用三角板和丁字尺配合画铅垂线与各种斜线

留在外面的部分应与铅芯尖端齐平（画墨线时，应与鸭嘴笔脚齐平），如图1-6（a）所示。铅芯可磨成约65°的斜截圆柱状，斜面向外，也可磨成圆锥状。

画圆时，首先调整铅芯与针尖的距离等于所画圆的半径，再用左手食指将针尖送到圆心上轻轻插住，尽量不使圆心扩大，并使笔尖与纸面的角度接近垂直；然后右手转动圆规手柄，转动时，圆规应向画线方向略为倾斜，速度要均匀，沿顺时针方向画圆，整个圆一笔画完。在绘制较大的圆时，可将圆规两插杆弯曲，使它们仍然保持与纸面垂直［图1-6（b）］。直径在10 mm以下的圆，一般用点圆规来画。使用时，右手食指按顶部。大拇指和中指按顺时针方向迅速地旋动套管手柄，画出小圆，如图1-6（c）所示。需要注意的是，画圆时必须保持针尖垂直于纸面，圆画出后，要先提起套管，然后拿开圆规。画实线圆、圆弧或多个同心圆时，要使圆规针腿有平面端的大头向下，以防止圆心扩大，从而保证画圆的准确度。

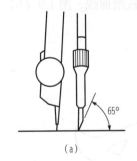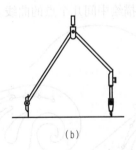

图1-6 圆规及其使用

画铅笔线圆或圆弧时，所用铅芯的型号要比画同类直线的铅笔软一号。例如，画直线时用B号铅笔，而画圆时则用2B号铅芯。虚线圆的画法如图1-7所示。

5. 比例尺

比例尺是绘图时用于放大或缩小实际尺寸的一种常用尺子，在尺身上刻有不同的比例刻度。常用

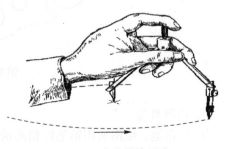

图1-7 虚线圆的画法

的百分比例尺有 1:100、1:200、1:500（图 1-8），常用的千分比例尺有 1:1000、1:2000、1:5000。比例尺 1:100 是指比例尺上的尺寸是实际尺寸的 1/100。例如，从该比例尺的刻度 0 量到刻度 1 m，就表示实际尺寸是 1 m。但是，这段长度在比例尺上只有 0.01 m（10 mm），即为实际长度的 1/100。因此，用 1:100 的比例尺画出来的图，它的大小只有物体实际大小的 1/100。

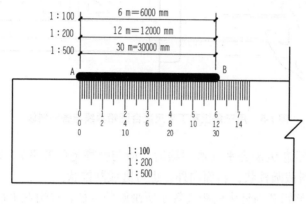

图 1-8　比例尺

6. 曲线板

曲线板是描绘各种曲线的专用工具，如图 1-9 所示。曲线板的轮廓线是以各种平面数学曲线（椭圆、抛物线、双曲线、螺旋线等）相互连接而成的光滑曲线。描绘曲线时，先徒手用铅笔把曲线上一系列的点顺次地连接起来，然后选择曲线板上曲率合适的部分与徒手连接的曲线贴合。每次连接应通过曲线上三个点，并注意每画一段线，都要比曲线板边与曲线贴合的部分稍短一些，这样才能使所画的曲线光滑地过渡。图 1-9（a）为被绘曲线，图 1-9（b）为描绘前几个点的曲线，图 1-9（c）为描绘中间几个点的曲线。

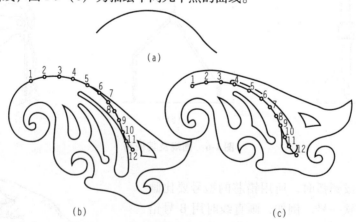

图 1-9　曲线板的用法

7. 绘图用笔

（1）铅笔。绘图所用铅笔以铅芯的软硬程度分类，"B" 表示软，"H" 表示硬，"B" 或 "H" 各有 6 种型号，其前面的数字越大，则表示该铅笔的铅芯越软或越硬。"HB" 铅笔介于软硬之间。画铅笔图时，图线的粗细不同，所用的铅笔型号及铅芯削磨的形状也不同。通常用 H~2H 铅笔画底稿；用 HB 铅笔写字、画箭头以及加黑细实线；用 B~2B 加粗实线。加深圆弧用的铅芯，一般比画粗实线的铅芯软一些。

加深图线时，用于加深粗实线的铅芯磨成铲形，其余线型的铅芯磨成圆锥形，如图 1-10 所示。

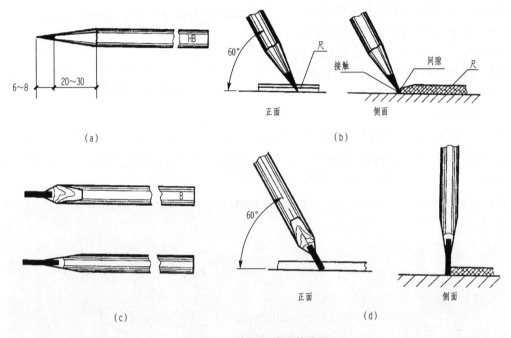

图 1-10　绘图铅笔及其使用

（a）画细线铅笔削磨形状；（b）画细线时铅笔使用方法；（c）画粗线铅笔削磨形状；（d）画粗线时铅笔使用方法

（2）直线笔。直线笔又称鸭嘴笔，是传统的上墨、描图仪器，如图 1-11 所示。画线前，根据所画线条的粗细，旋转螺钉调好两叶片的间距，用吸墨管把墨汁注入两叶片之间，墨汁高度以 5~6 mm 为宜。画线时，执笔不能内外倾斜，上墨不能过多，入笔不要太重，行笔流畅、匀速，不能停顿、偏转和晃动，否则会影响图线质量。直线笔装在圆规上可画出墨线圆或圆弧。

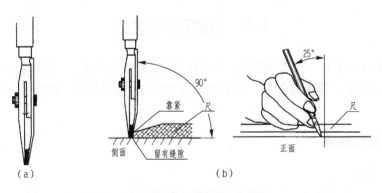

图 1-11　直线笔及使用

（a）直线笔外形；（b）直线笔的使用方式

8. 擦线板

当擦掉一条画错的图线时，很容易将邻近的图线也擦掉一部分，擦线板是用来保护邻近图线的。擦线板用薄塑料或金属片制成，上面刻有各种形状的孔槽，如图1-12所示。使用方法是使画错了的线段在板上适当的孔槽中露出来，左手按紧板身，右手持硬橡皮擦孔槽内的墨线。擦墨线时要待墨线完全干透之后，方可动手。

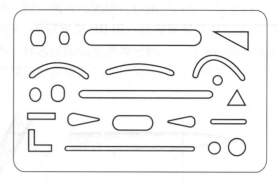

图 1-12　擦线板

9. 建筑模板

建筑模板主要用来画各种建筑标准图例和常用符号，如柱、墙、门开启线、大便器、污水盆、详图索引符号、轴线圆圈等。模板上刻有可以画出各种不同图例或符号的孔（图1-13），其大小已符合一定的比例，只要用笔沿孔内画一周即可。

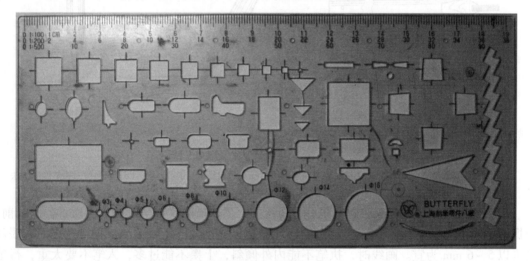

图 1-13　建筑模板

1.2　制图基本规定

工程图样是工程界的一种通用语言，为了使建筑工程图表达统一、清晰简明，便于技术交流，满足设计、施工、管理的要求，必须遵守国家标准《房屋建筑制图统一标准》（GB/T 50001—2017）。

1.2.1　图纸幅面

1. 图幅、图框

图幅指的是图纸的幅面，即图纸本身的大小规格。幅面的尺寸应该符合表1-1的规定。尺寸代号的意义见表1-1。

表1-1 幅面及图框尺寸 mm

幅面代号 尺寸代号	A0	A1	A2	A3	A4
$b \times l$	841×1189	594×841	420×594	297×420	210×297
c	10			5	
a	25				

注：b 为幅面短边尺寸；l 为幅面长边尺寸；c 为图框线与幅面线间宽度；a 为图框线与装订边间宽度。

从表1-1中可以看出，A1幅面是A0幅面的对裁，A2幅面是A1幅面的对裁，上一号图幅的短边是下一号图幅的长边，依次类推。幅面的 $l:b=\sqrt{2}$。同一项工程的图纸，不宜多于两种幅面。

在特殊情况下，允许A0～A3号幅面按表1-2的规定加长图纸的长边。图纸的短边一般不应加长，但应符合国家标准规定。

表1-2 图纸长边加长尺寸 mm

幅面代号	长边尺寸	长边加长后的尺寸
A0	1189	1486（A0+1/4l） 1783（A0+1/2l） 2080（A0+3/4l） 2378（A0+l）
A1	841	1051（A1+1/4l） 1261（A1+1/2l） 1471（A1+3/4l） 1682（A1+l） 1892（A1+5/4l） 2102（A1+3/2l）
A2	594	743（A2+1/4l） 891（A2+1/2l） 1041（A2+3/4l） 1189（A2+l） 1338（A2+5/4l） 1486（A2+3/2l） 1635（A2+7/4l） 1783（A2+2l） 1932（A2+9/4l） 2080（A2+5/2l）
A3	420	630（A3+1/2l） 841（A3+l） 1051（A3+3/2l） 1261（A3+2l） 1471（A3+5/2l） 1682（A3+3l） 1892（A3+7/2l）

注：有特殊需要的图纸，可采用 $b \times l$ 为 841 mm×891 mm 与 1189 mm×1261 mm 的幅面。

图纸通常有两种形式：横式和立式。图纸以短边作为垂直边称为横式幅面，以短边作为水平边称为立式幅面。一般A0～A3图纸宜用横式，如图1-14～图1-16所示；必要时，也可立式使用，如图1-17～图1-19所示。图纸上必须用粗实线画出图框线，图框线是图纸上所供绘图范围的边线，图框线与幅面线的间隔 a 和 c 应符合表1-1的规定。

2. 标题栏与会签栏

应根据工程需要选择确定标题栏、会签栏的尺寸、格式及分区。当采用图1-14、图1-15、图1-17、图1-18布置时，标题栏应按图1-20、图1-21布局；当采用图1-16、图1-19布置时，标题栏应按图1-22、图1-23布局。签字区应包含实名列和签名列。涉外工程的标题栏内，各项主要内容的中文下方应附有译文，设计单位的上方或左方，应加"中华人民共和国"字样。

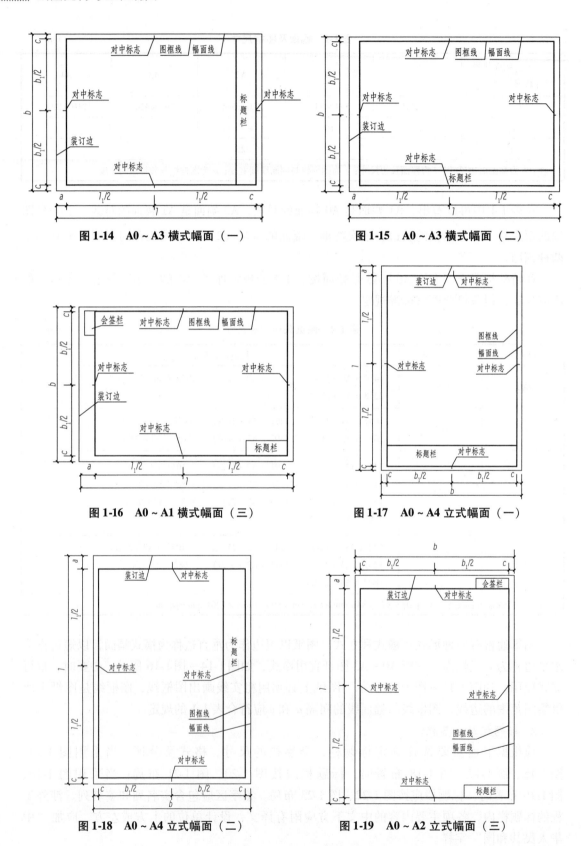

图 1-14　A0~A3 横式幅面（一）

图 1-15　A0~A3 横式幅面（二）

图 1-16　A0~A1 横式幅面（三）

图 1-17　A0~A4 立式幅面（一）

图 1-18　A0~A4 立式幅面（二）

图 1-19　A0~A2 立式幅面（三）

图 1-20 标题栏（一）

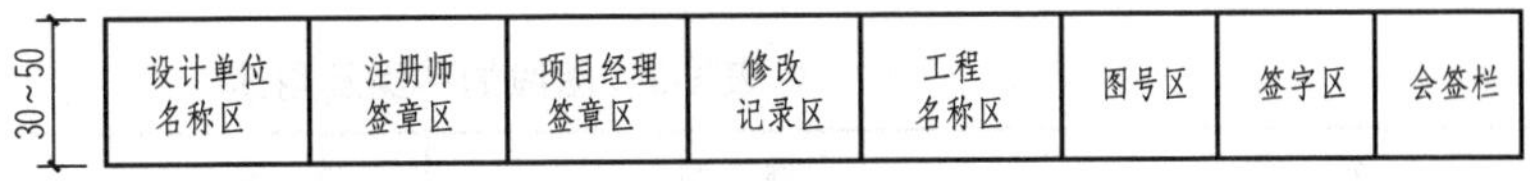

图 1-21 标题栏（二）

图 1-22 标题栏（三）

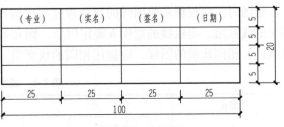

图 1-23 标题栏（四）

会签栏应按图 1-24 的格式绘制，其尺寸应为 100 mm×20 mm，栏内应填写会签人员的专业、姓名、日期（年、月、日）；一个会签栏不够时，可另加一个，两个会签栏应并列；不需会签的图纸可不设会签栏。

（专业）	（实名）	（签名）	（日期）

图 1-24 会签栏

学生制图作业用标题栏推荐图 1-25 的格式。

图 1-25　学生制图作业用标题栏的格式

1.2.2　线型

1. 图线的种类和用途

画在图纸上的线条称为图线。图线有粗、中、细之分。各类线型、宽度、用途见表 1-3。

表 1-3　图线的种类及用途

名　称		线　型	线　宽	用　途
实线	粗		b	主要可见轮廓线
	中粗		$0.7b$	可见轮廓线、变更云线
	中		$0.5b$	可见轮廓线、尺寸线
	细		$0.25b$	图例填充线、家具线
虚线	粗		b	见各有关专业制图标准
	中粗		$0.7b$	不可见轮廓线
	中		$0.5b$	不可见轮廓线、图例线
	细		$0.25b$	图例填充线、家具线
单点长画线	粗		b	见各有关专业制图标准
	中		$0.5b$	见各有关专业制图标准
	细		$0.25b$	中心线、对称线、轴线等
双点长画线	粗		b	见各有关专业制图标准
	中		$0.5b$	见各有关专业制图标准
	细		$0.25b$	假想轮廓线、成型前原始轮廓线
折断线	细		$0.25b$	断开界线
波浪线	细		$0.25b$	断开界线

绘图时，应根据所绘图样的复杂程度与比例大小，先选定基本线宽 b，再选用表 1-4 中相应的线宽组。当粗线的宽度 b 确定以后，则和 b 相关联的中线、细线也随之确定。同一张图纸内，相同比例的图样，应选用相同的线宽组。

表 1-4　线宽组　　　　　　　　　　　　　　　　　　　mm

线宽比	线宽组			
b	1.4	1.0	0.7	0.5

续表

线宽比	线宽组			
0.7b	1.0	0.7	0.5	0.35
0.5b	0.7	0.5	0.35	0.25
0.25b	0.35	0.25	0.18	0.13

图纸的图框线和标题栏线，可采用表 1-5 的线宽。

表 1-5　图框线、标题栏线的宽度　　　　　　　　　　　　mm

幅面代号	图框线	标题栏外框线对中标志	标题栏分格线幅画线
A0、A1	b	0.5b	0.25b
A2、A3、A4	b	0.7b	0.35b

2. 图线的画法及注意事项

（1）各种图线的画法见表 1-3。

（2）相互平行的图线，其间隙不宜小于其中粗线的宽度，且不宜小于 0.7 mm。

（3）虚线线段长 3 ~ 6 mm，间距约 1 mm；单点长画线或双点长画线的每一线段长度应相等，长画线为 15 ~ 20 mm，短画线约 1 mm，间距约 1 mm。

（4）单点长画线或双点长画线，当在较小的图形中绘制有困难时，可用细实线代替。

（5）单点长画线或双点长画线的两端，不应是点；点画线与点画线交接时或点画线与其他图线交接时，应是线段交接；虚线与虚线交接或虚线与其他图线交接时，应是线段交接；虚线是实线的延长线时，不得与实线连接，如图 1-26 所示。

（6）图线不得与文字、数字或符号重叠、混淆，不可避免时，应首先保证文字等的清晰。

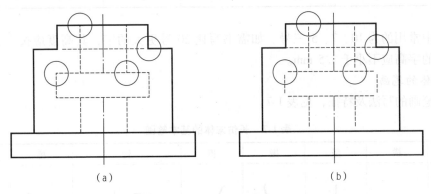

（a）　　　　　　　　　　　　　　　　　　　（b）

图 1-26　虚线交接的画法
（a）正确；（b）错误

1.2.3　字体

图纸上有各种符号、字母代号、尺寸数字及文字说明。各种字体必须书写端正，排列整齐，笔画清晰。标点符号要清楚正确。

工程制图的汉字应用长仿宋体。写仿宋字（长仿宋体）的基本要求，可概括为"横平竖直、起落分明、笔锋满格、布局均匀"。

长仿宋体字样：

制图国家标准字体工整笔画清楚结构均匀填满方格工业民用厂房建筑建筑设计结构施工水暖电设备平立剖详图说明比例尺寸长宽高厚标准年月日说明砖瓦木石土砂浆水泥钢筋混凝土梁板柱楼梯门窗墙基础地层散水编号道桥截面

1. 字体格式

若使字写得大小一致、排列整齐，书写之前应事先用铅笔淡淡地打好字格，再进行书写。字格的高宽比例通常为 3:2。行距应大于字距，一般字距约为字高的 1/4，行距约为字高的 1/3，如图 1-27 所示。

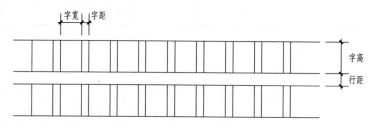

图 1-27　字格

字的大小用字号来表示，字号即字的高度，各号字的高度与宽度的关系，见表 1-6。

表 1-6　各号字的高宽关系　　　　　　　　　　　　　　　　　mm

字　号	20	14	10	7	5	3.5
字　高	20	14	10	7	5	3.5
字　宽	14	10	7	5	3.5	2.5

图纸中常用的为 10、7、5 三号。如需书写比 20 号更大的字，其高度应按 $\sqrt{2}$ 的比值递增。汉字的字高应不小于 3.5 mm。

2. 字体的笔画

常用笔画的写法及特征，见表 1-7。

表 1-7　长仿宋体的基本笔画

名称	横	竖	撇	捺	钩	挑	点
形状	一	丨	丿	乀	𠃌乚	╱	八
笔法	一	丨	丿	八	𠃌乚	╱	八

（1）横平竖直。横笔基本要平，可略向上自然倾斜一点。竖笔要直，笔画要刚劲有力。

（2）起落分明。横、竖的起笔和收笔，撇的起笔，钩的转角等，都要顿一下笔，形成小三角。

（3）笔锋满格。上下左右笔锋要尽可能靠近字格，但也有例外情况，如日、口等字，都要比字格略小。

（4）布局均匀。笔画布局要均匀紧凑，并注意下列各点：

①字形基本对称的应保持其对称，如土、木、平、面、金等。

②有一竖笔居中的应保持该笔竖直而居中，如上、正、水、车、审等。

③有三四横竖笔画的要大致平行等距，如三、曲、垂、直、量等。

④偏旁所占的比例不同，有约占一半的，如比、料、机、部、轴等；有约占 1/3 的，如混、梯、钢、墙等；有约占 1/4 的，如凝。

⑤左右组合紧凑，尽量少留空白，如以、砌、设、动、泥等。

拉丁字母、阿拉伯数字或罗马数字都可以根据需要写成直体或斜体。如需写成斜体字，其倾斜度是从字的底线逆时针向上倾斜 75°，斜体字的宽度和高度应与相应的直体字相等。当数字与汉字同行书写时，其大小应比汉字小一号，并宜写直体。拉丁字母、阿拉伯数字及罗马数字的字高，应不小于 2.5 mm。小写的拉丁字母的高度应为大写字母高度 h 的 7/10，字母间隔为 $2/10h$，上下行的净间距最小为 $4/10h$。

字体书写练习要持之以恒，多看、多练、多写，严格认真、反复刻苦地练习，自然熟能生巧。

1.3　尺寸标注

在建筑施工图中，图样除了画出建筑物及其各部分的形状外，建筑物各部分的大小和各构成部分的相互位置关系还必须通过尺寸标注来表达，以作为施工的依据。注写尺寸时，应力求做到正确、完整、清晰、合理。下面介绍建筑制图国家标准中常用的尺寸标注方法。

建筑图样上的尺寸一般应由尺寸界线、尺寸线、尺寸起止符号和尺寸数字四部分组成，如图 1-28 所示。

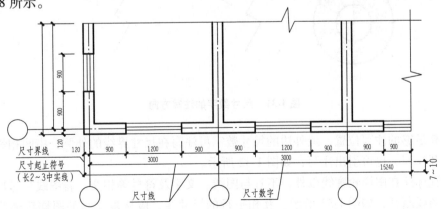

图 1-28　尺寸的组成和平行排列的尺寸

1.3.1 尺寸界线

尺寸界线是控制所注尺寸范围的线，应用细实线绘制，一般应与被注长度垂直；其一端应离开图样轮廓线不小于 2 mm，另一端宜超出尺寸线 2~3 mm。必要时，图样的轮廓线、轴线或中心线可用作尺寸界线（图1-29）。

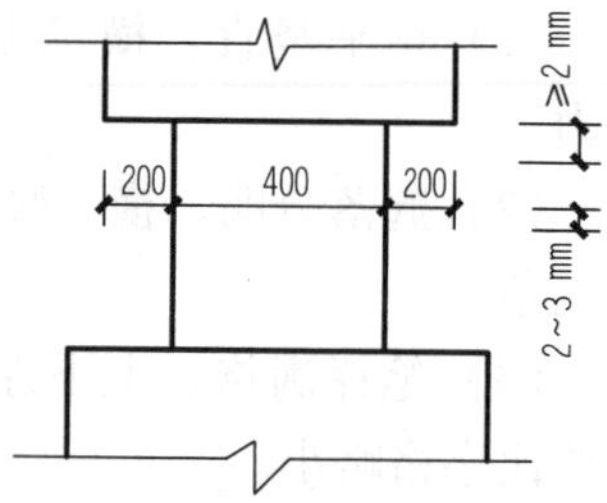

图1-29 轮廓线用作尺寸界线

1.3.2 尺寸线

尺寸线是用来注写尺寸的，应用细实线绘制，且应与所标注的线段平行、与尺寸界线垂直相交、相交处尺寸线不宜超过尺寸界线。图样本身的任何图线或其延长线均不得用作尺寸线。

1.3.3 尺寸起止符号

尺寸起止符号一般应用中粗斜短线绘制，其倾斜方向应与尺寸界线成顺时针45°，长度宜为 2~3 mm。半径、直径、角度和弧长的尺寸起止符号，宜用箭头表示（图1-30）。

图1-30 箭头的画法

1.3.4 尺寸数字

国家标准规定，图样上的尺寸，除标高及总平面图以 m 为单位外，其余一律以 mm 为单位。因此，图样上的尺寸都不用注写单位。本书后面文字及插图中表示尺寸的数字，如无特殊说明，均遵守上述规定。

尺寸数字一般应依据其读数方向注写在靠近尺寸线的中部上方 1 mm 的位置。水平方向的尺寸，尺寸数字要写在尺寸线的上面，字头朝上；竖直方向的尺寸，尺寸数字要写在尺寸线的左侧，字头朝左；倾斜方向的尺寸，尺寸数字的方向应按图1-31（a）注写。若尺寸数字应依据其读数方向注写在靠近尺寸线的上方中部，在30°斜线区内，宜按图1-31（b）的形式注写。

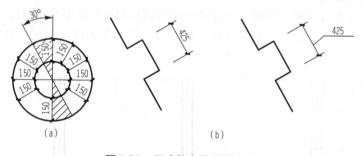

图1-31 尺寸数字的注写方向

若没有足够的注写位置，最外边的尺寸数字可注写在尺寸界线的外侧，中间相邻的尺寸数字可错开注写，也可引出注写，如图1-32所示。

尺寸宜标注在图样轮廓线以外，不宜与图线、文字及符号等相交。若图线穿过尺寸数字时，应将图线断开，如图1-33所示。互相平行的尺寸线，应从被注写的图样轮廓线由近向远整齐排列，较小尺寸应离轮廓线较近，较大尺寸应离轮廓线较远。图样轮廓线以外的尺寸线，距图样最外轮廓线的距离，不宜小于 10 mm。平行尺寸线的间距，宜为 7~10 mm，并应保持一致，如图 1-28 所示。总尺寸的尺寸界线，应靠近所指部位；中间的分尺寸的尺寸界线可稍短，但其长度应相等（图 1-28）。

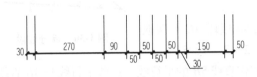

图 1-32　尺寸数字的注写位置

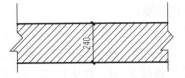

图 1-33　尺寸数字处图线应断开

1.4　几何作图

几何作图在建筑制图中应用很广泛。下面介绍常用的几种几何作图方法。

1.4.1　过已知点作一直线平行于已知直线（图 1-34）

作图步骤：

（1）使三角板 a 的一边靠贴 AB，使另一块三角板 b 靠贴 a 的另一边。

（2）按住三角板 b 不动，推动三角板 a 沿三角板 b 的一边至靠贴点 C，画一直线，即为所求。

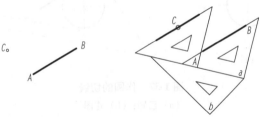

图 1-34　过已知点作一直线平行于已知直线

1.4.2　过已知点作一直线垂直于已知直线（图 1-35）

作图步骤：

（1）使三角板 a 的一直角边靠贴 AB，其斜边靠上另一块三角板 b。

（2）按住三角板 b 不动，推动三角板 a，使其另一直角边靠贴点 C，画一直线，即为所求。

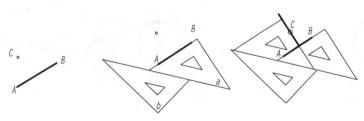

图 1-35　过已知点作一直线垂直于已知直线

1.4.3　等分线段

如图 1-36 所示，将已知线段 *AB* 分成五等份。

作图步骤：

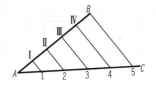

图 1-36　等分线段

（1）过点 *A* 任意作一条线段 *AC*，从点 *A* 起在线段 *AC* 上截取（任取）*A*1 = 12 = 23 = 34 = 45，得到等分点 1、2、3、4、5；

（2）连接 5、*B*，并从 1、2、3、4 各等分点作直线 5*B* 的平行线，这些平行线与 *AB* 直线的交点 Ⅰ、Ⅱ、Ⅲ、Ⅳ 即为所求的等分点。

1.4.4　作圆的切线

1. 自圆外一点作圆的切线

如图 1-37（a）所示，过圆外一点 *A*，向圆 *O* 作切线。

作图步骤：

使三角板的一个直角边过 *A* 点并且与圆 *O* 相切，使丁字尺（或另一块三角板）将三角板的斜边靠紧，然后移动三角板，使其另一直角边通过圆心 *O* 并与圆周相交于切点 *T*，连接 *A*、*T* 即为所求切线，如图 1-37（b）所示。

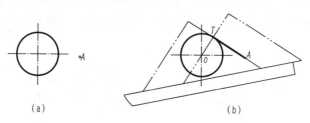

（a）　　　　　　　　　　　　（b）

图 1-37　作圆的切线

（a）已知；（b）作图

2. 作两圆的外公切线

如图 1-38（a）所示，作圆 O_1 和圆 O_2 的外公切线。

作图步骤：

使三角板的一个直角边与两圆外切，使丁字尺（或另一块三角板）将三角板的斜边靠紧，然后移动三角板，使其另一直角边先后通过两圆心 O_1 和 O_2，并在两圆周上分别找到两切点 T_1 和 T_2，连接 T_1、T_2 即为所求公切线，如图 1-38（b）所示。

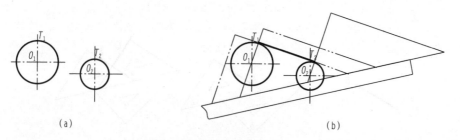

（a）　　　　　　　　　　　　　　　（b）

图 1-38　作两圆的外公切线

1.4.5　正多边形的画法

1. 正五边形的画法

如图 1-39 所示，作已知圆的内接正五边形。

作图步骤：

（1）求出半径 *OG* 的中点 *H*；

（2）以 *H* 为圆心，以 *HA* 为半径作圆弧交 *OF* 于点 *I*，线段 *AI* 即为五边形的边长；

（3）以 *AI* 长为单位分别在圆周上截得各等分点 *B*、*C*、*D*、*E*，顺次连接各点即得正五边形 *ABCDE*。

2. 正六边形的画法

如图 1-40 所示，作已知圆的内接正六边形。

作图步骤：

（1）分别以 *A*、*D* 为圆心，以 *OA* = *OD* 为半径作圆弧交圆周于 *B*、*F*、*C*、*E* 等分点；

（2）顺次连接圆周上六个等分点，即得正六边形 *ABCDEF*。

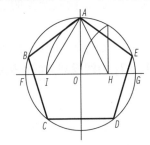 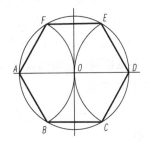

图 1-39　作圆的内接正五边形　　　　　图 1-40　作圆的内接正六边形

1.4.6　椭圆的画法

椭圆常用的画法有两种：一种是准确的画法——同心圆法，另一种是近似的画法——四心扁圆法。

1. 同心圆法

如图 1-41 所示，已知长轴 *AB*、短轴 *CD*，中心点 *O*，作椭圆。

作图步骤：

（1）以 *O* 为圆心，以 *OA* 和 *OC* 为半径，作出两个同心圆；

（2）过中心 *O* 作等分圆周的辐射线，图中作了 12 条线；

（3）过辐射线与大圆的交点向内画竖直线，过辐射线与小圆的交点向外画水平线，则竖直线与水平线的相应交点即为椭圆上的点；

（4）用曲线板将上述各点依次光滑地连接起来，如图 1-41（b）所示。

2. 四心扁圆法

如图 1-42（a）所示，已知长轴 *AB*、短轴 *CD*、中心点 *O*，作椭圆。

作图步骤：

（1）连接 *A*、*C*，在 *AC* 上截取一点，使 *CE* = *OA* − *OC*，如图 1-42（a）所示；

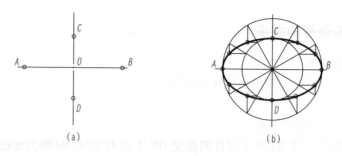

图1-41　同心圆法画椭圆

（a）已知；（b）作图

（2）作 AE 线段的中垂线并与短轴交于 O_1 点，与长轴交于 O_2，如图1-42（b）所示；

（3）在 CD 上和 AB 上找到 O_1、O_2 的对称点 O_3、O_4，则 O_1、O_2、O_3、O_4 即为四段圆弧的四个圆心，如图1-42（c）所示；

（4）将四个圆心点两两相连，作出四条连心线，如图1-42（d）所示；

（5）以 O_1、O_3 为圆心，以 $O_1C = O_3D$ 为半径，分别画圆弧，两段圆弧的端点分别落在四条连心线上，如图1-42（e）所示；

（6）以 O_2、O_4 为圆心，$O_2A = O_4B$ 为半径，分别画圆弧，完成所作的椭圆，如图1-42（f）所示。这是个近似的椭圆，它由四段圆弧组成，T_1、T_2、T_3、T_4 为四段圆弧的连接点，也是四段圆弧相切（内切）的切点。

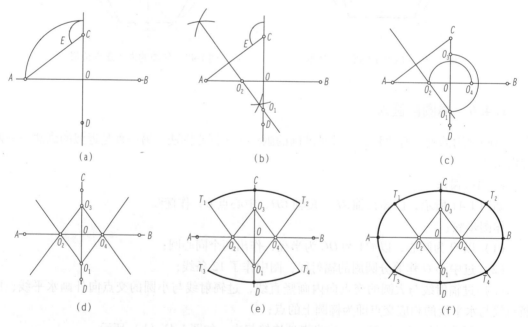

图1-42　四心扁圆法画椭圆

1.4.7　圆弧连接

下面介绍圆弧连接的几种典型作图方法。

1. 用圆弧连接两直线

如图 1-43（a）所示，已知直线 L_1 和 L_2，连接圆弧半径 R，求作连接圆弧。

作图步骤：

（1）过直线 L_1 上一点 a 作该直线的垂线，在垂线上截取 $ab = R$，再过点 b 作直线 L_1 的平行线；

（2）用同样方法作出与直线 L_2 距离等于 R 的平行线；

（3）找到两平行线的交点 O，O 点即为连接圆弧的圆心；

（4）自 O 点分别向直线 L_1 和 L_2 作垂线，得到的垂足 T_1、T_2 即为连接圆弧的连接点（切点）；

（5）以 O 为圆心、R 为半径作弧，完成连接作图，如图 1-43（b）所示。

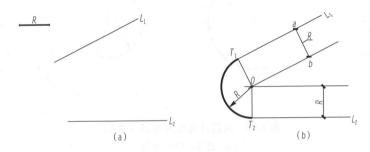

图 1-43 用圆弧连接两直线

（a）已知；（b）作图

2. 用圆弧连接两圆弧

（1）与两个圆弧都外切。如图 1-44（a）所示，已知连接圆弧半径为 R，被连接的两个圆弧圆心为 O_1、O_2，半径为 R_1、R_2，求作连接圆弧。

作图步骤：

①以 O_1 为圆心、$R + R_1$ 为半径作一圆弧，再以 O_2 为圆心、$R + R_2$ 为半径作另一圆弧，两圆弧的交点 O 即为连接圆弧的圆心；

②作连心线 OO_1，找到它与圆弧 O_1 的交点 T_1，再作连心线 OO_2，找到它与圆弧 O_2 的交点，则 T_1、T_2 即为连接圆弧的连接点（外切的切点）；

③以 O 为圆心、R 为半径作圆弧 T_1T_2，完成连接作图，如图 1-44（b）所示。

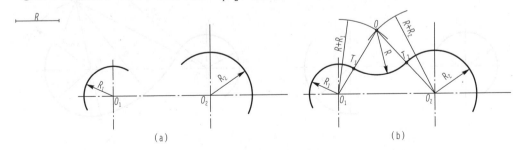

图 1-44 用圆弧连接两圆弧（外切）

（a）已知；（b）作图

（2）与两个圆弧都内切。如图 1-45（a）所示，已知连接圆弧的半径为 R，被连接的两圆弧圆心为 O_1、O_2，半径为 R_1、R_2，求作连接圆弧。

作图步骤：

①以 O_1 为圆心、$R - R_1$ 为半径作一圆弧，再以 O_2 为圆心、$R - R_2$ 为半径作另一圆弧，两圆弧的交点 O 即为连接圆弧的圆心；

②作连心线 OO_1，找到它与圆弧 O_1 的交点 T_1，再作连心线 OO_2，找到它与圆弧 O_2 的交点 T_2，则 T_1、T_2 即为连接圆弧的连接点（内切的切点）；

③以 O 为圆心、R 为半径作圆弧 T_1T_2，完成连接作图，如图 1-45（b）所示。

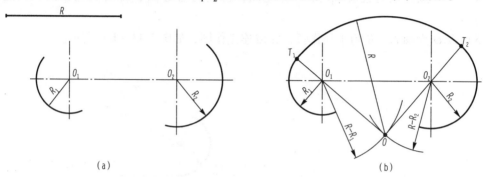

（a）

图 1-45　用圆弧连接两圆弧（内切）

（a）已知；（b）作图

（3）与一个圆弧外切、与另一个圆弧内切。如图 1-46（a）所示，已知连接圆弧半径为 R，被连接的两圆弧圆心为 O_1、O_2，半径为 R_1、R_2，求作连接圆弧（要求与圆弧 O_1 外切、与圆弧 O_2 内切）。

作图步骤：

①分别以 O_1、O_2 为圆心，$R + R_1$、$R - R_2$ 为半径作两个圆弧，则两圆弧交点 O 即为连接圆弧的圆心；

②作连心线 OO_1，找到它与圆弧 O_1 的交点 T_1，再作连心线 OO_2，找到它与圆弧 O_2 的交点 T_2，则 T_1、T_2 即为连接圆弧的连接点（前者为外切切点、后者为内切切点）；

③以 O 为圆心、R 为半径作圆弧 T_1T_2，完成连接作图，如图 1-46（b）所示。

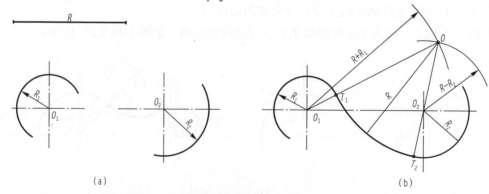

（a）

图 1-46　用圆弧连接两圆弧（一外切，一内切）

（a）已知；（b）作图

3. 用圆弧连接一直线和一圆弧

如图 1-47 所示，已知连接圆弧的半径为 R，被连接圆弧的圆心为 O_1，半径为 R_1，一直线 L，求作连接圆弧（要求与已知圆弧外切）。

作图步骤：

（1）作已知直线 L 的平行线，使其间距为 R，再以 O_1 为圆心，$R+R_1$ 为半径作圆弧，该圆弧与所作平行线的交点 O 即为连接圆弧的圆心；

（2）由点 O 作直线 L 的垂线得垂足 T_1，再作连心线 OO_1，并找到它与圆弧 O_1 的交点 T_2，则 T_1、T_2 即为连接点（两个切点）；

（3）以 O 为圆心、R 为半径作圆弧 T_1T_2，完成连接作图，如图 1-47（b）所示。

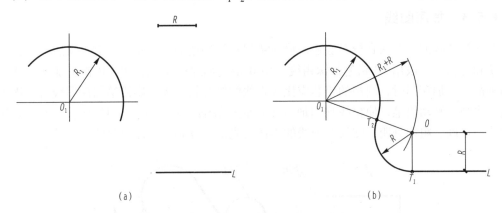

图 1-47　用圆弧连接一直线和一圆弧

（a）已知；（b）作图

1.5　建筑制图的一般步骤

制图工作应当有步骤地循序进行。为了提高绘图效率，保证图纸质量，必须掌握正确的绘图程序和方法，并养成认真负责、仔细、耐心的良好习惯。本节将介绍建筑制图的一般步骤。

1.5.1　准备工作

（1）将绘图工具及仪器擦拭干净，削磨好铅笔及铅芯，把桌面收拾整洁，洗净双手。

（2）根据图形大小、复杂程度及数量选取比例，确定图纸幅面。

（3）鉴别图纸正反面，将图纸用胶带固定在图板左下方适当位置，图纸下方应留出放丁字尺的位置。固定图纸时，应先用胶带贴住图纸的一个角，然后用丁字尺校正图纸，使纸边与丁字尺尺身的工作边平齐对准，再固定其余三个角，如图 1-2 所示。

1.5.2　画底稿

铅笔细线底稿是一张图的基础，要认真、细心、准确地绘制。绘制时应注意以下几点：

（1）铅笔底稿宜用磨尖的 2H 或 H 铅笔绘制，底稿线要细而淡，绘图者自己能看得出便可，故要经常磨尖铅芯。

（2）画图框、图标。首先画出水平和竖直基准线，在水平和竖直基准线上分别量取图框和图标的宽度与长度，再用丁字尺画图框、图标的水平线，然后用三角板配合丁字尺画图框、图标的竖直线。

（3）布图。预先估计各图形的大小及预留尺寸线的位置，将图形均匀、整齐地安排在图纸上，避免某部分太紧凑或某部分过于宽松。

（4）画图形。一般先画轴线或中心线，其次画图形的主要轮廓线，然后画细部；图形完成后，再画尺寸线、尺寸界线等。材料符号在底稿中只需画出一部分或不画，待加深或上墨线时再全部画出。对于需上墨的底稿，在线条的交接处可画出头一些，以便清楚地辨别上墨的起止位置。

1.5.3　加深图线

在加深图线前，要认真校对底稿，修正错误和填补遗漏；底稿经查对无误后，擦去多余的线条和污垢。一般用 2B 铅笔加深粗线，用 B 铅笔加深中粗线，用 HB 铅笔加深细线、写字和画箭头。加深圆时，圆规的铅芯应比画直线的铅芯软一级。用铅笔加深图线时，用力要均匀，边画边转动铅笔，使粗线均匀地分布在底稿线的两侧，如图 1-48 所示。加深时还应做到线型正确、粗细分明，图线与图线的连接要光滑、准确，图面要整洁。

图 1-48　加深的粗线与底稿线的关系

加深图线的一般步骤：

（1）加深所有的点画线；

（2）加深所有粗实线的曲线、圆及圆弧；

（3）用丁字尺从图的上方开始，依次向下加深所有水平方向的粗实直线；

（4）用三角板配合丁字尺从图的左方开始，依次向右加深所有铅垂方向的粗实直线；

（5）从图的左上方开始，依次加深所有倾斜的粗实线；

（6）按照加深粗实线的步骤加深所有的虚线曲线、圆和圆弧，然后加深水平的、铅垂的和倾斜的虚线；

（7）按照加深粗线的步骤加深所有的中实线；

（8）加深所有的细实线、折断线、波浪线等；

（9）画尺寸起止符号或箭头；

（10）加深图框、图标；

（11）注写尺寸数字、文字说明，并填写标题栏。

正投影法的基本概念与理论

1. 了解投影的形成和投影法的分类。
2. 掌握平行投影法的特性。
3. 掌握正投影图的形成及特性。

2.1 投影的形成和投影法的分类

2.1.1 投影和投影法

在日常生活中，我们经常看到物体在光线（阳光或灯光）的照射下，投在地面或墙面上的影子。这些影子在某种程度上能够显示物体的形状和大小，但随着光线照射方向的不同，影子也随之发生变化。人们在长期的实践中积累了丰富的经验，把物和影子之间的关系经过科学的抽象，形成了投影和投影法，从而构建了投影几何这一科学体系。

投射线通过形体向选定的投影面投射，并在该投影面上得到图形的方法，称为投影法。所得到的图形称为该物体在这个投影面上的投影。

投影的构成要素如图 2-1 所示。

（1）投射中心：所有投射线的起源点。

（2）投射线：连接投射中心与形体上各点的直线，用细实线表示。

（3）投影面：投影所在的平面，用大写拉丁字母标记，如图 2-1 中的 H。

（4）空间形体：需要表达的形体，用大写拉丁字母标记，如图 2-1 中的 ABC。

（5）投射方向：投射线的方向，如图 2-1 中的箭头方向。

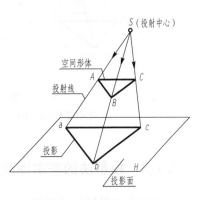

图 2-1　投影的构成要素

（6）投影：根据投影法所得到的能反映出形体各部分形状的图形，用相应的小写字母标记，如图2-1中的abc。投影用粗线表示。

2.1.2 投影法的分类

根据投影中心与投影面之间距离远近，投影法可分为中心投影法和平行投影法两类。

1. 中心投影法

当投射中心距离投影面为有限远时，所有投射线都交汇于一点（即投射中心S），这种投影法称为中心投影法。由这种方法得到的投影称为中心投影，如图2-2（a）所示。

（1）中心投影法的特点。

①所有投射线交汇于投射中心。

②中心投影的大小随空间形体与投射中心的远近而变化，越靠近投射中心，投影越大。

③一般不反映空间形体的实形，只反映其类似形。

（2）中心投影法的应用。主要应用于透视投影，如建筑效果图、影视摄影等。

2. 平行投影法

当投射中心距离投影面无限远时，所有投射线都互相平行，这种投影法称为平行投影法。用这种方法得到的投影称为平行投影，如图2-2（b）、（c）所示。

根据投射线与投影面夹角的不同，平行投影法又可分为斜投影法和正投影法。

（1）斜投影法。投射线与投影面倾斜的平行投影法称为斜投影法。由斜投影法所得的投影称为斜投影，如图2-2（b）所示。其特点是直观性好，立体感强，但不反映空间形体的实形。

（2）正投影法。投射线与投影面垂直的平行投影法称为正投影法。由正投影法所得的投影称为正投影，如图2-2（c）所示。其特点是能够反映空间形体的实形，但缺乏立体感。

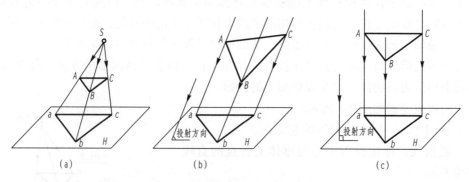

图2-2　中心投影法与平行投影法

（a）中心投影法；（b）平行投影法——斜投影法；（c）平行投影法——正投影法

2.1.3 投影法的基本性质

无论是中心投影法还是平行投影法，都具有如下性质：

（1）唯一性。在投影面和投射中心或投射方向确定之后，形体上每一点必有其唯一的一个投影，建立起一一对应的关系，如图 2-2 中的 A 和 a，B 和 b，C 和 c 等。

（2）同素性。点的投影仍为点，直线的投影一般仍为直线，曲线的投影一般仍为曲线。

（3）从属性。点在直线上，其投影必在该直线的同面投影上，如图 2-3 所示。

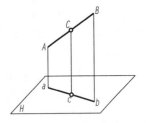

图 2-3　投影的从属性

2.2　平行投影法的特性

在建筑制图中，最常使用的投影法是平行投影法。平行投影法有如下特性：

（1）度量性（或实形性）。当直线或平面图形平行于投影面时，其投影反映实长或实形，即直线的长短和平面图形的形状与大小，都可直接由投影确定和度量，如图 2-4（a）、（e）所示。反映线段或平面图形的实长或实形的投影，称为实形投影。

（2）类似性。当直线或平面图形倾斜于投影面时，其投影小于实长或实形，但它的形状必然是原平面图形的类似形，如图 2-4（b）、（f）所示，即直线仍投射成直线，三角形投射成三角形，六边形投射成六边形，圆投射成椭圆等。

（3）积聚性。当直线或平面图形垂直于某一投影面时，其投影积聚为一点或一直线，该投影称为积聚投影，如图 2-4（c）、（g）所示。

（4）平行性。相互平行的两直线在同一投影面上的投影仍保持平行，如图 2-4（d）所示。一平面图形经过平行移动之后，它们在同一投影面上的投影形状和大小仍保持不变，如图 2-4（h）所示。

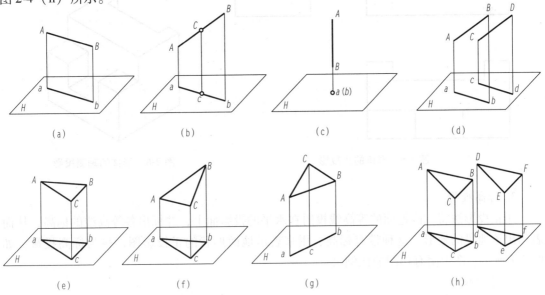

图 2-4　平行投影的特性

（a）度量性；（b）类似性、定比性；（c）积聚性；（d）平行性、定比性；

（e）度量性；（f）类似性；（g）积聚性；（h）平行性

（5）定比性。直线上两线段长度之比等于其投影上这两线段投影的长度之比，如图2-4（b）中 $AC:CB=ac:cb$。同时，两平行线段的长度之比等于其投影的长度之比，如图2-4（d）中 $AB:CD=ab:cd$。

由于正投影不仅具有上述投影特性，而且规定投射方向垂直于投影面，作图简便，因此大多数的工程图都用正投影法画出。以后本书提及投影二字，除做特殊说明外，均为平行投影法中的正投影。

2.3　工程上常用的投影图

1. 正投影图

用正投影法在两个或两个以上相互垂直且分别平行于形体主要侧面的投影面上，作出形体的正投影，所得多面正投影按一定规则展开在同一个平面上，这种由两个或两个以上正投影组合而成，以确定空间唯一形体的多面正投影，称为正投影图，简称正投影。图2-5 所示为形体的正投影。

2. 轴测图

将形体连同其参考直角坐标系，沿不平行于任一坐标平面的方向，用平行投影法将其投射在单一投影面上所得的具有一定的立体感的图形称为轴测投影，简称轴测图，如图2-6 所示。

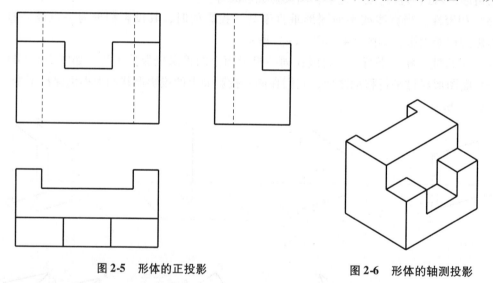

图 2-5　形体的正投影　　　　　　图 2-6　形体的轴测投影

3. 标高投影

用正投影法将一段地面的等高线投射在水平的投影面上，并标出各等高线的标高，从而表达出该地段的地形，这种带有标高、用来表示地面形状的正投影图，称为标高投影，如图2-7 所示。图上附有作图的比例尺。

4. 透视投影

用中心投影法将形体投射在单一投影面上所得的图形，称为透视投影，又称透视图或透视。透视图直观性强，但建筑各部分的真实形状和大小都不能直接在图中反映与度量。如图2-8 所示。

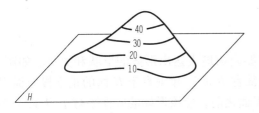

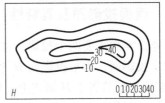

图 2-7　标高投影

图 2-8　透视投影

2.4　正投影图的形成及特性

用正投影法将空间点 A 投射到投影面 H 上，在 H 面上将有唯一的点 a，a 即为空间点 A 的 H 面投影。反之，如果已知一点在 H 面上的投影为 a，是否能够确定空间点的位置呢？由图 2-9 可知，A_1、A_2…各点都可能是对应的空间点。所以，点的一个投影不能唯一确定空间点的位置。

同样，仅有形体的一个投影也不能反过来确定形体本身的形状和大小。在图 2-10（a）中，当三棱柱的一个棱面平行于投影面 H 时，其投影为矩形，这个投影是唯一确定的。但投影面 H 上同样的矩形却可以是几种不同形状形体的投影，如图 2-10（b）、（c）所示。因此，工程上常采用在两个或三个两两垂直的投影面上作投影的方法来表达形体，以满足可逆性的要求。

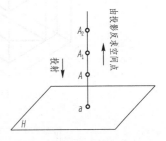

图 2-9　点的一个投影不能唯一确定空间点的位置

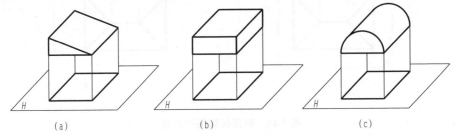

| （a） | （b） | （c） |

图 2-10　一个投影对应的不同形体

2.4.1　两面投影图及其特性

一般形体，至少需要两个投影，才能确切地表达出形体的形状和大小。如图 2-11（a）中设立了两个投影面，水平投影面 H（简称 H 面）和垂直于 H 面的正立投影面 V（简称 V 面）。将四坡顶屋面放置于 H 面之上，V 面之前，使该形体的底面平行于 H 面，长边屋檐平行于 V 面，按正投影法从上向下投影，在 H 面上得到四坡顶屋面的水平投影，它反映出形体的长度和宽度；从前向后投影，在 V 面上得到四坡顶屋面的正面投影，它反映出形体的长度和高度。如果用图 2-11（a）中的 H 和 V 两个投影共同来表示该形体，就能准确完整地反映出该形体的形状和大小，并且是唯一的。

相互垂直的 H 面和 V 面构成了一个两投影面体系。两投影面的交线称为投影轴，用 OX 表示。作出两个投影之后，移出形体，再将两投影面展开，如图 2-11（b）所示。展开时规定 V 面不动，使 H 面连同其上的水平投影以 OX 为轴向下旋转，直至与 V 面在同一个平面上，如图 2-11（c）所示。用形体的两个投影组成的投影图称为两面投影图。在绘制投影图时，由于投影面是无限大的，在投影图中不需画出其边界线，如图 2-11（d）所示。

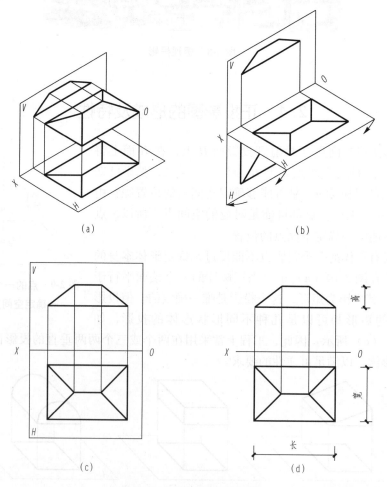

（a）　　　　　　　　　　　　　（b）

（c）　　　　　　　　　　　　　（d）

图 2-11　两面投影图的形成

（a）立体图；（b）V 面不动，H 面向下旋转；（c）两投影面展开图；（d）两面投影图

两面投影有如下投影特性：

（1）*H* 投影反映出形体的长度和宽度；*V* 投影反映出形体的长度和高度，如图 2-11 （d）所示。两个投影共同反映出形体的长、宽、高三个向度。

（2）*H* 投影与 *V* 投影左右保持对齐，这种投影关系常说成"长对正"。

2.4.2　三面投影图及其特性

有些形体用两个投影还不能唯一确定它的空间形状。例如图 2-12 中的形体 *A*，它的 *V*、*H* 投影与形体 *B* 和 *C* 的 *V*、*H* 投影完全相同，这意味着依照形体的 *V*、*H* 投影仍不能确定它的形状。

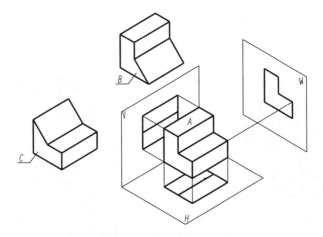

图 2-12　三面投影的必要性

在这种情况下，还要增加一个同时垂直于 *H* 面和 *V* 面的侧立投影面，简称侧面或 *W* 面。形体在侧面上的投影，称为侧面投影或 *W* 投影。这样，形体 *A* 的 *V*、*H*、*W* 三面投影所确定的形体是唯一的，不可能是 *B*、*C* 或其他形体。

V 面、*H* 面和 *W* 面共同组成一个三投影面体系，如图 2-13（a）所示。这三个投影面两两相交于三条投影轴。*V* 面与 *H* 面的交线称为 *OX* 轴；*H* 面与 *W* 面的交线称为 *OY* 轴；*V* 面与 *W* 面则相交于 *OZ* 轴，三条轴线交于一点 *O*，称为原点。投影面展开时，仍规定 *V* 面固定不动，使 *H* 面绕 *OX* 轴向下旋转，*W* 面绕 *OZ* 轴向右旋转，直到它们与 *V* 面在同一个平面为止，如图 2-13（b）所示。这时 *OY* 轴被分为两条，一条随 *H* 面旋转到与 *OZ* 轴在同一竖直线上，标注为 OY_H，另一条随 *W* 面旋转到与 *OX* 轴在同一水平线上，标注为 OY_W。正面投影（*V* 投影）、水平投影（*H* 投影）和侧面投影（*W* 投影）组成的投影图，称为三面投影图，如图 2-13（c）所示。投影面的边框对作图没有作用，所以不必画出，如图 2-13（d）所示。

综上所述，三面投影有如下投影特性：

（1）在三投影面体系中，通常使 *OX*、*OY*、*OZ* 轴分别平行于形体的三个向度（长、宽、高）。形体的长度是指形体上最左和最右两点之间平行于 *OX* 轴方向的距离，形体的宽度是指形体上最前和最后两点之间平行于 *OY* 轴方向的距离，形体的高度是指形体上最高和最低两点之间平行于 *OZ* 轴方向的距离。

（2）形体的投影图一般有 V、H、W 三个投影。其中 V 投影反映形体的长度和高度，H 投影反映形体的长度和宽度，W 投影反映形体的宽度和高度。

（3）投影面展开后，V 投影与 H 投影左右对正，都反映形体的长度，通常称为"长对正"；V 投影与 W 投影上下平齐，都反映形体的高度，称为"高平齐"；H 投影与 W 投影都反映形体的宽度，称为"宽相等"，如图 2-13（c）所示。这三个重要的关系称为正投影的投影关系，可简化成口诀"长对正、高平齐、宽相等"。作图时，"宽相等"可以利用以原点 O 为圆心所作的圆弧，或利用从原点 O 引出的 45°线，也可以用直尺或分规直接度量来截取。

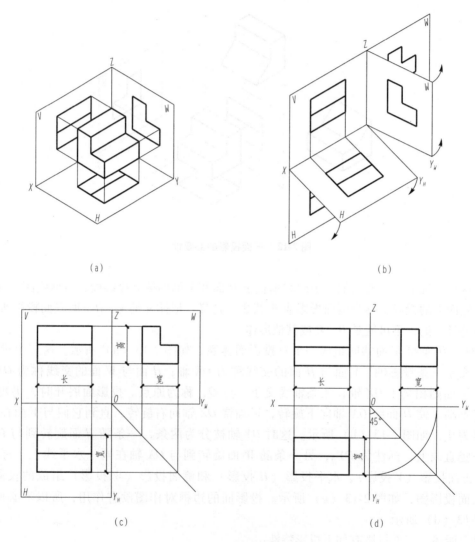

（a）

（b）

（c）

（d）

图 2-13　三面投影图的形成

（a）立体图；（b）V 面不动，H 面向下旋转，W 面向右旋转；（c）三投影面展开图；（d）三面投影图

（4）在投影图上能反映形体的上、下、前、后、左、右等六个方向，如图 2-14 所示。

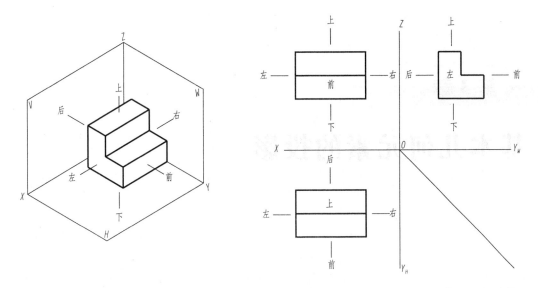

图 2-14　投影图上的形体方向

习题

1. 简述平行投影的特性。
2. 正投影是如何形成的？
3. 三面投影的投影特性可概括为哪九个字？

第 3 章

基本几何元素的投影

1. 掌握点的投影规律、两点的相对位置。
2. 掌握各种位置直线、各种位置平面的投影特性。
3. 熟悉平行、相交、交叉、垂直两直线的投影特性和判断方法。
4. 了解求线面交点、面面交线的作图方法。

3.1　点的正投影

从形体构成的角度来看，任何形体都是由点、线（直线或曲线）、面（平面或曲面）组成的。其中，点是组成形体的最基本的几何元素。点的投影规律是线、面、体投影的基础。

3.1.1　点在两投影面体系中的投影

要确切地表达出空间点的位置，至少需要两个投影。在 H、V 两投影面体系中，如图 3-1 所示，将点 A 向 H 面投射得到水平投影 a；将点 A 向 V 面投射得到正面投影 a'。由此可见，空间点 A 的位置被两个投影 a 和 a' 唯一确定。

投射线 Aa' 和 Aa 所决定的平面，与 H 面和 V 面垂直相交，交线分别为 aa_x 和 $a'a_x$。投影轴 OX 必垂直于 aa_x 和 $a'a_x$，则 $\angle aa_xX = \angle a'a_xX = 90°$。将 H、V 两投影面展开后，这两个直角仍保持不变，即两投影的连线 $a'a_xa$ 与投影轴 OX 垂直，如图 3-2 所示。因此，点的第一条投影规律如下：

一点在两投影面体系中的投影连线必垂直于投影轴，即 $a'a \perp OX$。

从图 3-1 可知，$Aa'a_xa$ 是一个矩形，$a'a_x$ 与 Aa 平行且相等，反映出空间点 A 到 H 面的距离；aa_x 与 Aa' 平行且相等，反映出空间点 A 到 V 面的距离。因此，点的第二条投影规律如下：

在某一投影面上，点的投影到投影轴的距离，等于其空间点到另一投影面的距离。即

$$aa_x = Aa' = y_A, \quad a'a_x = Aa = z_A。$$

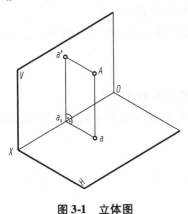

图 3-1　立体图

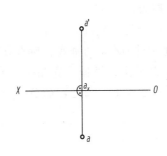

图 3-2　投影图

3.1.2　点在三投影面体系中的投影

在 H、V 和 W 三投影面体系中，作出空间点 A 的三面投影 a、a' 和 a''，如图 3-3 所示。根据点的两面投影规律，进一步可得出点的三面投影规律：

（1）点的正面投影和水平投影的连线垂直于 OX 轴，即 $aa' \perp OX$；正面投影和侧面投影的连线垂直于 OZ 轴，即 $a'a'' \perp OZ$。

（2）点的投影到投影轴的距离等于空间点到相应投影面的距离。即 $a'a_x = a''a_{Y_W} = Aa$；$aa_x = a''a_{Y_Z} = Aa'$；$a'a_z = aa_{Y_H} = Aa''$。

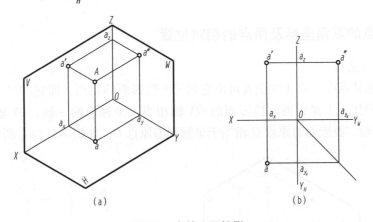

（a）

（b）

图 3-3　点的三面投影

（a）立体图；（b）投影图

根据上述特性，只要已知点在 H、V 和 W 三面投影中的任意两面投影，就能很方便地求出其第三面投影。

【例 3-1】　已知点 A 的两投影 a' 和 a，求作 a''，如图 3-4（a）所示。

【作图步骤】

解法一：如图 3-4（b）所示。

（1）过原点 O 作45°线。

（2）过 a' 作 OZ 轴的垂线，所求 a'' 必在这条水平投影连线上。

（3）过 a 引水平线与45°线交于一点，过该点引竖直线与（2）所得的水平投影连线相交，该交点即为所求 a''。

解法二：如图3-4（c）所示。

（1）过 a' 作 OZ 轴的垂线，所求 a'' 必在这条水平投影连线上。

（2）在 H 面上，根据"宽相等"的原理，用圆规量取投影 a 到 OX 轴的距离至（1）所得的水平投影连线上，确定 a'' 的位置。

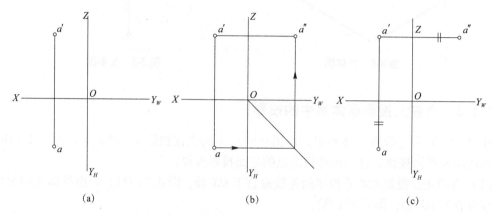

（a）　　　　　　　　（b）　　　　　　　　（c）

图3-4　根据点的两面投影求第三面投影

（a）已知条件；（b）高平齐；（c）宽相等

3.1.3　点的直角坐标及两点的相对位置

1. 点的直角坐标

在三投影面体系中，点 A 的位置可由它到三个投影面的距离，即它的三个坐标来确定。三投影面可以看作三个坐标面。投影面的 OX 轴相当于坐标面的 x 轴，OY 轴相当于 y 轴，OZ 轴相当于 z 轴，投影面的原点 O 相当于坐标面的原点 O，如图3-5（a）所示。

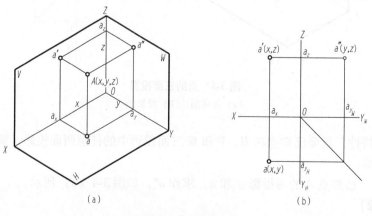

（a）　　　　　　　　　　（b）

图3-5　点的直角坐标

（a）立体图；（b）投影图

点的投影和点的直角坐标有如下关系：

点 A 到 W 面的距离 $= Aa'' = Oa_x =$ 点 A 的 x 坐标；

点 A 到 V 面的距离 $= Aa' = Oa_y =$ 点 A 的 y 坐标；

点 A 到 H 面的距离 $= Aa = Oa_z =$ 点 A 的 z 坐标。

空间一点 A 的位置由它的直角坐标 A (x, y, z) 确定，它的三个投影的直角坐标分别为 a (x, y)，a' (x, z) 和 a'' (y, z)，如图 3-5（b）所示。

【例 3-2】　已知点 A $(15, 10, 20)$，求作点的三面投影。

【作图步骤】

（1）先画出投影轴，然后由 O 向左沿 OX 量取 $x = 15$，得 a_x [图 3-6（a）]。

（2）过 a_x 作 OX 轴的垂线，在垂线上由 a_x 向下量取 $y = 10$，得投影 a；由 a_x 向上量取 $z = 20$，得投影 a' [图 3-6（b）]。

（3）由投影 a' 作 OZ 的垂线与 Z 轴交于 a_z，由 a_z 向右量取 $y = 10$，得投影 a''。

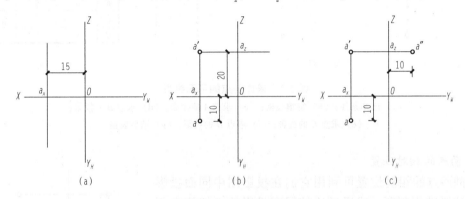

图 3-6　求作点的三面投影

（a）作 a 和 a' 的投影连线；（b）求投影 a 和 a'；（c）求投影 a''

【例 3-3】　根据空间点 A、B、C、D 的立体图 [图 3-7（a）]，画出其投影图，在表格内填上各点到投影面的距离及所在位置，如图 3-7（b）所示。

【作图步骤】

（1）求点 A 的投影。点 A 距 V 面距离 $Aa' = aa_x$，为 3 个单位；点 A 距 H 面距离 $Aa = a'a_x$，为 4 个单位。在 OX 轴上，由 O 向左量取 1 个单位作直线与 OX 轴垂直，分别量取 $aa_x = 3$、$a'a_x = 4$，确定投影 a 和 a'。所在位置为第一象限。如图 3-7（c）所示。

（2）求点 B 的投影。由立体图得知，点 B 在 V 面上。距 V 面的距离为零，投影 b 在 OX 轴上；距 H 面的距离 $b'b_x$ 为 5 个单位。由 O 向左量取 3 个单位作直线与 OX 轴垂直，在直线上量取 5 个单位，确定投影 b'。如图 3-7（d）所示。

（3）求点 C 的投影。点 C 在 OX 轴上，距 V 面和 H 面的距离均为零。由 O 向左量取 6 个单位，确定投影 c 和 c'。如图 3-7（e）所示。

（4）求点 D 的投影。由立体图得知，点 D 在 H 面上。距 H 面的距离为零，投影 d' 在 OX 轴上；距 V 面的距离 dd_x 为 4 个单位。由 O 向左量取 4 个单位作直线与 OX 轴垂直，在直线上量取 4 个单位，确定投影 d。如图 3-7（f）所示。

（5）填好数据后的表格如图 3-7（g）所示。

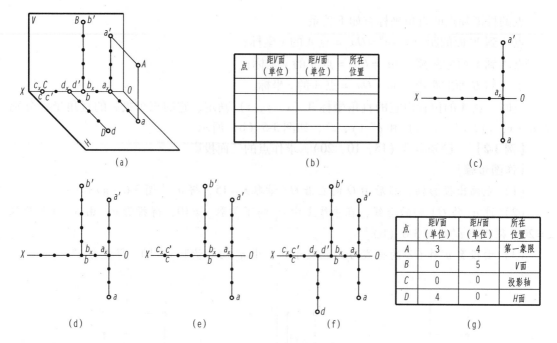

点	距V面（单位）	距H面（单位）	所在位置

点	距V面（单位）	距H面（单位）	所在位置
A	3	4	第一象限
B	0	5	V面
C	0	0	投影轴
D	4	0	H面

（a） （b） （c）
（d） （e） （f） （g）

图 3-7 求作各点的两面投影

（a）已知条件；（b）待填表格；（c）求点 A 的投影；（d）求点 B 的投影；
（e）求点 C 的投影；（f）求点 D 的投影；（g）填后表格

2. 两点的相对位置

空间两点的相对位置可利用它们在投影图中同面投影的相对位置进行判断，或通过比较同面投影的坐标值来判断。在三面投影中，通常规定：OX 轴、OY 轴、OZ 轴三条轴的正向，分别是空间的左、前、上方向。

图 3-8 所示为点 A 和点 B 的三面投影，两点之间有上下、左右、前后之别。点的上下应根据 z 的大小判断，左右应根据 x 的大小判断，前后应根据 y 的大小判断。由图可知：$x_A > x_B$，即点 A 在点 B 之左；$y_A > y_B$，即点 A 在点 B 之前；$z_A > z_B$，即点 A 在点 B 之上。所以，点 A 较高，点 B 较

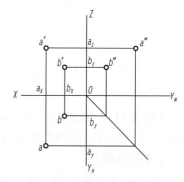

图 3-8 两点的相对位置

低；点 A 在左，点 B 在右；点 A 靠前，点 B 靠后。归纳起来，点 A 在点 B 的左前上方；反过来说，点 B 在点 A 的右后下方。

【例 3-4】 已知点 A 的三面投影，如图 3-9（a）所示，有一点 B 在其左 3、前 3、上 2 个单位，试求出点 B 的三面投影。

【作图步骤】 由已知条件可知：$x_B - x_A = 3$；$y_B - y_A = 3$；$z_B - z_A = 2$。

（1）在 aa' 连线左侧偏移 3 个单位作 OX 轴的垂线，在 aa'' 连线上方偏移 2 个单位作 OZ 轴的垂线，与前者相交得 b'。

（2）过 a 向前偏移 3 个单位作 OY 轴的垂线，与过 b' 的连线相交，交点为 b。

（3）根据"高平齐、宽相等"得 b''，如图 3-9（b）所示。

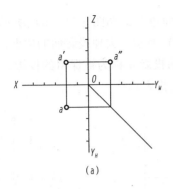
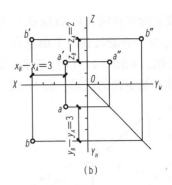

图 3-9　求点 B 的三面投影

（a）已知条件；（b）求点 B 的投影

3. 重影点

当空间两点处在某一投影面的同一条投影线上时，它们在该投影面上的投影便重合在一起。这些点称为对该投影面的重影点，重合在一起的投影称为重影。在图 3-10（a）中，点 A、B 是对 H 面的重影点，a、b 则是它们的重影。由于点 A 在上，点 B 在下，向 H 面投射时，投射线先遇到点 A，后遇到点 B。则点 A 的水平投影可见，它的投影仍标记为 a，点 B 的水平投影不可见，其 H 投影标记为（b），如图 3-10（b）所示。

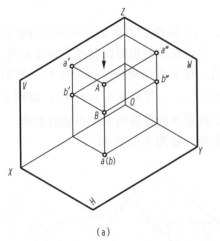
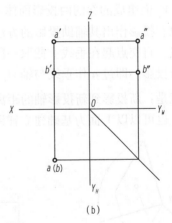

图 3-10　重影点的投影

（a）立体图；（b）投影图

3.1.4　点的辅助投影

在某基本投影面上适当的位置设立一个与之垂直的投影面，借以辅助解题，这种投影面称为辅助投影面。辅助投影面上的投影，称为辅助投影。

如图 3-11（a）所示，设立一个辅助投影面 V_1 垂直于 H 面，且与 V 面倾斜。V_1 面与 H 面构成了一个新的两投影面体系，它们的交线为新的投影轴 O_1X_1。点 A 在 V_1 面上的投影 a_1' 到 O_1X_1 轴的距离仍反映点 A 的 z 坐标，即点 A 到 H 面的距离，亦等于 V 面上 a' 到 OX 轴的距离。

辅助投影面展开时，V_1 面绕 O_1X_1 轴旋转至与 H 面重合，如图 3-11（a）所示，然后将 H 面连同 V_1 面一齐旋转到与 V 面重合，如图 3-11（b）所示。去掉投影面的边框，得到点 A 的辅助投影图，如图 3-11（c）所示。其中，H 面上的投影 a 称为被保留的投影，原 V 面上的投影 a' 称为被更换的投影，而 V_1 面上的投影称为新投影。

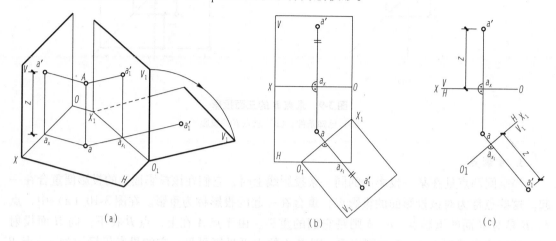

(a)   (b)   (c)

图 3-11　以 H 面为基础建立辅助投影面

（a）立体图；（b）辅助投影面展开图；（c）辅助投影图

在 H、V_1 面组成的新的两投影面体系中，点 A 的投影仍满足点的两面投影规律。因此，根据点的原有投影作出其辅助投影的方法为：自被保留的投影向新投影轴作垂线，与新投影轴交于一点，自交点起在垂线上截取一段距离，使其等于被更换的投影到旧投影轴的距离，得到点的新投影。即过 a 作垂线与轴 O_1X_1 相交于 a_{x_1}，量取 $a'a_x = a_{x_1}a'_1$，以确定 a'_1。用一句话总结就是：新投影到新投影轴的距离等于被更换的投影到旧投影轴的距离。

同样，也可以以 V 面为基础建立辅助投影面，如图 3-12 所示。

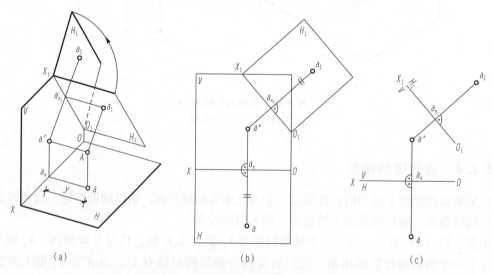

(a)   (b)   (c)

图 3-12　以 V 面为基础建立辅助投影面

（a）立体图；（b）辅助投影面展开图；（c）辅助投影图

3.2 直线的正投影

由几何学可知，直线的长度是无限的，但这里所说的直线是指直线段，直线的投影实际上是指直线段的投影。根据正投影的投影特性，一般情况下直线的投影仍为直线，只有在特殊情况下直线的投影才会积聚为一点，如图 3-13 所示。

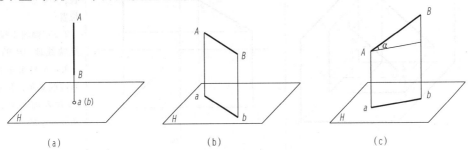

图 3-13 直线对投影面的三种位置

（a）垂直于投影面；（b）平行于投影面；（c）倾斜于投影面

3.2.1 各种位置直线的投影

1. 投影面平行线

（1）空间位置。直线平行于某一投影面而与其余两投影面倾斜时称为该投影面的平行线。平行于 V 面时称为正面平行线，简称正平线；平行于 H 面时称为水平面平行线，简称水平线；平行于 W 面时称为侧面平行线，简称侧平线。

三种投影面平行线的空间位置、投影图和投影特点见表 3-1。

（2）投影特点。

①在直线所平行的投影面上的投影反映该直线的实长及该直线与其他两个投影面的倾角的实形。

②其余两个投影平行于不同的投影轴，长度缩短。

表 3-1 投影面平行线的投影

直线位置	空间位置	投影图	投影特点
水平面平行线（水平线）	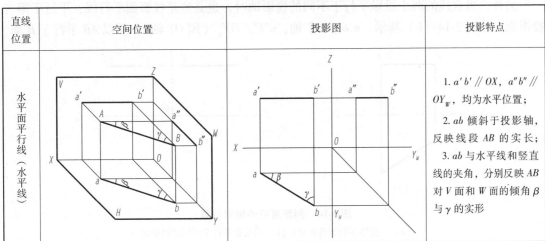		1. $a'b'$ // OX，$a''b''$ // OY_W，均为水平位置； 2. ab 倾斜于投影轴，反映线段 AB 的实长； 3. ab 与水平线和竖直线的夹角，分别反映 AB 对 V 面和 W 面的倾角 β 与 γ 的实形

直线位置	空间位置	投影图	投影特点
正面平行线（正平线）			1. $ab /\!/ OX$ 为水平位置，$a''b'' /\!/ OZ$ 为铅垂位置； 2. $a'b'$ 倾斜于投影轴，反映线段 AB 的实长； 3. $a'b'$ 与水平线和竖直线的夹角，分别反映 AB 对 H 面和 W 面的倾角 α 与 γ 的实形
侧面平行线（侧平线）			1. $ab /\!/ OY_H$，$a'b' /\!/ OZ$，均为铅垂位置； 2. $a''b''$ 倾斜于投影轴，反映线段 AB 的实长； 3. $a''b''$ 与水平线和竖直线的夹角，分别反映 AB 对 H 面和 V 面的倾角 α 与 β 的实形

（3）读图。通常只给出直线的两个投影，在读图时，凡遇到直线的一个投影平行于投影轴而另一个投影倾斜于投影轴时，它必然是投影面平行线，平行于该倾斜投影所在的投影面。如图 3-14（a）所示，$a'b' /\!/ OX$ 轴，ab 倾斜于 OX 轴，所以 AB 是平行于 H 面的水平线。

另外，当直线的两个投影平行于不同的投影轴时，也必然是投影面平行线，平行于第三投影面。如图 3-14（b）所示，$a'b' /\!/ OX$ 轴，$a''b'' /\!/ OY_W$（即 OY 轴），所以 AB 平行于 H 面。

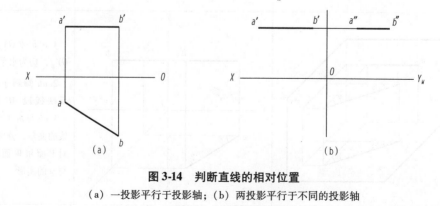

图 3-14　判断直线的相对位置

（a）一投影平行于投影轴；（b）两投影平行于不同的投影轴

2. 投影面垂直线

（1）空间位置。直线垂直于某一投影面，同时平行于另两个投影面时称为某投影面的垂直线。垂直于 V 面时称为正面垂直线，简称正垂线；垂直于 H 面时称为水平面垂直线，简称铅垂线；垂直于 W 面时称为侧面垂直线，简称侧垂线。

三种投影面垂直线的空间位置、投影图和投影特点见表 3-2。

（2）投影特点。

①在直线所垂直的投影面上的投影积聚为一点。

②其余两个投影平行于同一投影轴，并反映该线段的实长。

表 3-2 投影面垂直线的投影

直线位置	空间位置	投影图	投影特点
水平面垂直线（铅垂线）			1. ab 积聚成一点 a (b)； 2. $a'b' \parallel OZ$，$a''b'' \parallel OZ$，均为铅垂位置，都反映线段 AB 的实长
正面垂直线（正垂线）			1. $a'b'$ 积聚成一点 a' (b')； 2. $ab \parallel OY_H$，为铅垂位置；$a''b'' \parallel OY_W$，为水平位置，都反映线段 AB 的实长
侧面垂直线（侧垂线）			1. $a''b''$ 积聚成一点 a'' (b'')； 2. $ab \parallel OX$，$a'b' \parallel OX$，均为水平位置，都反映线段 AB 的实长

（3）读图。在读图时，凡遇到直线的一个投影积聚为一点，则它必然是该投影面的垂直线。另外，当直线的两个投影平行于同一投影轴时，它是投影面垂直线，垂直于第三投影面。

3. 一般位置直线

（1）空间位置。直线对三投影面都倾斜时称为一般位置直线，简称一般线。线段 AB 与 H 面、V 面和 W 面的倾角分别为 α、β 和 γ。

（2）投影特点。

①三个投影均倾斜于投影轴，既不反映实长，也没有积聚性。

②三个投影的长度都小于线段的实长；对 H 面、V 面、W 面的倾角 α、β、γ 的投影都不反映实形。

一般位置直线的空间位置、投影图和投影特点见表 3-3。

表 3-3　一般位置直线的投影

直线位置	空间位置	投影图	投影特点
一般位置直线（一般线）	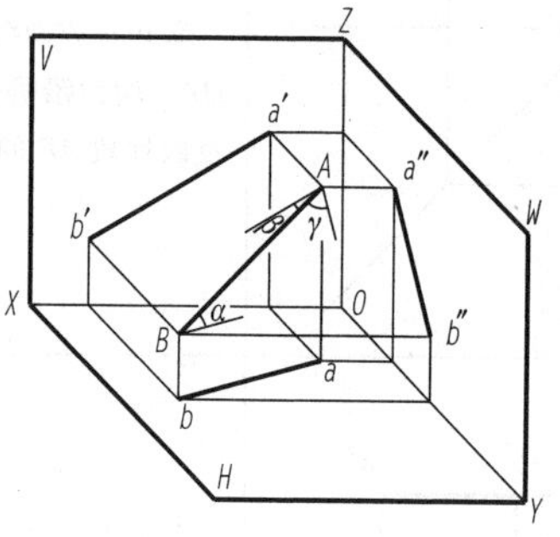	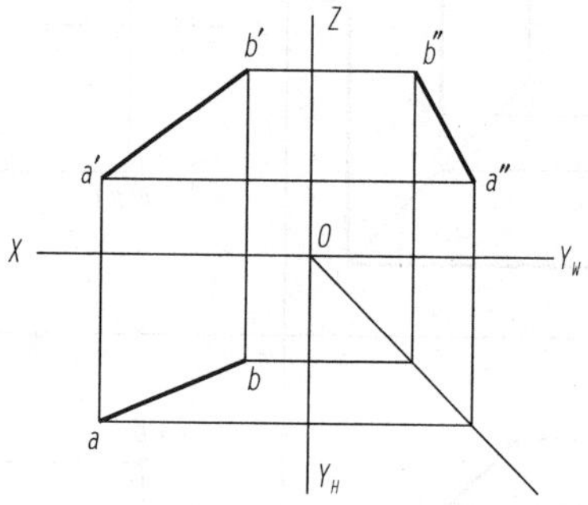	1. ab、$a'b'$ 和 $a''b''$ 都倾斜于投影轴，而且都比 AB 短； 2. 倾角 α、β、γ 的投影都不反映实形

（3）读图。在读图时，一直线只要有两个投影是倾斜于投影轴的，它一定是一般线。

【例 3-5】　已知直线 $AB /\!/ V$ 面，$\alpha = 45°$，点 B 在点 A 的左下方的 H 面上，如图 3-15（a）所示，完成直线 AB 的三面投影。

【分析】　直线 $AB /\!/ V$ 面，则 AB 为正平线。其投影特点为：V 投影为实长投影，倾斜于投影轴；反映直线 AB 与 H 面的倾角 α 和与 W 面的倾角 γ 的实形；直线 AB 的 H 面投影平行于 OX 轴。由 $\alpha = 45°$，点 B 在点 A 的左下方的 H 面上可知，b' 应在 OX 轴上，且 $a'b'$ 的投影连线与 OX 轴夹角为 $45°$。

【作图步骤】

（1）过 a' 向左下方作直线，与 OX 轴夹角为 $45°$，与 OX 轴相交于 b'，如图 3-15（b）所示。

（2）过 b' 作 OX 轴的垂线，投影 b 在此直线上，如图 3-15（c）所示。

（3）过 a 作直线与 OX 轴平行，与（2）所作直线相交，交点为 b，如图 3-15（d）所示。

（4）根据"长对正、高平齐、宽相等"的投影规律求 $a''b''$，如图 3-15（e）所示。

（5）整理图线，将 ab、$a'b'$、$a''b''$ 加深为粗实线，如图 3-15（f）所示。

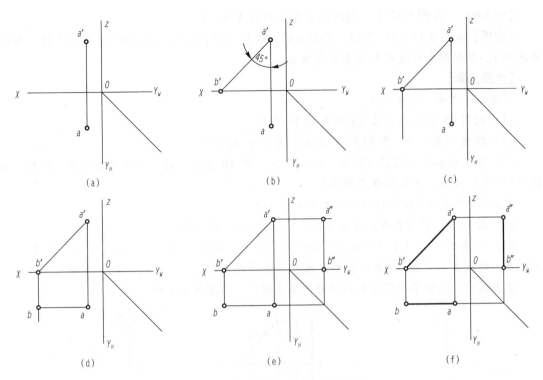

图 3-15 完成直线 AB 的三面投影

（a）已知条件；（b）求作 a'b'；（c）求 b；（d）求作 ab；（e）求作 a"b"；（f）加深图线

3.2.2 直线上的点

直线与点的相对位置只有点在直线上和点不在直线上两种情况。

如果点在直线上，则点的投影必在该直线的同面投影上，并将线段的各个投影分割成与空间相同的比例。如图 3-16（a）、（b）所示，点 C 在线段 AB 上，则 c' 在 a'b' 上，c 在 ab 上；且 $AC:CB = a'c':c'b' = ac:cb$（定比性）。

反之，若点的任一个投影不在直线的同面投影上，则该点必不在此直线上，如图 3-16（c）所示。

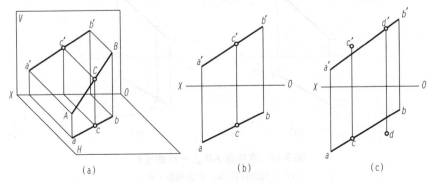

图 3-16 直线上的点

（a）立体图；（b）点 C 在直线 AB 上；（c）点 C、D 不在直线 AB 上

【**例3-6**】　在图 3-17 中，判断点 K 是否在直线 AB 上。

【**分析**】如图 3-17（a）所示，投影 $a'b'$、ab 均为铅垂位置，则直线 AB 为侧平线，因此不能由 V、H 投影来判断点 K 是否在直线上。

【**作图步骤**】

解法一：求第三面投影法。

（1）利用 45°线求出直线 AB 的 W 投影 $a''b''$。

（2）根据"高平齐、宽相等"，求出点 K 的 W 投影 k''。

（3）如果投影 k'' 在投影 $a''b''$ 上，则点 K 在直线 AB 上；反之，点 K 不在直线 AB 上。由图 3-17（b）可知，点 K 不在直线 AB 上。

解法二："定比定理"法（$a'k':k'b' = ak:kb$）。

（1）过 a' 作一任意直线，在直线上截取 $a'1 = ak$，$12 = kb$。

（2）连接 $b'2$，过 1 作 $b'2$ 的平行线，与 $a'b'$ 交于一点。如果交点与 k' 重合，即满足定比关系，则点 K 在直线 AB 上；否则，点 K 不在直线 AB 上。如图 3-17（c）所示。

在本例中，最好不求侧投影而用定比性来判断，作图简单方便。

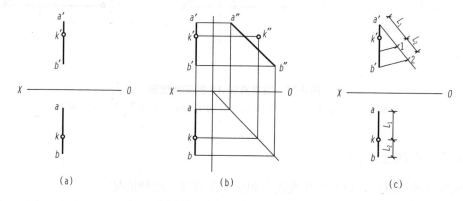

图 3-17　判断点 K 是否在直线 AB 上

（a）已知条件；（b）解法一；（c）解法二

【**例3-7**】　如图 3-18（a）所示，求直线 AB 上点 C 的投影，使 $AC:CB = 3:1$。

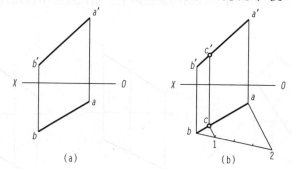

图 3-18　求线段 AB 上一点的投影

（a）已知条件；（b）求作投影 c 和 c'

【**分析**】利用定比性解题。

【作图步骤】

（1）过投影 b 作一任意直线，把直线平均分成四份，端点标记为2。

（2）连接 $2a$，过1作 $2a$ 的平行线与投影 ab 相交于一点，即为点 C 的 H 投影 c。

（3）根据"长对正"，求得投影 c'，则 $a'c' : c'b' = ac : cb = AC : CB = 3 : 1$，如图 3-18（b）所示。

3.2.3　一般位置线段的实长及对投影面的倾角

一般线的三个投影都小于空间线段的实长，也不能反映直线对投影面的倾角的实形。那么，怎样根据投影来求空间线段的实长和倾角呢？通常有两种方法来解决这一问题，一是直角三角形法，二是辅助投影法。

1. 直角三角形法

如图 3-19（a）所示，过线段 AB 的端点 A 作水平线平行于 ab，与 Bb 交于点 C，得到直角三角形 ABC。其中，AB 是一般线本身，直角边 AC 长度等于 ab，BC 是 A、B 两点的高度差 $z_B - z_A$，其值可由 b' 和 a' 分别到 OX 轴的距离之差得到，直角边 BC 所对应的 $\angle BAC$ 是线段 AB 对 H 面的倾角 α。

求线段 AB 的实长及对 H 面的倾角 α 时，可在 H 投影上，以已知投影 ab 为一直角边，以 bB_1（长度值等于 $b'c'$）为另一直角边作直角三角形 abB_1，则斜边 aB_1 为线段 AB 的实长，$\angle baB_1$ 即为所求 α 角，如图 3-19（b）所示。

同理，如图 3-19（c）所示，利用投影 $a'b'$ 及 A、B 两点的 y 坐标差在 V 投影上构建直角三角形 $A_1a'b'$，可求得线段 AB 的实长及对 V 面的倾角 β 的实形。

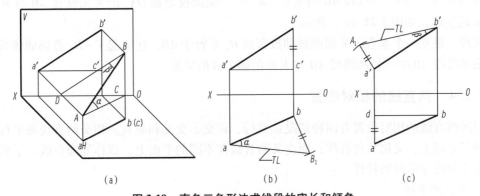

图 3-19　直角三角形法求线段的实长和倾角

【例 3-8】　在已知直线 AB 上有一点 C，$BC = 20$ mm，求点 C 的两面投影，如图 3-20（a）所示。

【分析】已知点 C 在直线 AB 上，那么投影 c' 在 $a'b'$ 上、c 在 ab 上。因此只需求出直线 AB 的实长，截取线段 BC 的实长为 20 mm，可求得点 C 的一面投影，另一面投影根据"长对正"关系即可确定。

【作图步骤】

（1）利用直角三角形法在 V 面上求出直线 AB 的实长 $b'B$，如图 3-20（b）所示。

（2）在实长 $b'B$ 上量取 $b'c' = 20$ mm，确定点 C。过点 C 作三角形直角边 $a'B$ 的平行线，

与投影 $a'b'$ 相交于 c'，如图 3-20（c）所示。

（3）根据"长对正"的投影关系，过 c' 向 OX 轴引垂线，与投影 ab 相交于 c，如图 3-20（d）所示。

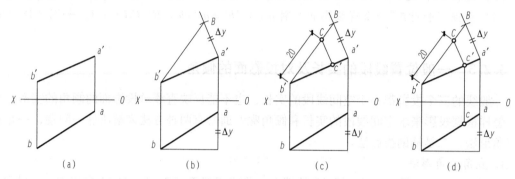

图 3-20　求点 C 的两面投影

（a）已知条件；（b）求直线 AB 的实长；（c）求作投影 c'；（d）求作投影 c

2. 辅助投影法

由直线的投影特点可知，平行线在其所平行的投影面上的投影，能反映直线段的实长及其对其他两投影面的倾角。因此，可以通过设立辅助投影面，将一般位置直线转换成新投影面体系中的投影面平行线，如图 3-21（a）所示。

如图 3-21（b）所示，设立一个垂直于 H 面的辅助投影面 V_1 平行于 AB，建立起 $H-V_1$ 投影面体系，一般线 AB 对 V_1 面成为投影面平行线，平行于 V_1 面，作出线段 AB 在 V_1 面的辅助投影 $a_1'b_1'$，即求得线段 AB 的实长；$a_1'b_1'$ 与辅助投影轴 OX_1 的夹角就是 AB 与 H 面的倾角 α 的实形，如图 3-21（c）所示。

同理，设立一个垂直于 V 面的辅助投影面 H_1 平行于 AB，建立起 $V-H_1$ 投影面体系，也可以求得线段 AB 的实长和线段 AB 与 V 面的倾角 β 的实形。

3.2.4　两直线的相对位置

空间两直线的相对位置有四种情况：平行、相交、交叉和垂直。相交两直线和平行两直线在同一平面上，又称共面直线；而交叉两直线在不同的平面上，故称异面直线。下面分别讨论这几种情况的投影特性。

1. 两直线平行

由平行投影特性可知：若两直线平行，则它们的同面投影必相互平行（平行性）；反之，如果两直线的各个同面投影相互平行，即可判断两直线在空间必相互平行。

在一般情况下，只要两直线的任意两组同面投影相互平行，即可判断这两直线在空间是相互平行的，如图 3-22 所示。

对于平行于同一投影面的两直线，最好要有一组能反映线段实长的投影，这样便于判断两直线是否平行。如图 3-23 所示，有两条侧平线 AB、CD，它们的 V、H 投影均相互平行，但仅凭这两组投影不能判定 AB // CD，还需作出两直线的 W 投影才能进行判断。由图 3-23 可知，投影 $a''b''$ 与 $c''d''$ 不平行，所以空间直线 AB 与 CD 不平行；但如果投影 $a''b''$ 与 $c''d''$ 平行，则 AB 与 CD 平行，如图 3-24 所示。

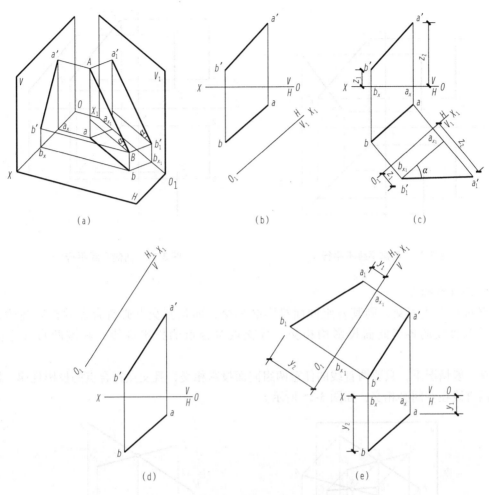

（a）　　　　　　　（b）　　　　　　　（c）

（d）　　　　　　　　　　　　（e）

图 3-21　辅助投影法求线段的实长和倾角

（a）立体图；（b）设立辅助投影面 V_1；（c）求实长和倾角 α；（d）设立辅助投影面 H_1；（e）求实长和倾角 β

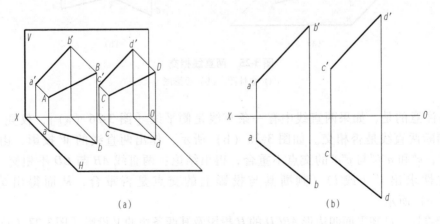

（a）　　　　　　　　　　　　（b）

图 3-22　两直线平行

（a）立体图；（b）投影图

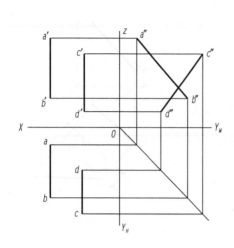

图 3-23 两侧平线不平行

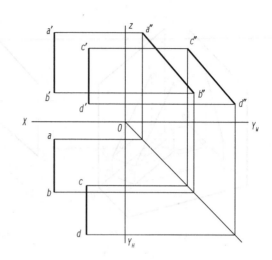

图 3-24 两侧平线平行

2. 两直线相交

空间两直线相交，则其各组同面投影必相交，而且其交点必符合点的投影规律；反之，若两直线的各组同面投影均相交，且交点符合点的投影规律，则该两直线空间必相交。

在一般情况下，只要两直线的任意两组同面投影相交，且交点符合点的投影规律，即可判定两直线在空间必相交，如图 3-25 所示。

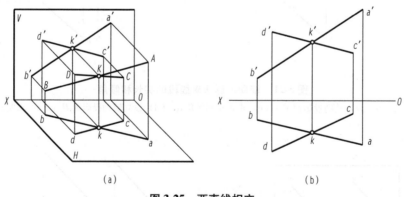

（a）   （b）

图 3-25 两直线相交
（a）立体图；（b）投影图

值得注意的是，如果两直线中有一条直线是侧平线［图 3-26（a）］，仅凭 V、H 投影不能判断两直线是否相交。如图 3-26（b）所示，作出两直线的 W 投影，由投影 k、k′求出 k″，k″和 a″b″与 c″d″的交点不重合，得出结论：两直线 AB 与 CD 不相交。还可以利用定比性求出 l′（或 l），判断其与投影上的交点是否重合，从而得出结论，如图 3-26（c）所示。

【例 3-9】 已知平面四边形 ABCD 的 H 投影及其两条边的 V 投影［图 3-27（a）］，试完成四边形的 V 投影。

【分析】 由已知条件可知，四边形的对角线 AC 与 BD 是相交两直线，交点必在直线 AC

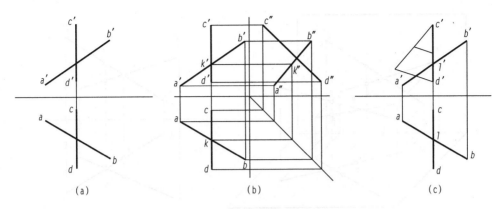

图 3-26　两直线相交的判断

（a）已知条件；（b）求作第三面投影；（c）定比性法

与 *BD* 上。*H* 面上两条对角线均已知，可求出交点的两面投影，即确定了对角线 *AC* 的方向，再利用"长对正"关系确定点 *C* 的 *V* 投影。

【作图步骤】

（1）求作对角线交点投影 *k*。连接四边形对角线的 *H* 投影 *bd* 和 *ac*，得交点 *K* 的 *H* 投影 *k*，如图 3-27（b）所示。

（2）交点 *K* 的 *V* 投影必在投影 *b'd'* 上，过 *k* 引竖直线与 *b'd'* 交于 *k'*，连 *a'*、*k'*，如图 3-27（c）所示。

（3）根据"长对正"关系，过 *c* 引垂线与 *a'k'* 的延长线交于 *c'*，连 *b'*、*c'* 和 *d'*、*c'*，加深图线，*a'b'c'd'* 即为所求，如图 3-27（d）所示。

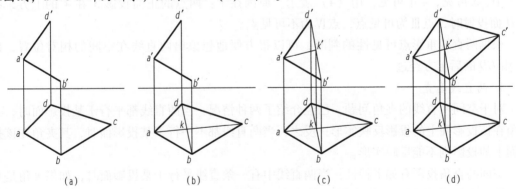

图 3-27　求四边形的 *V* 投影

（a）已知条件；（b）求作对角线交点投影 *k*

（c）求作对角线交点投影 *k'*；（d）求作 *c* 和 *c'*

3. 两直线交叉

空间两直线既不平行又不相交时，称为交叉。交叉两直线的一面或两面同面投影可能平行，但三面投影不可能同时相互平行，如图 3-23 所示。交叉两直线的同面投影也可能相交，但交点不符合空间点的投影规律，只不过是两直线的一对重影点的投影，如图 3-28 所示。

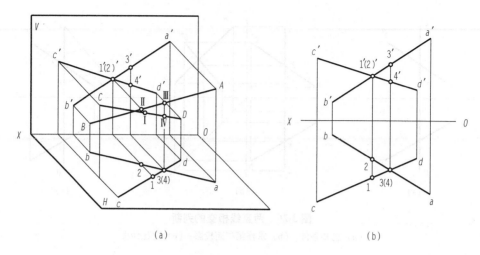

图 3-28　两直线交叉

（a）立体图；（b）投影图

由图 3-28 可以看出，直线 AB 和直线 CD 的 V 投影的交点，实际上是直线 CD 上的点 Ⅰ 和直线 AB 上的点 Ⅱ 的 V 投影的重影点；这两条直线 H 投影的交点，则是 AB 上的点Ⅲ和 CD 上的点Ⅳ的 H 投影的重影点。

交叉两直线需判断重影点的可见性。结合图 3-28，可以判定：V 面重影点的投影 1′和 2′ 中：1′可见、2′不可见，用（2′）表示。原因在于：两点的 H 面投影 1 在 2 的前面，所以向 V 面投射时位于 CD 上的点 Ⅰ 为可见点，位于 AB 上的点 Ⅱ 为不可见点。H 面重影点的投影 3 和 4 中：3 可见，4 不可见，用（4）表示。原因在于：两点的正面投影 3′在 4′的上方，在 向 H 面投射时，点Ⅲ为可见点，点Ⅳ为不可见点。

根据两直线重影点可见性的判断，可以很方便地想象出两直线在空间的相对位置，即 AB 由 CD 的后上方经过。

4. 两直线垂直

对于空间两直线的夹角问题，已经介绍了两种情况：当两直线都平行于某投影面时，其 夹角在该投影面上的投影反映实形；反之，当两直线都不平行于某投影面时，其夹角在该投 影面上的投影则不能反映实形。

空间的直角投影有如下特性：当两直线中有一条直线平行于某投影面时，如果夹角是直 角，则它在该投影面上的投影仍然是直角。如图 3-29（a）所示，空间两直线 $AB \perp BC$，$\angle ABC = 90°$，其中边 BC 平行于 H 面。因为 $BC \perp AB$，$BC \perp Bb$，所以 BC 垂直于平面 ABba。 又因为 bc∥BC，所以 bc 也垂直于平面 ABba。因此，bc 必垂直于 ab，即 $\angle abc = 90°$，如图 3-29（b）所示。反之，若两直线夹角的投影为直角，且其中一条直角边反映实长，那么该角 在空间才是直角。

如图 3-29（c）所示，$\angle d'e'f' = 90°$，且线段 DE 为正平线，所以 $\angle DEF = 90°$，即 DE $\perp EF$。

两直线垂直又可分为垂直相交 [图 3-29（b）、（c）]和垂直交叉（图 3-30）两种 情况。

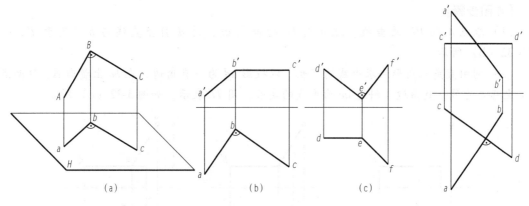

图 3-29　两直线垂直相交
（a）空间两直线垂直；（b）H 面反映直角实形；（c）V 面反映直角实形

图 3-30　两直线
垂直交叉

【例 3-10】　如图 3-31（a）所示，已知矩形 ABCD 一边 AB 的两投影 ab 和 a'b' 及另一边 AC 的正面投影 a'c'，试完成该矩形的两面投影图。

【分析】　矩形 ABCD 的对边平行，各角均为 90°，且 AB 边为水平线，所以 ∠CAB 的投影 ∠cab = 90°，再根据平行关系补全其他边投影。

【作图步骤】

（1）过投影 a 作直线与投影 ab 垂直，过 c' 作竖直线与前面所作直线的交点为投影 c，如图 3-31（b）所示。

（2）过投影 c 作 ab 的平行线，过投影 b 作 ac 的平行线，两条平行线交点即为投影 d。过 c' 和 b' 分别作对边的平行线，交点为投影 d'，d 和 d' 应在同一条竖直线上，如图 3-31（c）所示。

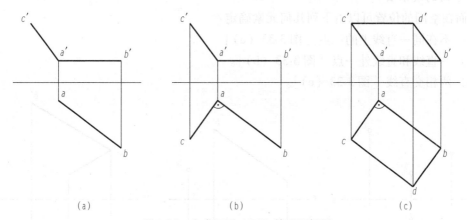

图 3-31　完成矩形 ABCD 的两面投影
（a）已知条件；（b）求作直线 AB 的垂线；（c）补全矩形的两面投影

【例 3-11】　如图 3-32（a）所示，求点 A 到水平线 BC 的距离。

【分析】　点 A 到水平线 BC 的距离是由该点向该直线引垂线，点到垂足的距离。因此，解此题分两步，一是求点 A 到 BC 的垂线，又已知直线 BC 为水平线，因此在水平投影上应反映垂直关系；二是利用直角三角形法求垂线的实长。

【作图步骤】

（1）求点 A 到 BC 的垂线。过 a 引 bc 的垂线 ad，过 d 引竖直线与 b'c' 交于 d'，如图 3-32 （b）所示。

（2）利用直角三角形法求垂线的实长。以投影 ad 为一直角边，在 bc 上量取 A、D 两点的 z 坐标差为另一直角边，斜边 ae 为垂线的实长，用 TL 表示，如图 3-32 （c）所示。

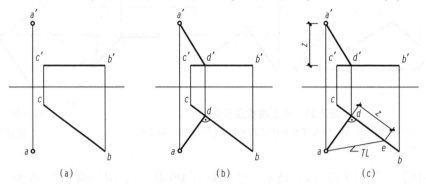

（a）　　　　　　　（b）　　　　　　　（c）

图 3-32　求一点到水平线的距离

（a）已知条件；（b）求点 A 到 BC 的垂线；（c）求垂线的实长

3.3　平面的正投影

3.3.1　平面的表示法及其空间位置的分类

1. 平面的表示法

平面在空间的位置可以由下列几何元素确定：

（1）不在同一直线上的三点 ［图 3-33 （a）］。

（2）一直线和直线外一点 ［图 3-33 （b）］。

（3）两相交直线 ［图 3-33 （c）］。

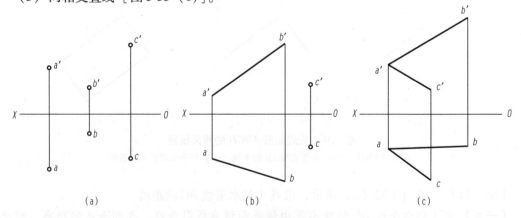

（a）　　　　　　　（b）　　　　　　　（c）

图 3-33　平面的表示法

（a）不在同一直线上的三点；（b）一直线和直线外一点；（c）两相交直线

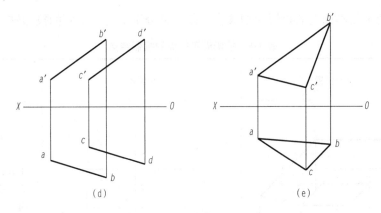

图 3-33　平面的表示法（续）

（d）两平行直线；（e）任意平面图形

（4）两平行直线［图 3-33（d）］。

（5）任意平面图形［图 3-33（e）］。

通过上述每一组元素，能作出唯一的一个平面，通常用一个平面图形来表示一个平面［图 3-33（e）］。平面是广阔无边的，如果是平面三角形 *ABC*，则是指在三角形 *ABC* 范围内的那一部分平面。

2. 平面的空间位置分类

与直线对投影面的相对位置相类似，空间平面对投影面也有三种不同的位置，即平行于投影面、垂直于投影面和倾斜于投影面，如图 3-34 所示。

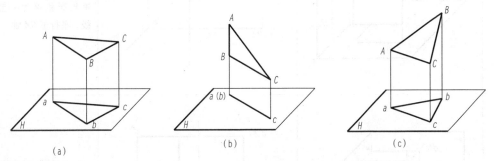

图 3-34　平面对投影面的三种位置

（a）平行于投影面；（b）垂直于投影面；（c）倾斜于投影面

3.3.2　各种位置平面的投影

1. 投影面平行面

（1）空间位置。平行于某一投影面，同时垂直于另两个投影面的平面称为投影面平行面。平行于 *H* 面时称为水平面平行面，简称水平面；平行于 *V* 面时称为正面平行面，简称正平面；平行于 *W* 面时称为侧面平行面，简称侧平面，见表 3-4。

（2）投影特点。

1）在平面所平行的投影面上的投影反映平面的实形。

2）在另两个投影面上的投影为积聚直线段，且分别平行于不同的投影轴。

表 3-4　投影面平行面的投影特点

直线位置	空间位置	投影图	投影特点
水平面			1. H 投影反映实形； 2. V 投影与 W 投影都积聚为水平线，V 投影平行于 OX 轴，W 投影平行于 OY_W 轴
正平面			1. V 投影反映实形； 2. H 投影积聚为一水平线，平行于 OX 轴，W 投影积聚为一竖直线，平行于 OZ 轴
侧平面			1. W 投影反映实形； 2. V 投影与 H 投影都积聚为竖直线，V 投影平行于 OZ 轴，H 投影平行于 OY_H 轴

（3）读图。在读图时，平面的三面投影中，只要有一个投影积聚为一条平行于投影轴的直线，则该平面就平行于非积聚投影所在的投影面，那个非积聚的投影反映该平面图形的实形。

2. 投影面垂直面

（1）空间位置。垂直于某一投影面而与其余两个投影面倾斜的平面称为投影面垂直面。垂直于 H 面时称为水平面垂直面，简称铅垂面；垂直于 V 面时称为正面垂直面，简称正垂面；垂直于 W 面时称为侧面垂直面，简称侧垂面，见表 3-5。

（2）投影特点。

①在平面所垂直的该投影面上的投影积聚为一倾斜直线。倾斜直线与两投影轴夹角反映该平面和另两个投影面的倾角。

②在其他两个投影面上的投影与原平面图形形状类似，但比实形小。

表 3-5 投影面垂直面的投影特点

直线位置	空间位置	投影图	投影特点
铅垂面	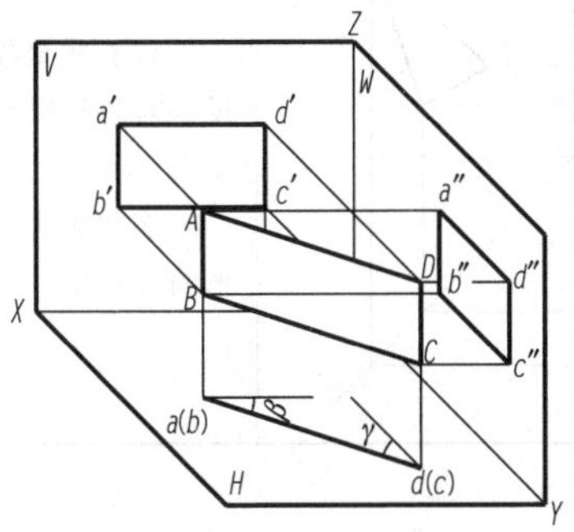	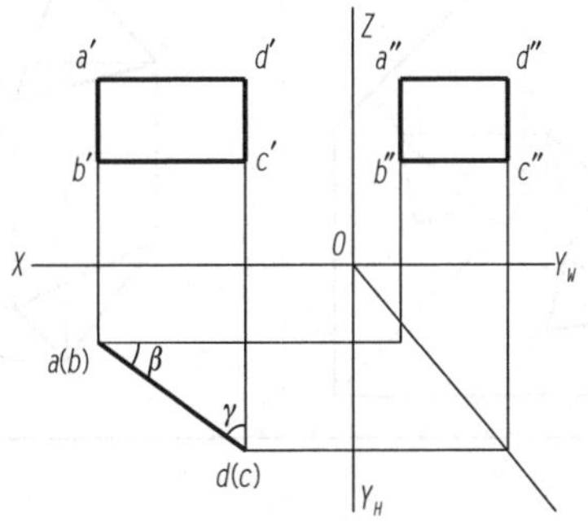	1. H 投影积聚为一斜线，并反映真实倾角 β、γ； 2. V 投影、W 投影为原平面图形的类似形状，但比实形小
正垂面	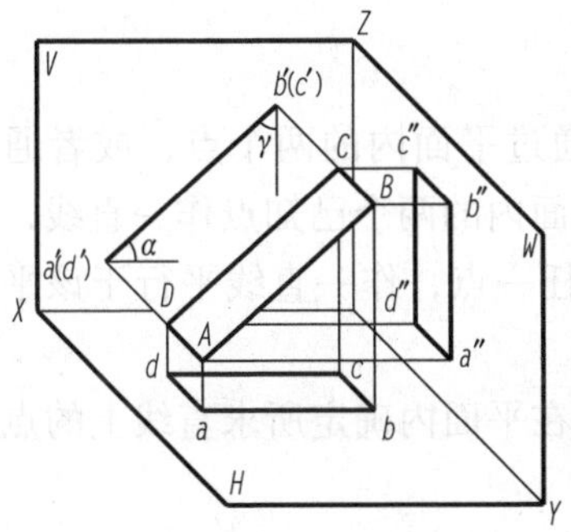	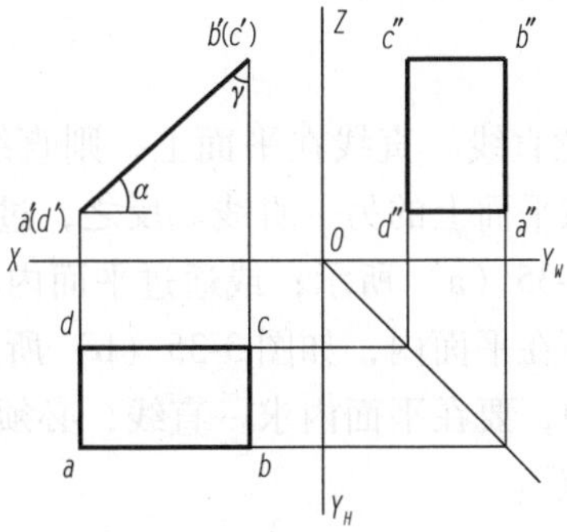	1. V 投影积聚为一斜线，并反映真实倾角 α、γ； 2. H 投影、W 投影为原平面图形的类似形状，但比实形小
侧垂面	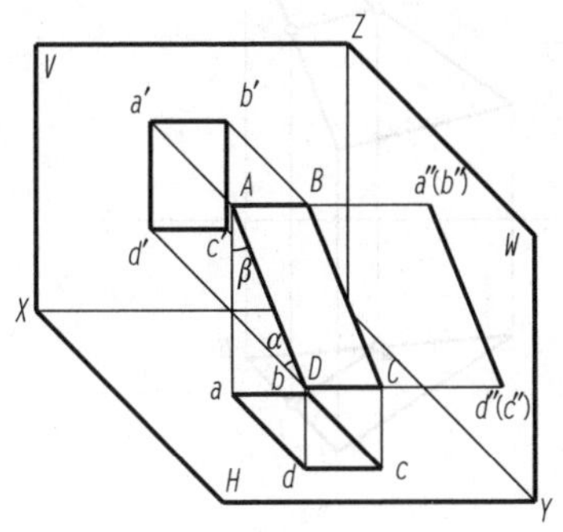	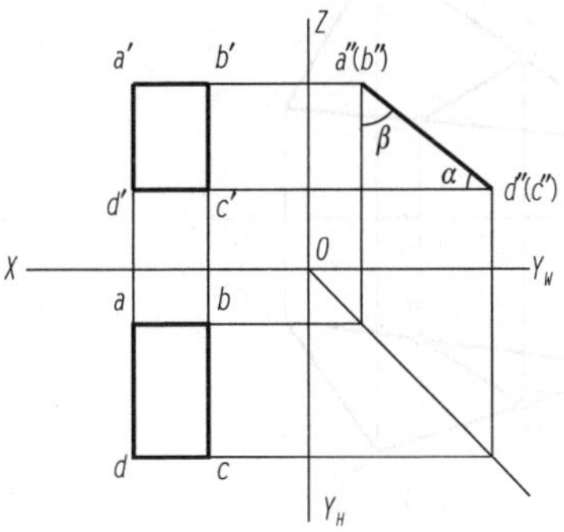	1. W 投影积聚为一斜线，并反映真实倾角 α、β； 2. V 投影、H 投影为原平面图形的类似形状，但比实形小

（3）读图。在读图时，只要有一个投影积聚为一倾斜直线，它必垂直于积聚投影所在的投影面。

3. 一般位置平面

（1）空间位置。一般位置平面是与每个投影面都倾斜的平面，简称一般面，见表3-6。

（2）投影特点。一般面的三个投影都没有积聚性，都与原平面图形形状相类似，都不反映三个倾角（α、β 和 γ）的实形。

（3）读图。在读图时，三个投影都是平面图形，它必然是一般面。

表3-6 一般位置平面的投影特点

直线位置	空间位置	投影图	投影特点
一般位置平面	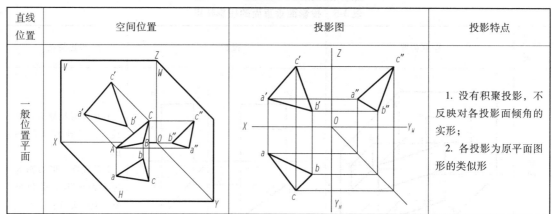		1. 没有积聚投影，不反映对各投影面倾角的实形； 2. 各投影为原平面图形的类似形

3.3.3　平面内的直线和点

1. 平面内的直线

（1）平面内的任意直线。直线在平面上，则直线通过平面内的两个点，或者通过平面内的一个点并平行于该平面上的另一直线。反之，过平面内的两个已知点作一直线，则直线必在该平面内，如图 3-35（a）所示；或通过平面内的任一点，作一直线平行于该平面内的已知直线，则该直线必在平面内，如图 3-35（b）所示。

因此，在投影图中，要在平面内求一直线，必须先在平面内确定所求直线上的点，可称之为"面上定线先找点"。

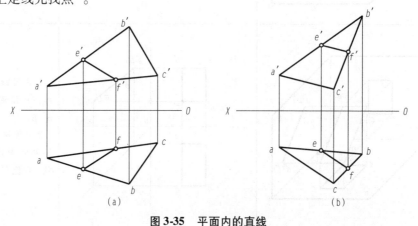

图 3-35　平面内的直线

（a）直线 EF 过平面上两点 E、F；（b）直线 EF 过平面上点 E，且 EF∥AC

【例 3-12】　如图 3-36（a）所示，已知平面 *ABC* 内的直线 *EF* 的正面投影，作出其水平投影。

【分析】根据"面上定线先找点"的原则，延长直线段 *EF*，使其与 *AB*、*AC* 相交于两点 Ⅰ、Ⅱ，*EF* 是直线 Ⅰ Ⅱ 上的一段。

【作图步骤】

（1）分别过 *e′* 和 *f′* 作 *e′f′* 的延长线交 *a′b′* 于 1′，交 *a′c′* 于 2′，"长对正"求出投影 1 和 2，如图 3-36（b）所示。

（2）分别过 *e′* 和 *f′* 作竖直线与 12 交于 *e* 和 *f*，加深投影线 *ef*，如图 3-36（c）所示。

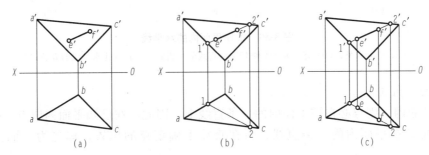

图 3-36　求作平面内一直线

（a）已知条件；（b）求作线段 *EF* 所在的直线 Ⅰ Ⅱ；（c）求投影 *ef*

（2）平面内的投影面平行线。平面内的投影面平行线既要符合投影面平行线的投影特点，又要符合直线在平面内的条件。常用的有平面上的水平线和正平线。要在一般面 *ABC* 上作一条水平线，可根据水平线的 *V* 投影平行于投影轴 *OX* 这一特点，先在平面 *ABC* 的 *V* 投影面上作任一平行于投影轴 *OX* 的直线（为作图简单起见，所作直线一般通过已知点），然后作出它的 *H* 投影，如图 3-37（a）、（b）所示。

同理，根据正平线的 *H* 投影一定平行于投影轴 *OX* 这一特点，可作出平面内的正平线，作图步骤如图 3-37（c）、（d）所示。

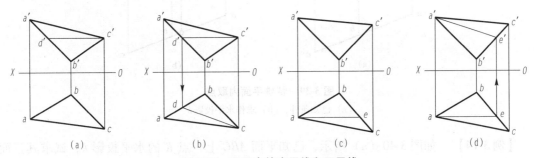

图 3-37　平面内的水平线和正平线

（a）作水平线的 *V* 投影；（b）作水平线的 *H* 投影；（c）作正平线的 *V* 投影；（d）作正平线的 *H* 投影

【例 3-13】　如图 3-38（a）所示，在平面 *ABC* 内作一条水平线，距离 *H* 面为 15 mm。

【分析】距 *H* 面为 15 mm 的水平线的 *V* 投影，一定平行于 *OX* 轴，且距 *OX* 轴 15 mm。

【作图步骤】

（1）在 *V* 投影上作投影 *d′e′* // *OX*，且距离 *OX* 轴 15 mm，如图 3-38（b）所示。

（2）分别过 d' 和 e' 作竖直线与 ab 交于 d，与 ac 交于 e，连接 de，如图 3-38（c）所示。

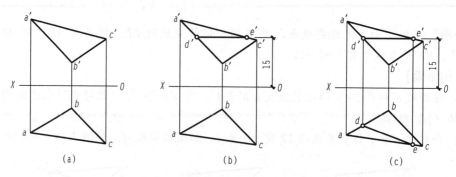

（a）　　　　　　　　　（b）　　　　　　　　　（c）

图 3-38　求作平面内的水平线

（a）已知条件；（b）求作距 OX 轴 15 mm 直线的 V 投影；（c）求作水平线的 H 投影

2. 平面上的点

点在平面内，则点必在该平面内的一条直线上。因此，在已知平面内取点，必须先找出过该点而又在平面内的一条直线，再在直线上确定点的位置，称之为"面上定点先找线"。

如果点在特殊平面内，已知平面内点的一个投影，可利用特殊平面的积聚投影，直接求作点的其他投影，如图 3-39（a）所示。平面 ABC 为铅垂面，点 K 在平面内，已知其正面投影 k'，求其水平投影 k，作图过程如图 3-39（b）所示。

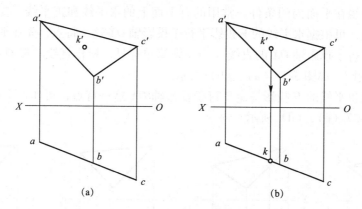

（a）　　　　　　　　　（b）

图 3-39　特殊平面内取点

（a）已知条件；（b）求作水平投影 k

【例 3-14】　如图 3-40（a）所示，已知平面 ABC 上一点 K 的水平投影 k，试求其正面投影 k'。

【分析】点 K 为平面上的点，过点 K 在平面内作任一直线（为作图简单起见，可通过平面的一个顶点引直线），点 K 的投影必在该直线的同面投影上。

【作图步骤】

（1）过投影 a 连接 ak 并延长至 bc，与 bc 交于 d；过投影 d 引竖直线与 $b'c'$ 交于 d'，连接 a'、d'，如图 3-40（b）所示。

（2）过 k 引竖直线与 $a'd'$ 交于 k'，如图 3-40（c）所示。

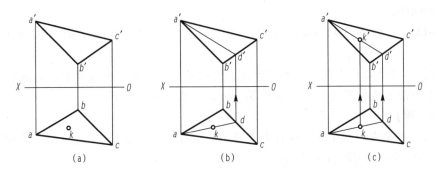

（a）　　　　　　　　　（b）　　　　　　　　　（c）

图 3-40　一般面内取点

（a）已知条件；（b）求作一条点 K 所在的直线；（c）求作投影 k'

3.3.4　直线和平面的相对位置

直线和平面的相对位置包括平行、相交和垂直三种情况。

1. 直线与平面平行

（1）直线与一般面相互平行。直线与平面相互平行的几何条件是：若直线平行于平面上的某一条直线，则该直线与平面相互平行。如图 3-41（a）所示，直线 AB 平行于平面 Q 上的一条直线 CD，则直线 AB 与平面 Q 平行。反之，判断直线与平面是否平行，只要看能否在该平面上作出一条直线与已知直线平行。

（2）直线与投影面垂直面相互平行。若直线与投影面垂直面平行，则该垂直面的积聚投影与该直线的同面投影平行。反之，判断直线与投影面垂直面是否平行，只要看该垂直面的积聚投影与该直线的同面投影是否平行。如图 3-41（b）所示，直线 MN 的水平投影 mn 平行于铅垂面 ABC 的水平投影 abc，所以它们在空间是相互平行的。因为在这种情况下，总可以在该平面的正面投影 $a'b'c'$ 内作出一条直线与 $m'n'$ 平行。

（3）投影面垂直线与垂直面平行。若投影面垂直线平行于投影面垂直面，则该直线与该平面垂直于同一投影面。如图 3-41（c）所示，直线 MN 为铅垂线，平面 ABC 为铅垂面，则直线 MN 与平面 ABC 在空间平行。

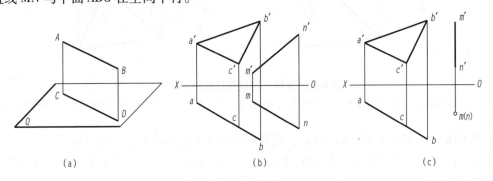

（a）　　　　　　　　　（b）　　　　　　　　　（c）

图 3-41　直线与平面平行

（a）直线与一般面平行；（b）直线与垂直面平行；（c）垂直线与垂直面平行

根据以上几何条件，在投影图上可以解决求作一直线与平面平行及判断直线与平面是否平行等作图问题。

【例 3-15】　如图 3-42（a）所示，过点 E 作水平线 EF 与平面 ABC 平行，EF 长 20 mm。

【分析】　水平线与水平线才能相互平行，所以先在平面内作一条水平线，然后过点 E 作直线平行于平面上的水平线，再利用长 20 mm 这一条件确定点 F。

【作图步骤】

（1）求作平面内的水平线。过投影 a' 作 OX 轴的平行线与 $b'c'$ 交于 d'，"长对正"确定 d，连接 a、d，如图 3-42（b）所示。

（2）过投影 e 作 ad 的平行线，过 e' 作平行于 OX 轴的直线，如图 3-42（c）所示。

（3）在水平线上截取长度 20 mm，得 f；过 f 引 OX 轴的垂线相交于 f'；将投影线 ef 和 $e'f'$ 加深为粗实线，如图 3-42（d）所示。

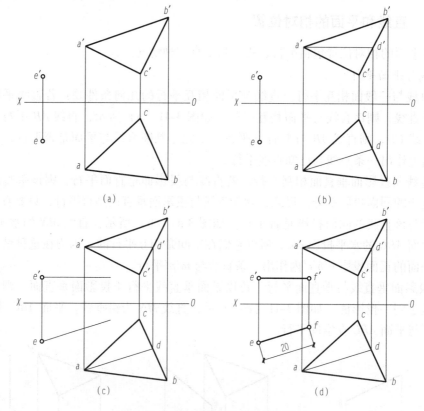

图 3-42　求作一直线与已知平面平行

（a）已知条件；（b）求作平面内的水平线；（c）过点 E 作水平线的平行线；（d）确定点 F，加深图线

【例 3-16】　如图 3-43（a）所示，试判断直线 MN 是否平行于平面 ABC。

【分析】　若直线段 MN 与平面 ABC 平行，则平面 ABC 内必有一直线平行于直线 MN。

【作图步骤】

（1）过投影 a 作 $ad /\!/ mn$，交 bc 于点 d，如图 3-43（b）所示。

（2）由 d 引竖直连线确定 d'，连接 a'、d'，判断 a'、d' 是否与 $m'n'$ 平行，如图 3-43（c）所示。

（3）判断结果：$a'd'$ 与 $m'n'$ 不平行，则直线 MN 与平面 ABC 不平行。

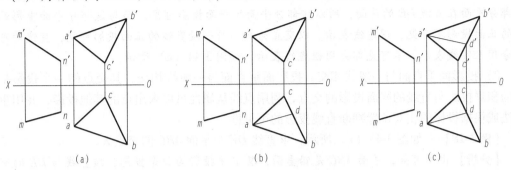

图 3-43　判断直线与已知平面是否平行

（a）已知条件；（b）求作投影 $ad /\!/ mn$；（c）判断 $a'd'$ 是否与 $m'n'$ 平行

2. 直线与平面相交

直线与平面相交，交点是直线与平面的公共点，而且是直线投影可见与不可见的分界点。

（1）特殊位置的相交问题。当直线或平面处于特殊位置，即其中有一投影具有积聚性时，交点的投影也必定在积聚投影上，利用这个特性就可以比较简单地求出交点的其他投影。

1）投影面垂直线与一般面相交。投影面垂直线与一般面相交，其交点的一个投影必包含在该直线的积聚投影内，其他的投影可按点的投影规律求出，并直接判断直线投影的可见性。

【例 3-17】　如图 3-44（a）所示，求直线 DE 与平面 ABC 的交点 K。

【分析】　由图可知，直线 DE 为铅垂线，其水平投影积聚为一个点，交点 K 的水平投影 k 也积聚在该点上，同时点 K 也在平面 ABC 上，故可用平面上取点的方法求出点 K 的正面投影 k'，然后利用观察法判断直线的可见性。

【作图步骤】

（1）求交点。交点 K 的水平投影 k 应在直线 DE 的积聚投影上，在积聚投影上标出 k；再根据"面上定点先找线"的原则，连接 a、k 延长至 bc 交于 1，确定 $1'$，连接 a'、$1'$，与 $d'e'$ 相交于 k'，如图 3-44（b）所示。

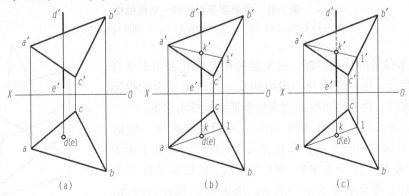

图 3-44　投影面垂直线与一般面相交

（a）已知条件；（b）求交点的两面投影；（c）判断直线的可见性

（2）利用观察法判断可见性。观察水平投影来判断直线与平面的前后位置关系。AB I 这部分平面在直线 DE 的前面，所以这部分平面的正面投影可见，而与这部分平面重影的直线的正面投影不可见，用虚线表示。以交点为界，另一段直线的正面投影可见，直线的可见部分用粗实线表示、不可见部分用粗虚线表示，如图 3-44（c）所示。

2）投影面垂直面与一般线相交。投影面垂直面与一般线相交，其交点的一个投影是该面的积聚投影与直线的同面投影的交点，利用点线从属性可以求出点的其他投影，并用重影点法或根据投影的相对位置判断直线投影的可见性。

【例 3-18】　如图 3-45（a）所示，求直线 DE 与平面 ABC 的交点 K。

【分析】由图可知，平面 ABC 是铅垂面，其水平投影为积聚投影，该直线与 DE 的交点即为点 K 的水平投影 k。点 K 既在平面 ABC 上又在直线 DE 上，按点的投影规律可求出其正面投影 k'。

【作图步骤】

（1）求交点。在 H 面上，de 与 acb 交点处直接注写 k，由 k 引竖直线交 $d'e'$ 于 k'，如图 3-45（b）所示。

（2）利用重影点法判断可见性。如直线 AB 和 DE 在正面投影上的重影点 $1'$ 和 $2'$，利用点的从属性，分别在 de 和 ab 上求出 1 和 2。由于 1 在 2 的前面，故 $1'$ 可见而 $2'$ 不可见，则 k' 到 $1'$ 之间为可见部分，用粗实线表示。以交点投影 k' 为分界点，另一段直线与平面重影的部分不可见，用粗虚线表示，如图 3-45（c）所示。

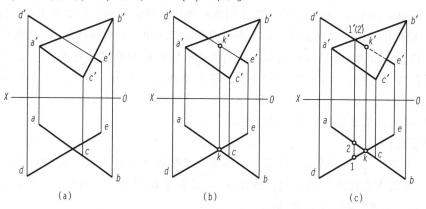

（a）　　　　　　　　（b）　　　　　　　　（c）

图 3-45　投影面垂直线与一般线相交

（a）已知条件；（b）求交点的两面投影；（c）判断直线的可见性

（2）一般位置的相交问题。这里是指相交两元素均不垂直于投影面的情况，即一般线与一般面相交。此时两元素的投影都不具有积聚性，通常利用线面交点法和辅助投影法求解。

1）线面交点法。如图 3-46 所示，一般线 AB 与一般面 DEF 相交。为求它们的交点，应包含直线 AB 作一辅助平面 P 与平面 DEF 相交，交线为 MN。MN 与直线 AB 都在平面 P 内且不相互平行，那么必相交于一点 K。因为点 K 既在直线 AB 上，又在交线 MN 上，而 MN 又在平面 DEF 上，所以点 K 为

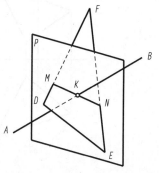

图 3-46　一般线与一般面相交

直线 *AB* 与平面 *DEF* 的交点。

由此得出求一般线与一般面交点的作图步骤（又称"三步法"）如下：

①包线作面：包含已知直线作辅助平面（所作的辅助平面与投影面垂直）。

②面面交线：求辅助平面与已知平面的交线。

③线线交点：求该交线与已知直线的交点。

求出交点后，利用重影点法判断水平投影和正面投影的可见性，如图 3-47 所示。

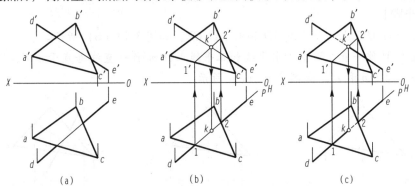

图 3-47 线面交点法求一般线与一般面的交点

（a）已知条件；（b）作辅助平面求交点；（c）判断可见性

2）辅助投影法。一般线与一般面相交，还可利用辅助投影法求交点。通过作辅助投影面，把一般线与一般面的相交问题转换为一般线与投影面垂直面的相交问题，已知条件如图 3-48（a）所示。

作图步骤：

①作辅助投影面将一般面转换为投影面垂直面，如图 3-48（b）所示。

②利用投影面垂直面的积聚投影直接求出交点，将交点位置反投射到原投影图中，如图 3-48（c）所示。

③利用"重影点法"判断水平投影和正面投影的可见性，如图 3-48（c）所示。

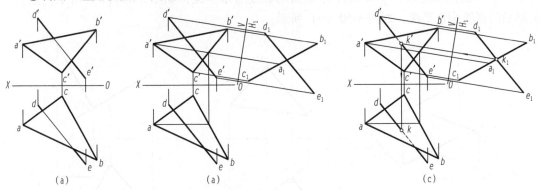

图 3-48 辅助投影法求一般线与一般面的交点

（a）已知条件；（b）作辅助投影面求交点的新投影；（c）求交点并判断可见性

3. 直线与平面垂直

（1）直线垂直于一般面。直线与平面垂直的几何条件：一直线垂直于一平面内的两条相交直线，则该直线与该平面相互垂直。反之，若直线垂直于一平面，则该直线必垂直于该平面内所有直线。

【例3-19】 如图3-49（a）所示，过点 M 作直线 MN 与平面 ABC 垂直。

【分析】 由直线与平面垂直的几何条件可知，如果直线 MN 垂直于平面 ABC 内的两条相交直线，则直线与平面垂直。这两条相交直线，通常选取平面上的正平线和水平线。那么，所求直线 MN 既要垂直于水平线，又要垂直于正平线。

【作图步骤】

（1）作平面 ABC 上的正平线 AD 和水平线 CE，如图3-49（b）所示。

（2）过点 M 作一直线垂直于水平线和正平线。过 m' 作一直线垂直于 $a'd'$；过 m 作一直线垂直于 ce，确定 n 和 n'，如图3-49（c）所示。

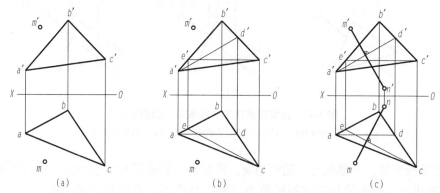

图3-49 过点作直线垂直于平面

（a）已知条件；（b）作平面内的水平线和正平线；（c）求作直线 MN

（2）直线垂直于投影面垂直面。当直线垂直于投影面垂直面时，它必然是投影面平行线，平行于该平面所垂直的投影面。垂直面的积聚投影与直线的同面投影相互垂直。

如图3-50（a）所示，直线 AB 垂直于铅垂面 P，必平行于水平面 H，AB 的 H 投影 ab 垂直于平面 P 的积聚投影 P^H。垂直于铅垂面的直线为水平线，如图3-50（b）所示；垂直于正垂面的直线为正平线，如图3-50（c）所示。

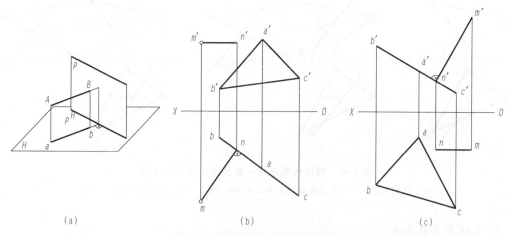

图3-50 直线垂直于投影面垂直面

（a）立体图；（b）垂直于铅垂面的直线为水平线；（c）垂直于正垂面的直线为正平线

3.3.5　两平面的相对位置

1. 平面与平面平行

（1）两一般面相互平行。两平面相互平行的几何条件是：一个平面上的两条相交直线分别对应平行于另一平面上的两条相交直线。如图 3-51 所示，平面 *P* 内的两条相交直线 *AB* 和 *BC* 分别与平面 *H* 内的两条相交直线 *DE* 和 *EF* 平行，则平面 *P* 与 *H* 平行。反之，判断两平面是否平行，只要看能否在两平面内找到相互对应平行的两组相交线即可。

（2）两投影面垂直面相互平行。若两投影面垂直面相互平行，则它们的积聚投影必相互平行。反之，当判断两投影面垂直面是否相互平行时，只要看两平面的积聚投影是否平行即可。如图 3-52 所示，铅垂面 *ABCD* 与 *EFG* 的水平投影相互平行，则两平面在空间平行。

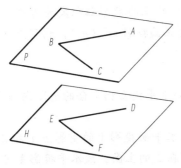

图 3-51　两一般面平行

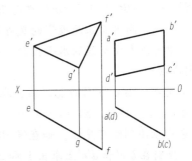

图 3-52　两投影垂直面平行

根据以上条件，可以在投影图上判断两平面的空间位置是否平行，也可求解两个平面相互平行的相关问题。

【例 3-20】　如图 3-53（a）所示，过点 *D* 作一平面与平面 *ABC* 平行。

【分析】只要过点 *D* 作两相交直线分别平行于平面 *ABC* 内任意两相交直线即可。平面 *ABC* 内任意两相交直线可以选择平面 *ABC* 的两条边线。

【作图步骤】

（1）在水平投影上，过 *d* 作直线 *df* 平行于 *bc*，作直线 *de* 平行于 *ac*。

（2）在正面投影上，过 *d'* 作一直线平行于 *b'c'*，作另一直线与 *a'c'* 平行。

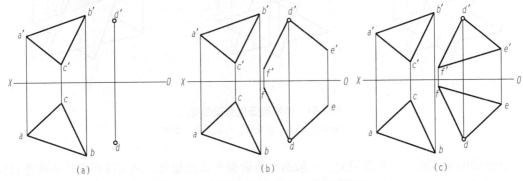

图 3-53　过已知点作平面与已知平面平行

（a）已知条件；（b）过点 *D* 作两相交直线与平面 *ABC* 内两相交直线平行；（c）加深投影线

（3）按点的投影规律，确定投影 f 和 e，如图 3-53（b）所示。

（4）连接 e、f 和 e'、f'，加深投影线，如图 3-53（c）所示。

2. 平面与平面相交

平面与平面相交，其交线是平面与平面的共有线，而且是平面可见与不可见的分界线。一般求两个平面的交线可先求出两个共有点，两点连线即为两平面的共有线。

（1）特殊位置的相交问题。

①两投影面垂直面相交。当垂直于同一投影面的两个投影面垂直面相交时，其交线一定是垂直于该投影面的垂直线。两垂直面积聚投影的交点即为该交线的积聚投影。利用积聚投影求出交线端点的其他投影，两端点投影的连线即为两平面的交线，并可根据投影的相对位置或重影点法判断投影重合处的可见性。

【例 3-21】　如图 3-54（a）所示，求平面 ABC 与平面 DEF 的交线。

【分析】平面 ABC 与平面 DEF 都是正垂面，它们的正面投影都积聚为直线，两平面的交线必为正垂线，两平面正面投影的交点即为交线的正面投影 m'（n'），利用点线从属性及点的投影规律可以求出交线的水平投影 mn。

【作图步骤】

（1）求交线。由 $m'n'$ 作投影连线，在两个平面的水平投影相重合的范围内作出 mn，用粗实线连接 m、n，如图 3-54（b）所示。

（2）重影点法判断可见性。如直线 BC 和 DE 在水平面投影上的重影点 1 和 2，利用点线从属性，分别在 $b'c'$ 和 $d'e'$ 上求出 $1'$ 和 $2'$。由于 $1'$ 在 $2'$ 的上面，故水平投影 1 可见而 2 不可见，则 n 到 1 之间为不可见，用粗虚线表示。然后以交线 mn 为界，在 mn 右侧，def 与 abc 的重影部分不可见；在 mn 左侧，则可见性正好相反，abc 与 def 的重影部分不可见，加深图线，如图 3-54（c）所示。

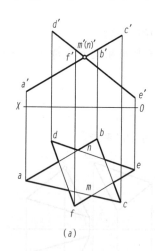 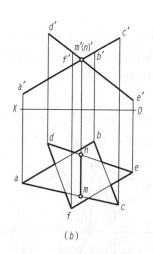 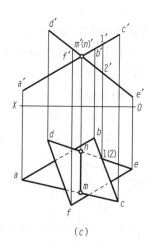

（a）　　　　　　　　　　（b）　　　　　　　　　　（c）

图 3-54　两投影面垂直面相交

（a）已知条件；（b）求交线；（c）判断可见性

②投影面垂直面与一般面相交。一般面与投影面垂直面相交，其交线必在投影面垂直面的积聚投影上。利用积聚投影求出交线端点的其他投影，两端点投影的连线即为两平面交线

的投影，并可通过观察投影的相对位置或重影点法判断投影重合处的可见性。

【例3-22】 如图3-55（a）所示，求平面 *ABC* 与平面 *DEF* 的交线。

【分析】 平面 *DEF* 为铅垂面，其水平投影积聚为一条直线，直线和平面的共有部分 *mn* 即为交线的水平面投影。

【作图步骤】

（1）求交线。点 *M*、*N* 既在平面 *DEF* 上，又在平面 *ABC* 上。过 *m*、*n* 作投影连线，*m'* 在 *a'b'* 上，*n'* 在 *b'c'* 上，连接 *m'*、*n'* 即为交线的正面投影，如图3-55（b）所示。

（2）根据投影的相对位置判断可见性。由水平面投影可知，以交线 *mn* 为界，部分平面 *amnc* 在直线 *def* 的前面，所以这部分平面的正面投影可见，而 *def* 与 *amnc* 的重影部分不可见，用虚线表示，如图3-55（c）所示。

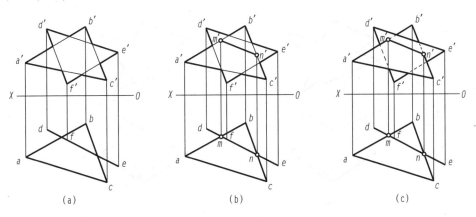

图3-55　投影面垂直面与一般面相交

（a）已知条件；（b）求交线；（c）判断可见性

（2）一般位置的相交问题。两一般面相交，求交线问题实际上是求两平面的共有点问题，只要作出两平面的共有点，连接起来即为交线。由于两个一般面的相对位置不同，它们的交线有可能全在平面之内，如图3-56（a）所示；也可能在部分平面内，如图3-56（b）所示；还可能在两个平面图形之外，如图3-56（c）所示。

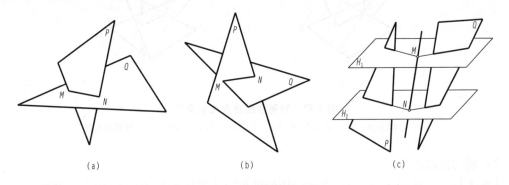

图3-56　两一般面的交线

（a）交线全在一个平面之内；（b）交线在部分平面内；（c）交线在两个平面图形之外

求两一般面的交线一般有两种方法，即线面交点法和辅助投影法。

1）线面交点法。

【例3-23】　如图3-57（a）所示，求平面 *ABC* 与 *DEF* 的交线。

【分析】实质上是连续两次使用线面交点法求一般线与一般面交点问题。

【作图步骤】

（1）求交点 *M*。在 *V* 投影上，过 *d'f'* 作正垂面 Q^V，按照"三步法"求出直线 *DF* 与平面 *ABC* 的交点 *M* 的 *H*、*V* 投影 *m*、*m'*，如图3-57（b）所示。

（2）求交点 *N* 和交线 *MN*。在 *V* 投影上，过 *e'f'* 作正垂面 P^V，按照"三步法"求出直线 *EF* 与平面 *ABC* 的交点 *N* 的 *H*、*V* 投影 *n*、*n'*，连接 *m*、*n* 和 *m'*、*n'* 即为所求交线，如图3-57（c）所示。

（3）利用重影点法判断可见性。如图3-57（d）所示。

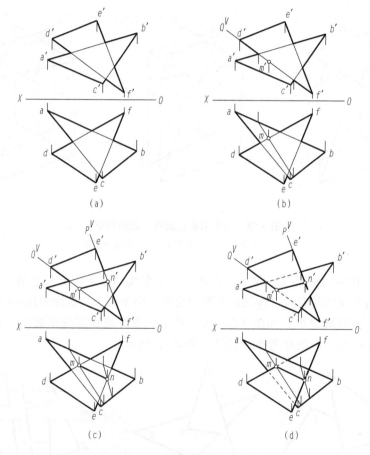

图3-57　利用线面交点法求交线

（a）已知条件；（b）求交点 *M*；（c）求交点 *N* 和交线 *MN*；（d）判断可见性

2）辅助投影法。

【例3-24】　如图3-58（a）所示，用辅助投影法求作平面 *ABC* 与 *DEF* 的交线。

【分析】设立辅助投影面，使其中一个一般面变换为该辅助投影面的垂直面，将两个一般面的交线问题先转换为垂直面与一般面的交线问题，利用积聚投影求出交线的投影，再求作原投影平面中两平面的交线，然后利用重影点法判断可见性。

【作图步骤】

(1) 设立辅助投影面 H_1。在平面 ABC 内作正平线 BG，作新投影轴与投影 $b'g'$ 垂直，在投影面 H_1 内，分别求作两个平面的投影 $a_1b_1c_1$ 和 $d_1e_1f_1$，其中，投影 $a_1b_1c_1$ 为积聚直线段，如图 3-58 (b) 所示。

(2) 求交线 MN。在辅助投影面内，交线 m_1n_1 为已知，直接标出，分别作出它们对应的 V 投影 $m'n'$ 和 H 投影 mn，如图 3-58 (c) 所示。

(3) 利用重影点法判断可见性。如图 3-58 (d) 所示。

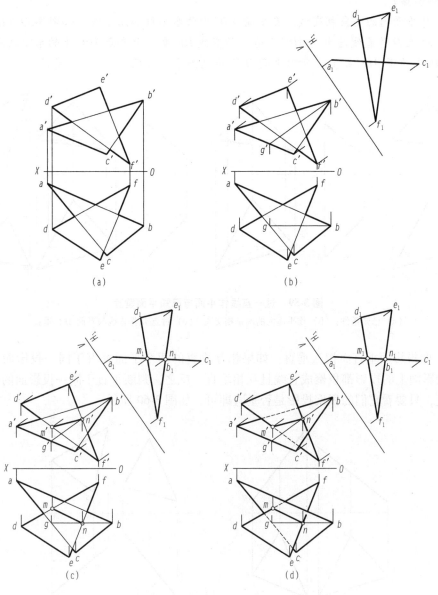

图 3-58　利用辅助投影面法求交线

(a) 已知条件；(b) 设立辅助投影面；(c) 求交线；(d) 判断可见性

3. 平面与平面垂直

（1）两一般面相互垂直。两个平面相互垂直的几何条件是：一平面通过另一平面的一条垂线。反之，判断两个平面是否垂直，只要看能否在一平面内找到一条直线垂直于另一平面。

【例 3-25】 如图 3-59（a）所示，过直线 DE 作一平面与平面 ABC 垂直。

【分析】 所求的平面经过直线 DE，那么只需再确定一条与直线 DE 相交的直线 DF，且 DF 垂直于平面 ABC，平面 DEF 即为所求。实际上，把平面与平面垂直的问题转换成了直线与平面垂直的问题。

【作图步骤】

（1）作平面内的两条相交线。在平面 ABC 内作水平线和正平线，如图 3-59（b）所示。

（2）过点 D 作直线与平面 ABC 垂直。作直线 DF 垂直于平面 ABC 上的水平线和正平线，则直线 DF 与平面 ABC 垂直，所以平面 DEF 即为所求，如图 3-59（c）所示。

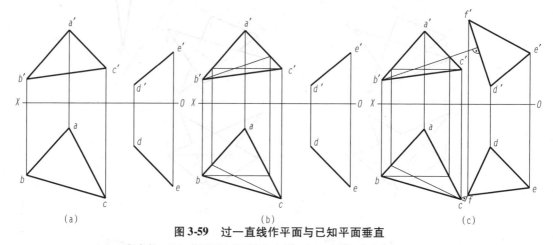

图 3-59　过一直线作平面与已知平面垂直

（a）已知条件；（b）作平面内的两条相交线；（c）过点 D 作直线与平面 ABC 垂直

（2）两投影面垂直面相互垂直。如果相互垂直的两个平面垂直于同一投影面，则两平面在该投影面上的投影都积聚成直线且互相垂直。反之，判断垂直于同一投影面的两垂直面是否垂直，只要看它们的积聚投影是否垂直即可，如图 3-60 所示。

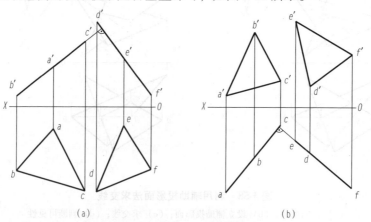

图 3-60　两投影面垂直面垂直

（a）两个正垂面垂直；（b）两个铅垂面垂直

习题 \\\\\\

1. 简述点的两面投影规律和三面投影规律。
2. 各种位置直线的投影特性是什么？
3. 各种位置平面的投影特性是什么？
4. 平行、相交、交叉、垂直两直线的投影特性是什么？如何判断？
5. 如何求作两条一般线的交点？

第4章

基本几何体的投影

★学习目标

1. 掌握棱柱、棱锥、圆柱、圆锥、圆球的投影特性和作图方法。
2. 掌握基本立体表面上取点的方法。
3. 了解圆环的投影及表面上取点的方法。

空间的物体不管多么复杂，经过分析不难发现，基本上是由一些基本几何体按照一定的组合方式构成的。因此研究基本几何体的投影是研究空间物体投影的基础。

基本几何体按照表面形状特征的不同，通常分为平面基本几何体和曲面基本几何体，如图4-1、图4-2所示。常见的平面基本几何体有棱柱、棱锥、棱台等，其表面特征是由若干平面图形组成。常见的曲面基本几何体有圆柱、圆锥、圆球等，其表面特征是由若干曲面或曲面和圆平面图形组成。

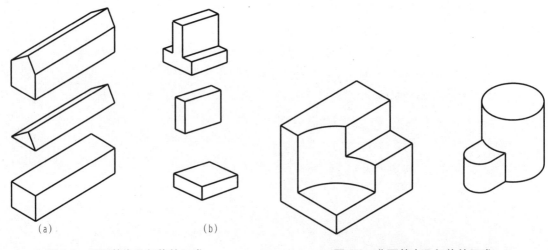

(a)　　　　　　　　　　　(b)

图4-1　平面基本几何体的组成　　　　**图4-2　曲面基本几何体的组成**

4.1　平面基本几何体的投影及其表面取点

如果对建筑物及其构配件（包括基础、台阶、梁、柱、门、窗等）进行分析，不难看出，它们总是可以看成由一些简单几何体叠加或切割而成。图 4-1（a）所示的组合体，可以看成由三棱柱、长方体组成。图 4-1（b）所示的组合体由两个长方体组成。在这里我们把简单几何体称为基本形体，建筑及其构配件的形体称为建筑形体，围成立体的所有表面都是平面的立体称为平面立体。各平面之间的交线为棱线或底边，它们的交点称为顶点。在工程上常见的平面立体有棱柱、棱锥、棱台以及由叠加、切割形成的形状较为复杂的平面立体等。无论形体繁简，一般都可以看作由这些基本几何体组合而成（图 4-2）。

4.1.1　平面立体的投影

画出平面立体上所有棱线和底边的投影就可以得到该平面立体的投影图。当其可见时画粗实线，不可见时画中虚线；当粗实线和中虚线重合时应只画粗实线。

1. 棱柱

棱柱是由上、下两个底面和若干个侧棱面围成的平面立体。相邻两个棱面的交线称为棱线。侧棱垂直于底面的棱柱为直棱柱；侧棱与底面倾斜的棱柱称为斜棱柱。底面为正多边形的直棱柱称为正棱柱。

图 4-3（a）为一个三棱柱向三个投影面投影的空间情况。左、右两个底面是平行且相等的等腰三角形，三个侧面都是矩形，一个较宽，两个较窄而相等。安放时形体处于稳定状态，使投影面尽量平行于形体的主要侧面和侧棱，以便作出更多的实形投影。三棱柱形体在建筑中常见于两坡顶屋面，因此将三棱柱平放，并使 H 面平行于大侧面，W 面平行于两底面，V 面平行于侧棱。图 4-3（b）中 H 投影是矩形线框，adfc 是水平侧面的实形投影，其中两个相等的小线框 adeb 和 befc 是两个斜侧面的 H 投影。矩形 a'（c'）d'（f'）e'b' 是前、后斜侧面重合的 V 投影，水平侧面的 V 投影积聚为一水平线，左、右底面的 V 投影积聚成矩形的左、右直边。W 投影反映左、右底面的实形——等腰三角形，其底边及两腰分别是水平侧面和前后斜侧面的积聚投影。

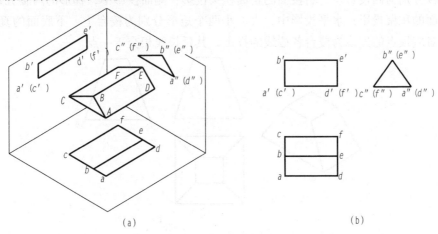

（a）　　　　　　　　　　　　　　（b）

图 4-3　三棱柱的投影

2. 棱锥

棱锥是由一个底面和若干个三角形侧面围成的平面立体，相邻两棱面的交线称为棱线。图4-4是一个三棱锥向三个投影面投影的空间情况，使其底面平行于 H 面放置，右侧面为正垂面。底面在水平面上的投影 abc 反映实形，在正面和侧面上的投影各积聚成一段水平线。右棱面的 V 面投影积聚成一段斜线，其他两面投影为该侧面的类似形。前后棱面均为一般位置平面，其三面投影均是相应棱面的类似形，且 V 面投影重合。在绘制棱锥的三面投影时，只要把锥顶点 S 在三个投影面上的投影与三棱锥底面各顶点的同名投影对应相连即可完成。

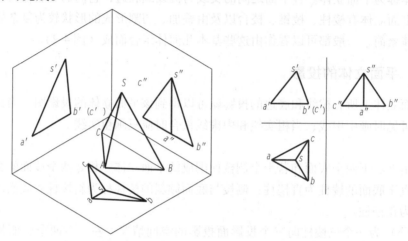

图4-4 三棱锥的投影

3. 棱台

棱锥被平行于底面的平面截切，截平面与底面之间的部分就称为棱台。

图4-5（a）所示为一个四棱台，使其上、下底面平行于水平投影面，左、右棱面垂直于 V 面，前后棱面垂直于 W 面。图4-5（b）是四棱台的三面视图，其投影特点为：正面投影和侧面投影为等腰梯形，其上、下底边分别为棱台上、下底面的积聚投影；正面投影中，梯形的两腰分别为四棱台左、右棱面的正面积聚投影；侧面投影中，梯形的两腰分别为棱台前、后棱面的积聚投影；水平投影中，大、小两个矩形分别为棱台上、下底面的真实投影，两个矩形对应顶点的连线为棱台各棱线的投影，其延长线相交于一点。

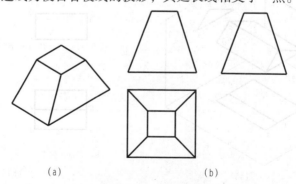

（a）   （b）

图4-5 棱台的投影

4.1.2 平面立体表面上的点和线

在平面立体表面上取点的方法与在平面上取点的方法相同，但要注意的是，这些点在平面立体的表面上，它们的投影也在该平面的同面投影上，而且这些点的可见性与所在平面的可见性相同。如果点和线所在的平面在某一个投影面上的投影是可见的，则点和线在该投影面上的投影也是可见的，反之则不可见。

1. 棱柱表面上的点

【例4-1】 求三棱柱的侧面投影及其表面上点 1、2 的水平投影和侧面投影 ［图 4-6 （a）为已知条件］。

【分析】 由已知条件可知，点 1 在三棱柱的左前侧表面上；点 2 在相对于 V 面不可见的侧面上，即点 II 位于三棱柱的后侧面。根据棱柱投影的形成过程，点 1 和点 2 的水平投影分别从属于棱柱侧面的水平积聚投影，点 1 在侧面上的投影可见，点 2 在侧面上的投影不可见。

【作图步骤】

（1）根据"宽相等、高平齐"确定三棱柱的侧面投影；

（2）1 点在三棱柱的左前面，它的水平投影应在左前表面的积聚投影上；

（3）2 点在三棱柱的后面，它的水平投影应在后表面的积聚投影上；

（4）绘制点 1 的侧面投影，判断可见性；

（5）绘制点 2 的侧面投影，判断可见性；如图 4-6 （b）所示。

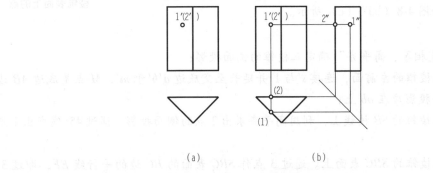

图 4-6 在三棱柱表面上定点

【例4-2】 补全三棱柱的侧面投影，并作出其表面上的线 12、23 的水平投影和侧面投影 ［图 4-7 （a）为已知条件］。

【作图步骤】

（1）根据三棱柱的高和宽绘制三棱柱的侧面投影轮廓；

（2）点 1 是三棱柱上与 V 面平行的棱面上的点，在该棱面的水平和侧面的积聚投影上求出其投影 1 和 1'；

（3）点 2 是三棱柱右侧棱上的点，在该棱线的水平投影和侧面投影上求出其投影 2 和 2'；

（4）点 3 属于棱柱的右前棱面，水平投影 3 在该棱面的水平积聚投影上；

（5）判断可见性，连接线段，不可见的线段画虚线，可见的线段画实线。

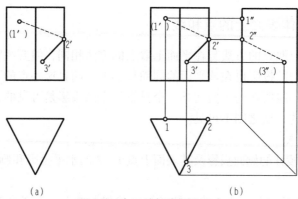

（a） （b）

图4-7 在三棱柱表面上定点

2. 棱锥表面上的点

【**例4-3**】 已知三棱锥表面上点Ⅰ、Ⅱ、Ⅲ的正面投影1′、2′、3′，求它们的水平投影和侧面投影，并将ⅠⅡ、ⅡⅢ连成线，判断可见性［图4-8（a）为已知条件］。

【**分析**】 三棱锥的三个棱面的水平投影均为类似形，*SAC*侧面投影积聚为一直线。根据确定表面点的投影必先作线的原理，本题通过在三棱锥表面上连接锥顶*S*和表面上的点Ⅰ，交底边于*M*，如图4-8（b）所示。根据点的从属性，点Ⅰ的水平投影应在*SM*的水平投影上。过Ⅲ点的正面投影作一条平行于底边的线*EF*，点Ⅲ的水平投影应在*EF*的水平投影上。作图过程和结果如图4-8（b）、（c）所示。

棱锥表面上的点

【**作图步骤**】

（1）根据"宽相等、高平齐"确定三棱锥的侧面投影；

（2）1点在三棱锥的左前面，连接*s*′与1′并延长至交底边*a*′*b*′于*m*′，*M*点是底边*AB*边上的点，它的水平投影应在*ab*上；

（3）2点在三棱锥的*SB*棱线上，利用高平齐求出2点的侧面投影，通过45°线求出2点的水平投影；

（4）3点在三棱锥的*SBC*表面上。通过3点作*SBC*表面的*BC*边的平行线*EF*，即过3′做*e*′*f*′平行于*b*′*c*′，从而求出3点的水平投影和侧面投影；

（5）分别连接12、23和1″2″、2″3″，并判断可见性。

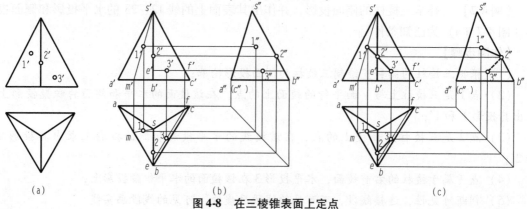

（a） （b） （c）

图4-8 在三棱锥表面上定点

3. 棱台表面上的点和直线

在棱台表面上定点的方法之一，即通过补全棱台的第三投影图来完成点的投影。此外，还可以通过在棱台表面上过已知点作辅助投影线的方法完成作图。

【例 4-4】　已知四棱台表面上点Ⅰ、Ⅱ的正面投影 1′、2′，求它们的水平投影和侧面投影〔图 4-9（a）为已知条件〕。

【分析】　四棱台的四个表面的水平投影均为梯形，前表面和后表面的侧面投影积聚为一直线。根据确定表面点的投影必先作线的原理，本题通过在四棱台表面上过Ⅱ点作辅助线 MN 平行于梯形的底边，如图 4-9（b）所示。根据点的从属性，点Ⅱ的水平投影应在 MN 的水平投影上。Ⅰ点的位置在棱台的上底面，上底面的正面投影和侧面投影均为积聚投影，所以Ⅰ点的正面投影和侧面投影都应落在上底面的积聚投影上。作图过程和结果如图 4-9（b）所示。

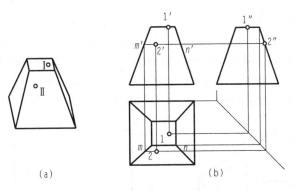

图 4-9　在棱台表面上定点

4.2　回转体的投影

在建筑工程中常见的曲面立体是回转体。回转体是由回转面围成或由回转面和平面围成的立体，主要包括圆柱、圆锥、球、环等。

回转面是母线绕轴线旋转所形成的曲面。母线上任意点回转时的轨迹是一个圆周，称之为纬圆。纬圆所在的平面垂直于轴线，纬圆的半径为母线上的点到轴线的距离。回转面上半径最大的纬圆称为赤道圆；回转面上半径最小的纬圆称为喉圆，如图 4-10 所示。

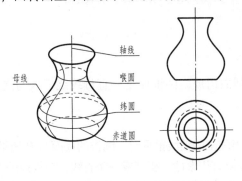

图 4-10　回转面的形成

4.2.1 曲面体的投影

4.2.1.1 圆柱

1. 圆柱的形成

圆柱由圆柱面和顶、底两个圆面组成。圆柱面是一直母线绕着与之平行的轴线回转而成，如图4-11（a）所示。

2. 圆柱的投影

圆柱的投影与圆柱的空间位置有关，如图4-11（a）所示，当圆柱的轴线铅垂时，圆柱的上、下底面与H面平行，其H投影反映圆的实形，而与V面和W面垂直，在V面和W面上的投影有积聚性，积聚成水平的线段，该线段的长度为上、下底面圆的直径；而圆柱面是一个回转面，与H面垂直，其H投影有积聚性，积聚在圆周上，其V面和W面投影是两个全等的矩形。V面投影中的$a'a_1'$、$b'b_1'$是素线AA_1和BB_1的投影。AA_1和BB_1是反映圆柱投影轮廓的素线，称之为轮廓素线，它将柱面分为前后两部分，对于V面投影，前半个柱面可见，而后半个柱面不可见。同理，W面投影中的$c''c_1''$、$d''d_1''$是轮廓素线CC_1和DD_1的投影，它将柱面分为左、右两部分，对于W面投影，左半个柱面可见，而右半个柱面不可见。作图时，先绘制顶面、底面圆的投影，再绘制圆柱面的轮廓素线，如图4-11（b）所示。

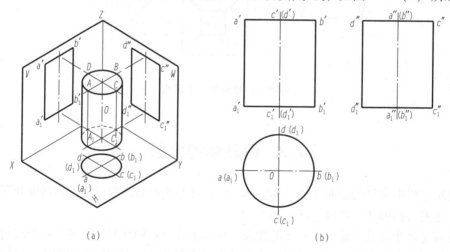

（a）   （b）

图4-11　圆柱的投影

（a）立体图；（b）投影图

4.2.1.2 圆锥

1. 圆锥的形成

圆锥由圆锥面和底面圆面组成。圆锥面是一直母线绕一条与之相交的轴线回转而成，如图4-12（a）所示。

2. 圆锥的投影

如图4-12（b）所示，当圆锥的轴线铅垂时，圆锥的底面与H面平行，其H投影反映圆的实形，而在V面和W面上的投影有积聚性，积聚成一条直线，该线段的长度为底面圆的直径；圆锥面的V面和W面投影是两个全等的等腰三角形，素线SA、SB、SC、SD分别是圆锥面的最左、最右、最前和最后的轮廓素线，反映在 V 面投影中是等腰三角形的两个腰 s'a'、s'b'，反映在 W 面投影中是等腰三角形的两个腰 s"c"、s"d"。作图时，先确定锥顶 S 的投影 s' 和 s"，再连接两腰线即可。

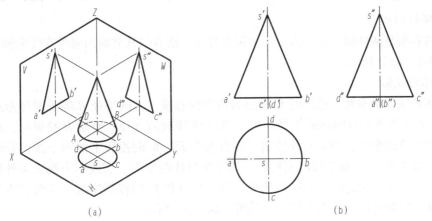

图 4-12　圆锥的投影

（a）立体图；（b）投影图

4.2.1.3　圆球

1. 圆球的形成

圆球的表面是圆球面。圆球面是由一个圆母线绕着它的一条直径为轴回转而成，如图 4-13（a）所示。

2. 圆球的投影

圆球的三面投影均为等径的圆，其直径为圆球的直径，如图 4-13（b）所示。

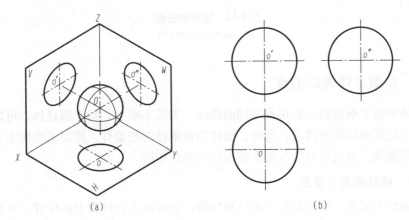

图 4-13　圆球的投影

（a）立体图；（b）投影图

圆球的 H 投影是水平赤道圆的实形投影，水平赤道圆与 H 面平行，该圆的 V 面和 W 面投影积聚成一条水平的直线，分别是投影圆的水平直径，水平赤道圆是区分上、下球面的分界线。同理，圆球的 V 投影是球面上平行于 V 面直径最大的纬圆，也是区分前、后球面的分界线；圆球的 W 投影是球面上平行于 W 面直径最大的纬圆，也是区分左、右球面的分界线。

作图时，先确定球心的三个投影，再画出三个与球等直径的圆。

4.2.1.4　圆环

1. 圆环的形成

圆环的表面是圆环面。圆环面由一个圆为母线，绕着与其共面的圆外直线为轴线回转而成，如图4-14（a）所示。

2. 圆环的投影

当圆环的轴线铅垂时，圆环的 H 投影为两个同心圆，大圆半径 R 等于圆环赤道圆的半径，小圆半径 r 等于圆环喉圆的半径，$R-r$ 等于母线圆的直径。绘制 H 投影时，还需绘制出圆心运动轨迹的投影，用中心线绘制。环面的 V 面、W 面投影上的两个圆，分别是当母线圆运动到与 V 面和 W 面平行时的投影，均反映母线的实形。实线半个圆表示外环面的投影轮廓线，虚线半个圆为内环面的投影轮廓线。V 面和 W 面投影中顶、底两直线是母线最高点和最低点回转轨迹圆的积聚投影，如图4-14（b）所示。

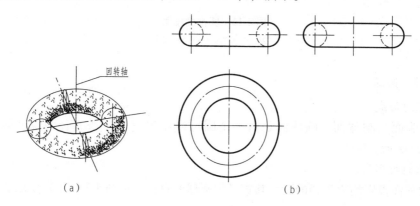

回转轴

（a）　　　　　　　　　　（b）

图4-14　圆环的投影

（a）立体图；（b）投影图

4.2.2　曲面立体表面的点

曲面立体表面上取点的方法根据不同的曲面，方法不唯一。对于圆柱体，可以利用圆柱体表面对某一投影面的积聚性求；圆锥、圆球的投影没有积聚性，所以求表面上点需要借助圆锥面上的辅助线。点的可见性与所在曲面的可见性相同。

4.2.2.1　圆柱表面上定点

在圆柱表面上定点，应先根据点的已知投影，分析该点在柱面上的位置，并充分利用圆柱面（顶面和底面圆面）有积聚性的投影，利用积聚性先将该点的投影求出，然后利用投影规律求点的另外一个投影。

【例4-5】　如图4-15（a）所示，已知圆柱表面上点 A、B、C 的一个投影，求其余二面投影。

【分析】已知 A 点的 V 面投影 a'，从而可知 A 点应在柱面的左前表面，由 B 点的 W 的投影（b''）可知 B 点在柱面的右后表面上。首先利用积聚性将 A、B 点的 H 面投影 a 和 b 求出，然后求第三投影。C 点的位置比较特殊，它在圆柱面的最右轮廓素线上，其投影可以直接求出。

【作图步骤】

（1）利用"长对正"求出 A 点和 C 点的 H 投影 a、c，利用"宽相等"求出 B 点的 H 投影 b，如图4-15（b）所示。

（2）利用"高平齐、宽相等"求出 A 点的 W 投影 a''，利用"高平齐、长对正"求出 B 点的 V 投影 b'，利用"高平齐"求出 C 点的 W 投影 c''，如图4-15（c）所示。

（3）判断投影的可见性。A 点在左前表面，所以其 W 投影可见，以 a'' 表示，B 点在右后表面，所以其 W 投影不可见，以 (b'') 表示。C 点在最右轮廓素线上，所以其 W 投影不可见，以 (c'') 表示。

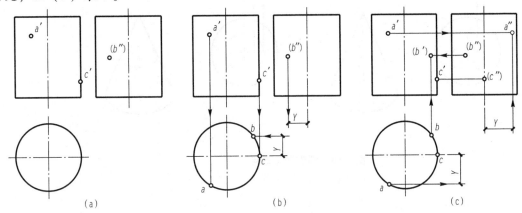

图4-15　圆柱面上取点

（a）已知条件；（b）求水平投影；（c）求另一投影，判断可见性

4.2.2.2　圆锥表面上定点

圆锥面与圆柱面的投影相比较，其最大的区别是圆锥面的投影无积聚性，因此在圆锥表面上定点的方法与圆柱面不同，其方法更具有一般性，在第3章中讲过，在面上定点，首先应该在面上过该点作一条辅助线。在圆锥表面上定点，根据圆锥的形成和投影特点，所采用的辅助线有两种，一是圆锥面的素线（直线），二是圆锥面的纬圆（圆）。

方法一：素线法。

过 M 点作圆锥的素线 $S1$，其三面投影分别为 $s1$、$s'1'$ 和 $s''1''$，点 M 的三面投影必在素线的同名投影上，即可以求出 M 点的另外的投影。

方法二：纬圆法。

作过 M 点的圆锥面的纬圆，该纬圆与圆锥底面平行，同时与圆锥的轴线垂直，当圆锥轴线为铅垂时，该纬圆与 H 面平行，其 H 投影反映纬圆的实形，且与底面圆同心；纬圆与 V 面和 W 面垂直，其投影积聚成一条直线，长度反映纬圆的直径。

【例4-6】　分别利用素线法和纬圆法求圆锥面上点 M 的另二面投影。

【作图步骤】

（1）素线法。如图4-16（a）所示，过 m' 作素线 $S\mathrm{I}$ 的正面投影 $s'1'$，然后求出素线的水平投影 $s1$，点 M 在 $S1$ 上，利用"长对正"求出 M 点的 H 投影 m，然后利用"高平齐、宽相等"求出 M 点的 W 投影 m''。

（2）纬圆法。如图4-16（b）所示，过 m' 作纬圆的正面投影——积聚成一条水平线段，然后求出纬圆与轮廓素线交点 1 的水平投影，画出纬圆的实形投影——H 投影，点 M 在该纬圆上，利用"长对正"求出 M 点的 H 投影 m，然后利用"高平齐、宽相等"求出 M 点的 W 投影 m''。

圆锥表面上定点

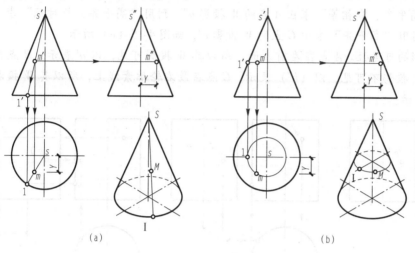

图 4-16　圆锥面上取点

（a）素线法；（b）纬圆法

4.2.2.3　球表面上定点

在球面上定点，可以利用圆球面上平行于投影面的纬圆（水平纬圆、正平纬圆、侧平纬圆）作图。

【例 4-7】　如图 4-17（a）所示，已知球表面上点 A、B 的一个投影，求其余二面投影。

【分析】　已知 A 点的 V 面投影 a' 在轴线上，从而说明 A 点在水平赤道圆上，其他二面投影可以利用该特点直接求出。由 B 点的 W 投影（b''）可知，B 点在球面的右前上表面，其他二面投影需采用纬圆法求得。

【作图步骤】

（1）利用"长对正"求出 A 点的 H 投影 a，然后利用"高平齐、宽相等"求出 A 点的 W 投影 a''。

（2）过 b'' 作水平纬圆的侧面投影——积聚成一条水平线段，然后求出纬圆与轮廓素线交点 1 的水平投影，画出纬圆的实形投影——H 投影，如图 4-17（b）所示。

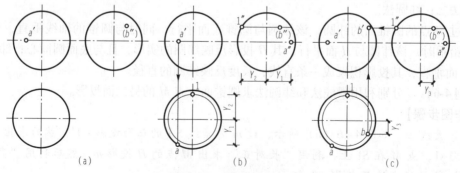

图 4-17　圆柱面上取点

（a）已知条件；（b）求 A 点的投影及作纬圆；（c）求 B 点的其他二面投影

（3）点 B 在该纬圆上，利用"宽相等"求出 B 点的 H 投影 b，然后利用"高平齐、长对正"求出 B 点的 V 投影 b'，如图 4-17（c）所示。

4.2.2.4　环表面上定点

在环面上定点可以利用纬圆法。如图 4-18 所示，已知圆环表面上 A 点的正面投影，可以分析出 A 点在圆环的右上前外环面。首先作过 A 点的纬圆的正面投影，过 a' 作水平线段，然后取纬圆半径，在 H 投影中绘制出该纬圆的实形投影——圆，利用"长对正"求出 A 点的水平投影 a，最后利用"高平齐、宽相等"求出侧面投影 a''，且该点的侧面投影不可见。

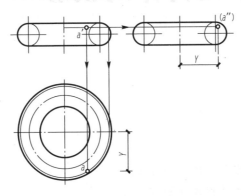

图 4-18　环面上取点

习题

1. 如何在平面立体表面上取点并判断可见性？
2. 如何求圆柱表面上的点并判断可见性？
3. 在圆锥表面用素线法取点时，所作的素线一定要通过锥顶吗？
4. 在圆球表面取点有哪几种方法？过球面上一点可以作几个辅助纬圆？

第5章

被截切基本几何体的投影

★学习目标

1. 掌握被截切平面基本几何体投影的画法。
2. 掌握被截切曲面基本几何体投影的画法。
3. 能用形体分析和线面分析的方法研究截交线。

5.1 概　述

实际的工程机件往往不是完整的基本几何体,而是经过截切后的形体,简称截切体。图5-1 中的触头是由圆柱体截切而成;阀芯是由圆球体截切而成。

基本几何体被平面截切称为截交,该平面称为截断面,平面与立体表面的交线称为截交线,截交线围成的平面图形称为截平面,如图5-2 所示。

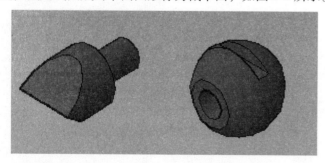

图 5-1　截切体（触头和阀芯）

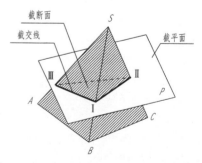

图 5-2　截切体的有关术语

截交线的形状取决于被截切立体的形状以及截平面与立体的相对位置,其投影的形状还取决于截平面与投影面的相对位置。但任何截交线均具有下列性质:

（1）封闭性。截交线一般是由直线或曲线或者是直线和曲线围成的封闭的平面图形。

（2）共有性。截交线是截平面与立体表面的共有线,是截平面与立体表面一系列共有点的集合。

由截交线的性质可知，欲求截交线，可先求出截平面与立体表面的一系列共有点，并依次连接即可。而只要求出了截交线，就能够求出被截切基本几何体的投影。

5.2 被截切平面基本几何体的投影

求被截切平面基本几何体的投影，实际上就是求截平面与立体各条棱线的交点以及与底面（或顶面）边线交点的投影。

具体步骤：

（1）分析被截切立体的情况，画出完整立体的投影图。

（2）求截交线，方法是：

①了解截平面的空间位置，分析其投影特性。

②求出截平面与截切的平面基本几何体各条棱线的交点以及与底面（或顶面）边线交点的投影。

③判断可见性，依次连接各点的同面投影。

（3）整理轮廓线的投影，擦去多余图线，按照图线应用的要求加深、加粗图线，完成作图。

习题（1）　　　习题（2）　　　习题（3）　　　习题（4）

【例 5-1】　完成图 5-3 所示被截切正六棱柱的水平投影。

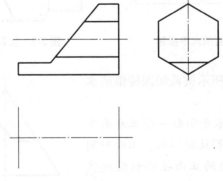

图 5-3　被截切正六棱柱（已知条件）

【分析】本题是用一个水平面和一个正垂面截切正六棱柱，水平截平面的水平投影反映实形，正面和侧面投影积聚成直线；正垂截平面的正面投影积聚成直线，水平投影和侧面投影为原图形的类似形。

【作图步骤】

（1）画出完整正六棱柱的水平投影，如图 5-4 所示。

（2）根据水平截平面的正面投影和侧面投影，利用投影规律求出其水平投影，如图5-5所示。

（3）根据正垂截平面的正面投影和侧面投影求出其水平投影。具体做法是：求出正垂截平面与正六棱柱各条棱线的交点的水平投影，然后将它们依次连接，如图5-6所示。

（4）判断可见性，擦去辅助图线，加深、整理图线，完成作图，如图5-7所示。

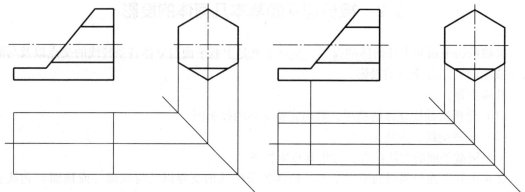

图5-4　画完整正六棱柱的水平投影

图5-5　求水平截平面的水平投影

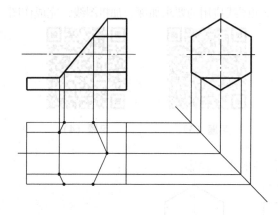

图5-6　求正垂截平面的水平投影

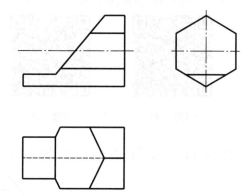

图5-7　加深整理图线，完成作图

【例5-2】　完成图5-8所示被截切四棱锥的水平投影和侧面投影。

【分析】本题是用一个水平面和一个正垂面截切四棱锥，水平面的水平投影反映实形，正面和侧面投影积聚成直线；正垂面的正面投影积聚成直线，水平投影和侧面投影为原图形的类似形，本题中应是四边形。

【作图步骤】

（1）画出完整四棱锥的侧面投影，如图5-9所示。

（2）求水平截平面与四棱锥交点的水平投影和侧面投影，如图5-10所示。

（3）求正垂截平面与四棱锥交点的水平投影和

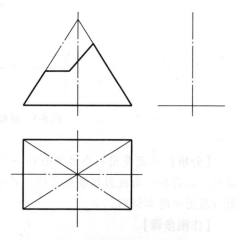

图5-8　被截切四棱锥（已知条件）

侧面投影，将各点投影依次连接，如图5-11所示。

（4）擦去辅助图线，加深、整理图线，完成作图。如图5-12所示。

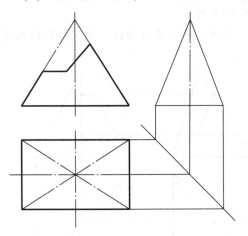

图5-9　画完整四棱锥的侧面投影

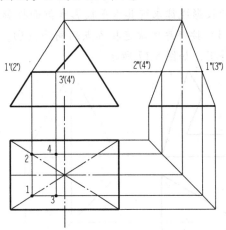

图5-10　求水平截平面与四棱锥交点的投影

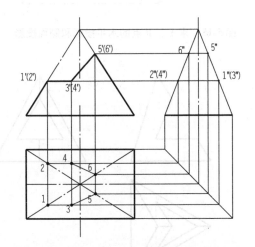

图5-11　求正垂截平面与四棱锥交点的投影

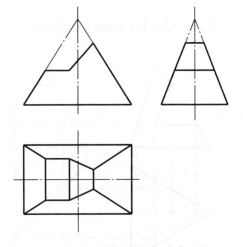

图5-12　加深整理图线，完成作图

【例5-3】　完成图5-13所示带切口正三棱锥的水平投影和侧面投影。

【分析】　本题中正三棱锥的切口是由两个相交的截平面切割而成，两个截平面一个为水平面，另一个为正垂面，它们的正面投影都具有积聚性。水平面的水平投影反映实形，侧面投影积聚成直线；正垂面水平投影和侧面投影为原图形的类似形。另外，本题中还要注意图线可见性的判断。

【作图步骤】

（1）画出完整正三棱锥的侧面投影，如图5-14所示。

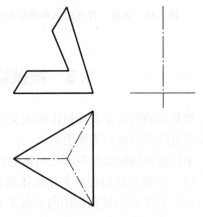

图5-13　带切口正三棱锥（已知条件）

（2）求Ⅰ、Ⅱ点的水平投影和侧面投影，如图5-15所示。

（3）求Ⅲ、Ⅳ点的水平投影和侧面投影。方法是：过1点分别作ef和eg的平行线，按照点的投影规律求得其水平投影和侧面投影，如图5-16所示。

（4）按顺序依次连接各点的同面投影，判断可见性，擦去辅助图线，加深、整理图线，完成作图，如图5-17所示。

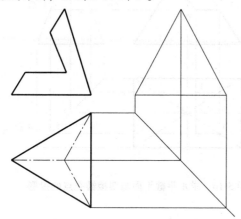

图5-14   画完整正三棱锥的侧面投影

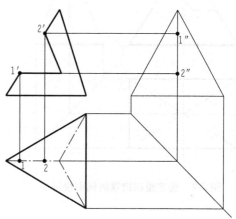

图5-15   求Ⅰ、Ⅱ点的水平投影和侧面投影

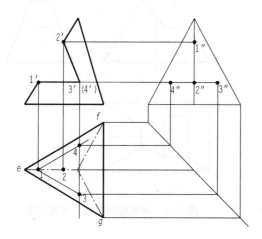

图5-16   求Ⅲ、Ⅳ点的水平投影和侧面投影

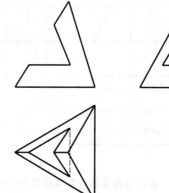

图5-17   加深整理图线，完成作图

5.3 被截切曲面基本几何体的投影

被截切的曲面基本几何体的截交线是一条封闭的平面曲线，或由平面曲线和直线或者是完全由直线所组成的平面图形。

求作被截切的曲面基本几何体的截交线时要注意下面几点：

（1）被截切的曲面基本几何体的种类。

（2）截平面与被截切的曲面基本几何体的相对位置，截平面投影面的相对位置。

（3）截交线的空间形状及在各投影图中的投影特点。

求作被截切的曲面基本几何体投影的一般步骤：

（1）画出完整曲面基本几何体投影。

（2）确定曲线范围的最高、最低、最前、最后、最左、最右的点，椭圆的长轴、短轴端点等。

（3）求截交线上一定数量的一般位置点的投影。一般位置点是指两个特殊位置点之间的点。

（4）根据被截切的曲面基本几何体的种类和截平面与被截切体的相对位置，判断截交线的基本形状。

（5）求截交线上特殊位置点的投影以确定截交线的轮廓。特殊位置点是指截交线上极限位置的点，如最判断各点在各投影面上的可见性。

（6）按图线应用的规定依次平滑连接所求各点的同面投影。

（7）检查图形，整理轮廓线的投影，擦去多余图线，加深、加粗图线，完成作图。

5.3.1 被截切圆柱体的投影

圆柱体被截切有下列三种情况：

（1）当截平面与圆柱体的轴线垂直时，截交线为圆；

（2）当截平面与圆柱体的轴线平行时，截交线为矩形；

（3）当截平面与圆柱体的轴线倾斜时，截交线为椭圆；而当截平面与圆柱轴线的夹角恰好为 45°时，截交线的投影为圆。

圆柱体被截切的基本形式见表 5-1。

表 5-1 圆柱被截切的基本形式

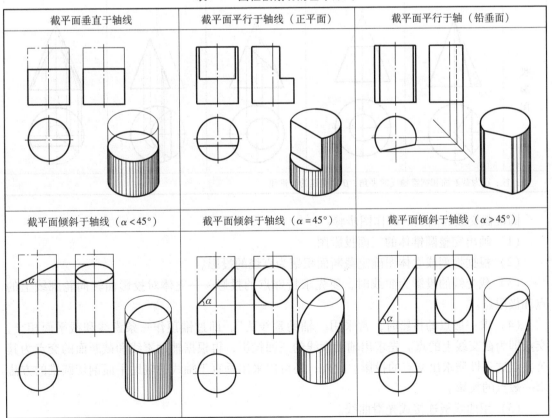

5.3.2　被截切圆锥体的投影

圆锥体被截切有下列五种情况：

（1）当截平面过锥顶时，截断面为等腰三角形。

（2）当截平面垂直于圆锥体的轴线时，截断面为圆。

（3）当截断面与圆锥体的轴线所成的角大于半锥角时，截交线为椭圆。

（4）当截断面与圆锥体的轴线所成的角等于半锥角，即截断面与圆锥体的素线平行时，截交线为抛物线。

（5）当截断面与圆锥体的轴线平行时，截交线为双曲线。

圆锥体被截切的基本形式见表 5-2。

表 5-2　圆锥被截切的基本形式

截平面位置	过锥顶	垂直于轴线	倾斜于轴线 ($\alpha > \beta$)	倾斜于轴线 ($\alpha = \beta$)	平行或倾斜于轴线 ($\alpha < \beta$)
截交线	直线	圆	椭圆	抛物线	双曲线
轴测图					
投影图					

注：注：α 为截断面和圆锥轴线的夹角，β 为圆锥的半锥角。

圆锥截交线为曲线时的作图步骤：

（1）画出完整圆锥体的三面投影图。

（2）根据模型或立体图确定截断面积聚为直线的投影。

（3）截交线的投影为曲线时，要先求特殊点的投影——立体对投影面转向轮廓线上的点和极限点。

（4）求一般点的投影时，常采用"辅助素线法"，即过锥顶作一条素线和截平面相交，交点即为截交线上的点。先求出辅助素线的三面投影，再根据辅助素线和截断面的交点为其公共点这一性质求出交点的投影。此外，还可以采用垂直于轴线的辅助平面剖切圆锥的方法求一般点的投影。

（5）用曲线板连接成光滑曲线。

5.3.3　被截切圆球体的投影

圆球体被平面切割时，不论截平面处于什么位置，空间交线总为圆，根据截平面对投影面的位置不同，可分为以下三种情况：

（1）截平面为投影面平行面。截断面在其平行的投影面上的投影为圆，在其他两个投影面上的投影为直线。

（2）截平面为投影面垂直面。截断面在其垂直的投影面上的投影为直线，在其他两个投影面上的投影为椭圆；椭圆的长轴为空间圆的直径，且为投影面平行线，椭圆的短轴和长轴垂直，且为投影面垂直线。

（3）当截平面为一般位置平面时，截交线的三个投影都是椭圆，此处不研究这种情况。

圆球体被截切的基本形式见表 5-3。

表 5-3　圆球体被截切的基本形式

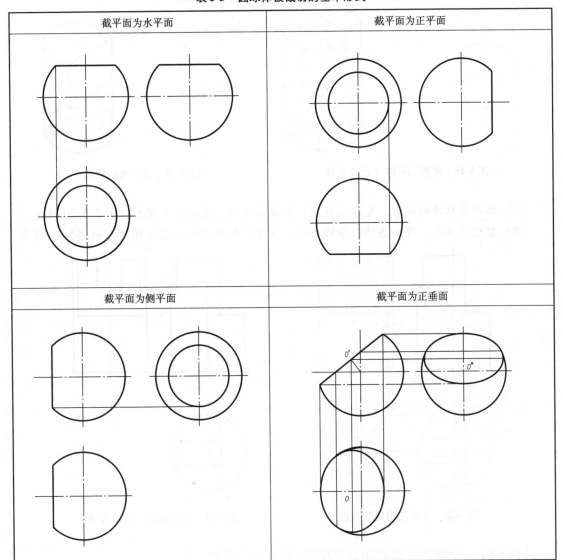

【例5-4】 画出图5-18所示被截切形体的三面投影图。

【分析】 该被截切形体的基本形体为圆柱体，先用一个侧平面和水平面切去一角，侧平面和柱面的交线为线段，水平面和柱面的交线为圆弧；再用两个正平面和一个水平面切去一个矩形槽，矩形槽的侧面和柱面的交线为线段，槽的底面与柱面的交线为圆弧。

【作图步骤】

（1）画出完整圆柱体的投影。

（2）画切角的投影。先画主视图，再画俯视图，最后画左视图，如图5-19所示。

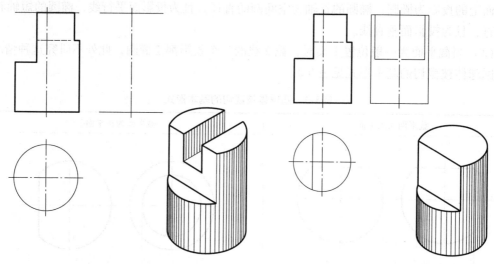

图5-18 被截切形体（已知条件）　　　　图5-19 画切角的投影

（3）画矩形切槽的投影。先画左视图，再画俯视图，最后画主视图，如图5-20所示。

（4）整理轮廓线，将切去的轮廓线擦除，加深、加粗图线，完成作图，如图5-21所示。

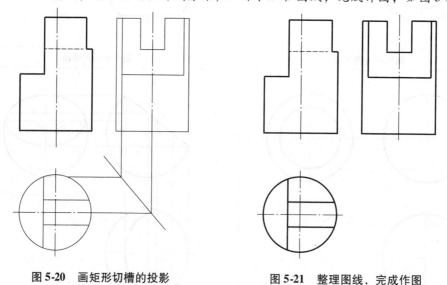

图5-20 画矩形切槽的投影　　　　图5-21 整理图线，完成作图

【例5-5】 完成图5-22所示的被截切圆柱体的三面投影图。

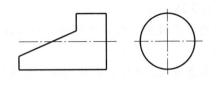

图5-22　被截切圆柱体（已知条件）

【分析】　本题是用一个侧平面和一个正垂面截切圆柱体，截交线分别为椭圆和圆的一部分，两个截平面的交线也要画出。

【作图步骤】

（1）画出完整圆柱体的水平投影，并补全被截切圆柱体的侧面投影，如图5-23所示。

（2）求正垂面上特殊位置点的水平投影，如图5-24所示。

（3）求正垂面上一般位置点的水平投影，如图5-25所示。

（4）依次平滑连接所求各点投影，擦去多余图线，加深、加粗图线，完成作图，如图5-26所示。

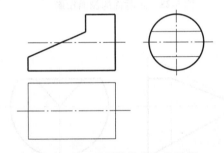

图5-23　完整圆柱体的水平投影

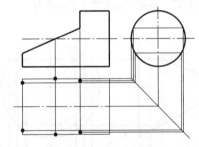

图5-24　正垂面上特殊位置点的水平投影

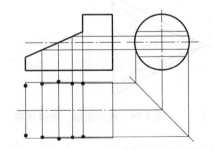

图5-25　正垂面上一般位置点的水平投影

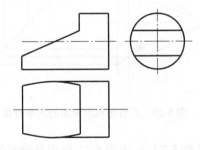

图5-26　整理图线，完成作图

【例5-6】　完成图5-27所示的被截切圆锥体的三面投影图。

【分析】　本题是用一个正垂面和一个水平面截切圆锥体，水平面截交线的水平投影为双曲线实形，侧面投影积聚成线；正垂面过锥顶，其截交线为等腰三角形。不要忘记画出两个截平面的交线。

【作图步骤】

（1）画出完整圆锥体的水平投影，然后画出正垂面的侧面投影。其中A、B两点的侧面投影需用辅助圆法确定,如图 5-28 所示。

(2) 求正垂面和水平面的水平投影。作双曲线时,为保证图形准确,至少要求两个一般点的投影,如图 5-29 所示。

(3) 整理轮廓线,擦去多余图线,加深、加粗图线,完成作图,如图 5-30 所示。

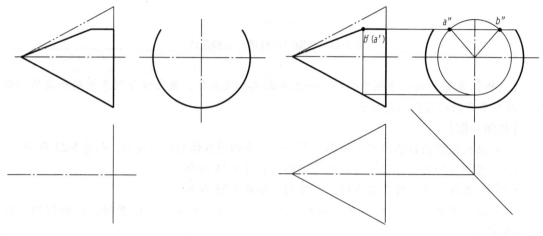

图 5-27　被截切圆锥体(已知条件)　　　图 5-28　正垂面的侧面投影

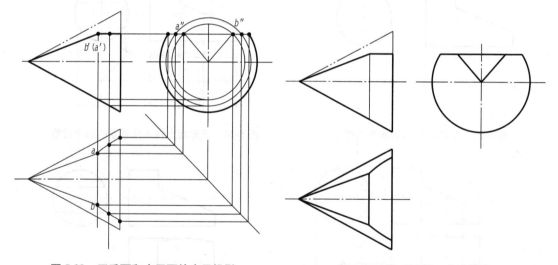

图 5-29　正垂面和水平面的水平投影　　　图 5-30　整理图线,完成作图

【例 5-7】　求图 5-31 所示开槽圆锥的水平投影和侧面投影。

【分析】　本题是首先用水平面将圆锥截切成圆台,然后开矩形槽。槽的侧面 P 为侧平面,并与圆锥的轴线平行,所以,P 平面和锥面的交线为双曲线段,并且侧面投影反映实形。槽的上面 R 为水平面,并和圆锥的轴线垂直,所以,R 平面和圆锥面的交线为圆弧,并且水平投影反映实形,圆弧的半径可从主视图上求得。

【作图步骤】

(1) 画完整圆台的水平投影和侧面投影。

(2) 求作 P 平面和圆锥面的交线——双曲线的侧面投影和水平投影;5 个特殊点中,有两点采用辅助平面法求出，如图 5-32 所示。

（3）求作 R 平面和圆锥面的交线——圆弧的水平投影和侧面投影，注意圆弧的半径不要量错，如图 5-33 所示。

（4）判断两段截交线的可见性。

（5）整理轮廓线，完成作图，如图 5-34 所示。

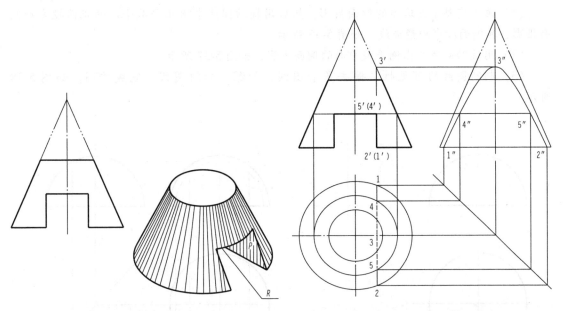

图 5-31　开槽圆锥（已知条件）

图 5-32　求作 P 平面和圆锥面的交线

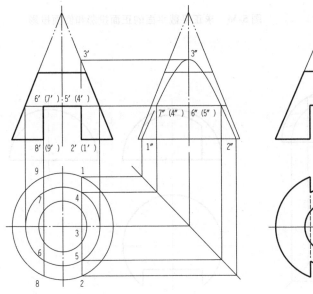

图 5-33　求作 R 平面和圆锥面的交线

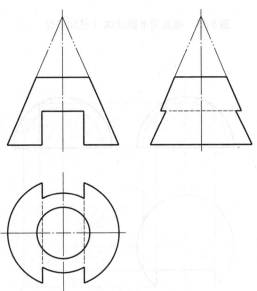

图 5-34　整理图线，完成作图

【**例5-8**】 完成图5-35所示被截切半圆球体的三面投影图。

【**分析**】本题是用一个正平面和两个侧平面截切半圆球体。正平面截交线圆的正面投影反映实形，侧平面截交线圆的侧面投影反映实形。两个截平面的交线也要画出，并注意判断图线的可见性。

【**作图步骤**】

（1）画出完整半圆球体的侧面投影，然后用辅助圆法求出正平截平面的正面投影和侧面投影，其侧面投影积聚成线，如图5-36所示。

（2）用辅助圆法求出侧平截平面的侧面投影，如图5-37所示。

（3）判断图线的可见性，擦去多余图线，加深、加粗图线，完成作图。如图5-38所示。

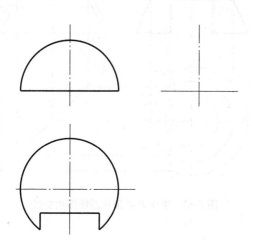

图5-35 被截切半圆球体（已知条件）

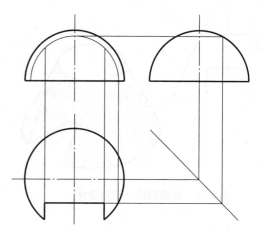

图5-36 求正平截平面的正面投影和侧面投影

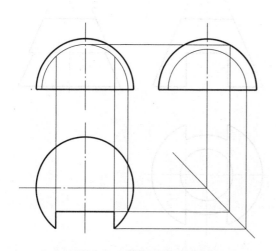

图5-37 求侧平截平面的侧面投影

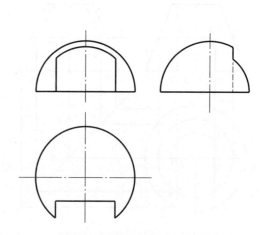

图5-38 整理图线，完成作图

习题

1. 求作曲面基本几何体的截交线时，应先求出截交线上的哪些点的投影？为什么？

2. 当截平面倾斜于圆柱轴线时，什么情况下截交线的投影为圆？

3. 用截平面截切圆锥时，什么情况下截断面为三角形？

第6章

两立体相贯

★学习目标

1. 掌握两平面立体相贯，以及相贯线的特点及求法。
2. 掌握平面立体与曲面立体相贯的特点及求法。
3. 掌握两曲面立体相贯，以及相贯线的特点及求法。
4. 掌握两曲面立体相贯的特殊情况，以及相贯线的特点及求法。

在组合形体和建筑形体的表面常会出现一些交线，这些交线有些是由平面和形体相交而产生的，有些是由两个形体相交而产生的。

两个立体相交，称为两立体相贯。相交立体表面的交线称为相贯线，参与相贯的立体称为相贯体。相贯线上的顶点是两立体表面上的共有点，称为相贯点。

相贯线是两立体表面的公有线，相贯线上的点是两个立体表面的公有点。

两立体相贯的基本形式有两平面立体相贯、平面立体与曲面立体相贯、两曲面立体相贯，如图 6-1 所示。

在两立体相贯中，平面立体的棱线与另一个立体表面的交点称为贯穿点，如图 6-1（a）、（b）中都存在贯穿点。

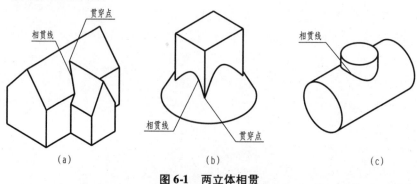

图 6-1　两立体相贯

（a）两平面立体相贯；（b）平面立体与曲面立体相贯；（c）两曲面立体相贯

6.1　两平面立体相贯

6.1.1　相贯线的特点

两个立体相贯，分为全贯和互贯。当一个立体全部贯穿入另一个立体，称为全贯，如图6-2（a）所示；当一个立体部分贯穿入另一立体，称为互贯，如图6-2（b）所示。相贯线一般情况下是封闭的折线：可能是封闭的空间折线，也可能是平面折线，这是由参与相贯的两个立体的平面情况决定的。全贯的相贯线为两条封闭的空间折线，互贯的相贯线为一条封闭折线。折线的每一段都是参与相贯的两个立体的表面的公有线，折线的每个转折点都是参与相贯的立体的棱线和另一立体表面的交点，即贯穿点。求作相贯线，实质就是求两个立体的表面交线和表面交点，即贯穿点。

特殊情况下，相贯线也可以是不封闭的折线，如图6-2（c）所示，这是由于两个立体有公共的平面，或者也可以说相贯线封闭于公共的平面。

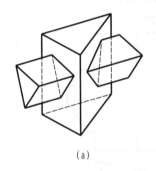 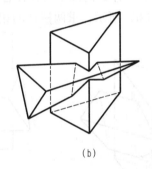 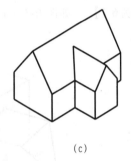

（a）　　　　　　　　　　　　（b）　　　　　　　　　　　　（c）

图6-2　相贯线的特点

（a）相贯线为平面封闭的折线段；（b）相贯线为空间封闭的折线段；（c）相贯线不封闭

6.1.2　相贯线的求法

1. 交点法

相贯线为一组折线，求出这组折线中每条线，连接即为相贯线。而要求这些线可以先求出这些线的端点，即参与相贯的棱线与另一立体表面的交点（贯穿点），按顺序把同一表面上的点连接成线，并区分可见性，连成相贯线。

2. 交线法

求出两平面立体参与相交的各表面的交线，组成相贯线并区分可见性。

求相贯线问题，实际上就是求棱线与表面的交点（贯穿点）、表面与表面的交线问题，可以利用积聚投影特性或辅助平面法求交点或交线。

6.1.3　相贯线作图步骤

（1）分析形体，分清相贯类型（全贯或互贯），相贯线为一条或两条折线。确定相贯线的条数，确定贯穿点的数量。如形体具有积聚性，利用形体的积聚性，判断相贯线的某面投影已知。

（2）求出贯穿点的投影。

（3）连接贯穿点，并判断每段相贯线的可见性。

（4）完成全图，参与相交的棱线画到贯穿点，整理完成两立体的全部投影线。

6.1.4 相贯线作图的注意事项

（1）只有位于甲立体的同一表面上，同时也位于乙立体同一表面上的点才能相连。

（2）判断每段相贯线可见性的原则是，产生该段相贯线的两个立体表面的同面投影都可见，则这段相贯线可见，否则，这段相贯线不可见。

（3）相贯线求出之后，还要整理图形，完成全图。确定两个立体的每一条棱线是否完整，在两立体投影重叠处，将不可见的棱线（棱面）绘制成虚线，并将棱线画到贯穿点，在连线时注意判断其可见性。

（4）两个立体相贯的部分内部不画棱线，棱线只画到贯穿点。这是因为两个立体相贯后形成一个整体，相贯的部分融为一体，内部不再存在各自的棱线。

【例6-1】 如图6-3（a）、（b）所示，求两棱柱的相贯线。

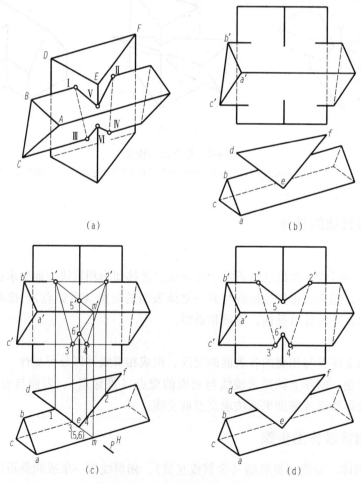

图6-3 两棱柱相贯线的求法

（a）立体图；（b）已知条件；（c）求贯穿点；（d）完成全图

【分析】 如图 6-3 （a） 所示，三棱柱 ABC 的 B、C 棱线与三棱柱 DEF 相交，三棱柱 DEF 的 E 棱线与三棱柱 ABC 相交，两棱柱互贯，其相贯线为一个由封闭的空间折线段形成的空间多边形；三条棱线参与相贯，贯穿点共 6 个；相贯线是两个形体的表面交线，它位于三棱柱 ABC 表面上，也位于三棱柱 DEF 表面上。由于竖直放置的三棱柱 DEF 水平投影具有积聚性，相贯线的水平投影必落在积聚投影中，可以直接确定。

【作图步骤】

（1） 求贯穿点。利用竖直棱柱棱面 H 投影的积聚性，标出贯穿点 Ⅰ、Ⅱ、Ⅲ、Ⅳ、Ⅴ、Ⅵ 的 H 投影 1、2、3、4、5、6，此六点的 H 投影即为已知，然后利用棱线上定点的方法，作出 Ⅰ、Ⅱ、Ⅲ、Ⅳ 点的 V 面投影 1′、2′、3′、4′。利用辅助平面法求贯穿点 Ⅴ、Ⅵ 的 V 面投影 5′、6′，如图 6-3 （c） 所示。

（2） 连接贯穿点，绘制相贯线的 V 面投影。将位于甲立体同一表面上又位于乙立体同一表面的贯穿点相连，即 1′-5′-2′-4′-6′-3′-1′，如图 6-3 （c） 所示。

（3） 判断可见性。在 V 面投影中，棱面 BC 为不可见，故相贯线 2′4′、1′3′不可见，绘制成虚线，其余相贯线段都是由两个 V 面投影都可见的平面相交产生的，V 面投影均可见，绘制成实线。

（4） 整理图形，完成正面投影。棱线 A 完整，其 V 面投影完整。B、C、E 棱线分别连接到贯穿点，贯穿点之间的线不连，检查无误后，加深各投影中的棱线，完成全图，如图 6-3 （d） 所示。

【例 6-2】 如图 6-4 （a） 所示，求四棱柱与四棱锥的相贯线。

【分析】 如图 6-4 （a） 所示，由于四棱柱棱面的 V 面投影有积聚性，相贯线的 V 面投影为已知。相贯线可以用交线法来求，分别求 P、Q 平面与四棱锥的相贯线即可。

【作图步骤】

（1） 求棱面 P 的相贯线。P 平面与四棱锥的四个表面相交，相贯线即为四条。利用棱面 P 的积聚性，可以确定 1′-2′-3′和 4′-5′-6′。首先确定出 P 平面和棱线的交点 M 的 V 投影，利用“长对正”求出 m 点的水平投影。由于 P 平面与四棱锥底面平行，P 平面和四棱锥四个棱面的交线平行于相应四棱锥底边线，利用平行性确定 P 平面和四棱锥交线的水平投影，进而确定贯穿点 1-2-3 和 4-5-6。求出六个贯穿点的 W 投影，如图 6-4 （b） 所示。

（2） 求棱面 Q 的相贯线。同理，Q 平面与四棱锥的四个表面相交，相贯线也为四条。如图 6-4 （c） 所示。

（3） 判断可见性。在 H 面投影中，因为四棱柱的下表面的 H 面投影不可见，相贯线 7-8-9 和 10-11-12 不可见，连成虚线，相贯线 1-2-3 和 4-5-6 可见，绘制成实线。同时，1-7、3-9、4-10、6-12 可见，绘制成实线。在 W 面投影中，可见与不可见线重合时，绘制成实线，则 1-2、4-5、7-8、10-11、1-7、4-10 绘制成实线。

（4） 整理图形，完成水平与侧面投影。分析四棱柱与四棱锥的每一条棱线，分别将参与相贯的棱连接到贯穿点，贯穿点之间的线不连，检查无误后，加深各投影中的棱线，完成全图，如图 6-4 （d） 所示。

求四棱柱与四棱锥
的相贯线

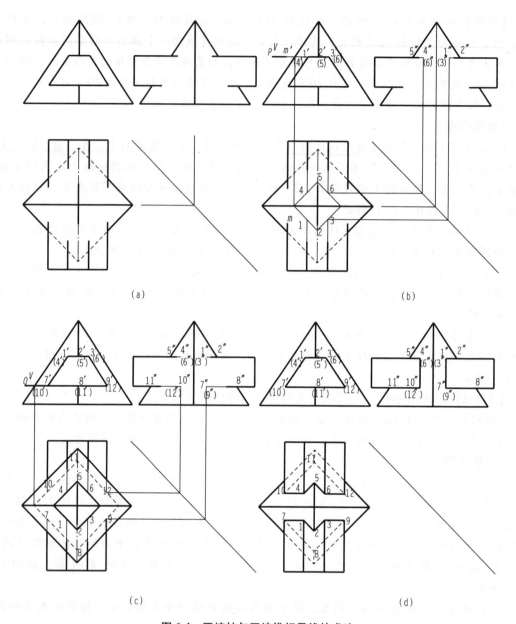

图6-4　四棱柱与四棱锥相贯线的求法

（a）已知条件；（b）求与 P 平面的相贯线；（c）求与 Q 平面的相贯线；（d）完成全图

6.2　平面立体与曲面立体相贯

6.2.1　相贯线的特点

　　平面立体和曲面立体相交时，相贯线由若干段平面曲线或平面曲线和直线组成。各段平面曲线或直线，就是平面体上参与相交的各侧面截切曲面体得到的截交线。每一段平面曲线或直线的转折点就是平面体参与相交的侧棱与曲面体表面的交点，即贯穿点。

6.2.2　相贯线的求法

由于平面体和曲面体的相贯线是由平面体参与相交的平面截切曲面体表面产生的截交线组成，而这些截交线的转折点是平面体参与相交的侧棱与曲面体表面的交点，即贯穿点，所以，求作平面体和曲面体的相贯线，可归结为求曲面体截交线和贯穿点的问题。

6.2.3　相贯线作图步骤

（1）分析形体，分清相贯类型（全贯或互贯），相贯线为一组或两组线环。确定相贯线的条数和贯穿点的数量，分析每条相贯线的形状（直线、圆弧、双曲线、抛物线等）。如形体具有积聚性，利用形体的积聚性，判断相贯线的某面投影已知。

（2）求出贯穿点。

（3）利用求曲面立体截交线的方法求出每段曲线或直线，判断可见性。

（4）完成全图，参与相交的棱线画到贯穿点，整理完成两立体的全部投影线。

【例 6-3】　　如图 6-5（a）所示，求四棱柱与圆锥的相贯线。

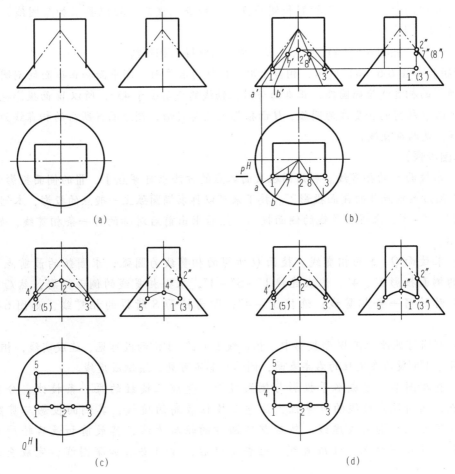

（a）　　　　　　　　　　　　　　　（b）

（c）　　　　　　　　　　　　　　　（d）

图 6-5　四棱柱与圆锥相贯线的求法

（a）已知条件；（b）求贯穿点及与 P 平面的相贯线；（c）求与 Q 平面的相贯线；（d）完成全图

【分析】如图 6-5（a）所示，相当于用四棱柱的四个棱面切割圆锥，其中两个为正平面，两个为侧平面，其截交线均为双曲线，正平面 P 所得的相贯线 V 面投影反映双曲线的实形，侧平面 Q 所得的相贯线 W 面投影反映双曲线的实形，且所得的图形前后、左右对称。

【作图步骤】

（1）求贯穿点及棱面 P 的相贯线。利用圆锥表面取点的方法求贯穿点Ⅰ、Ⅲ的正面投影 $1'$、$3'$。然后求 P 平面所得相贯线——双曲线的正面投影和侧面投影，先求双曲线最高点Ⅱ的侧面投影 $2''$，再利用高平齐求得正面投影 $2'$。接下来求曲线上一般点的投影，在双曲线的水平投影上对称地取两点Ⅶ、Ⅷ，本例题采用素线法求出该两点的正面投影。依次连接 $1'-7'-2'-8'-3'$、$1''-7''-2''-8''-3''$，求得相贯线的正面和侧面投影，最后求出前后对称的另一条相贯线，如图 6-5（b）所示。

（2）求棱面 Q 的相贯线。先求双曲线最高点Ⅳ的正面投影 $4'$，再利用"高平齐"求得侧面投影 $4''$。依次连接 $1'-4'-5'$、$1''-4''-5''$，求得相贯线的正面投影和侧面投影，然后求出左右对称的另一条相贯线，如图 6-5（c）所示。

（3）整理图形，完成正面投影和侧面投影。检查无误后，按照要求加深图线，完成全图，如图 6-5（d）所示。

【例 6-4】 如图 6-6（a）所示，求三棱柱与圆柱的相贯线。

【分析】如图 6-6（a）所示，相当于用三棱柱的水平面、侧平面和正垂面切割圆柱，正垂面 P 所得的相贯线为椭圆弧，正垂面与圆柱轴线的夹角小于 45°，所以 W 面投影也是椭圆弧；水平面 Q 所得的相贯线为圆弧，H 面投影反映其实形；侧平面 S 所得的相贯线为圆柱的两条素线，是两条直线。

【作图步骤】

（1）求棱面 P 的相贯线。利用圆柱表面取点的方法求贯穿点Ⅰ、Ⅲ的侧面投影 $1''$、$3''$。然后求椭圆弧最前点Ⅱ的侧面投影 $2''$。接下来可以再求椭圆弧上一般点的投影，本例略。依次连接 $1''-2''-3''$，求得相贯线的侧面投影，然后求出前后对称的另一条相贯线，如图 6-6（b）所示。

（2）求棱面 Q、S 的相贯线。棱面 Q 所得的相贯线为圆弧，求圆弧的最前点Ⅴ和最右点Ⅳ的侧面投影 $5''$、$4''$，依次连接 $1''-5''-4''$，求得相贯线的侧面投影，然后作出与其左右对称的另一条相贯线；连接 $3''-4''$，即为棱面 S 所得的相贯线，如图 6-6（c）所示。

（3）判断可见性。在 W 面投影中，相贯线上 $1''2''$、$1''5''$ 两段可见，连成实线，相贯线上 $2''3''$、$3''4''$、$4''5''$ 段均在圆柱的右半表面，侧面投影不可见，绘制成虚线。

（4）整理图形，完成水平投影与侧面投影。整理三棱柱的每一条棱线，分别连接到贯穿点，同时注意棱线的可见性，注意三棱柱最高的棱线，其侧面投影与贯穿点 $3''$ 连接时为不可见，绘制成虚线。然后整理圆柱的轮廓素线，其最前和最后轮廓素线Ⅱ点以上和Ⅴ点以下存在，连成直线。检查无误后，按照要求加深图线，完成全图，如图 6-6（d）所示。

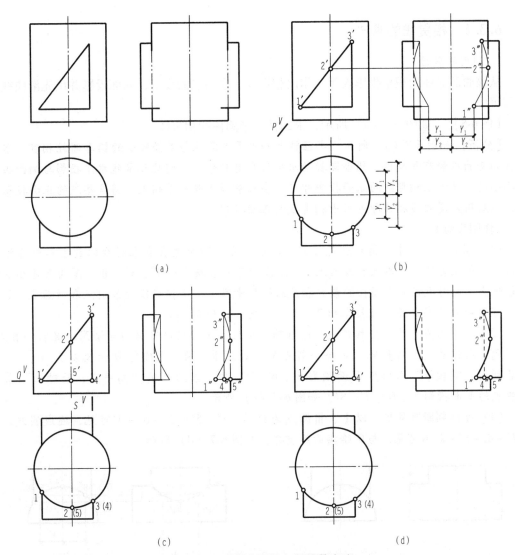

图 6-6　三棱柱与圆柱相贯线的求法

（a）已知条件；（b）求贯穿点及与 P 平面的相贯线；（c）求与 Q、S 平面的相贯线；（d）完成全图

6.3　两曲面立体相贯的一般情况

6.3.1　相贯线的特点

两曲面立体相贯，其相贯线一般情况下是封闭的空间曲线，如图 6-1（c）所示。组成相贯线的所有点，均为两曲面体表面的公有点。求两曲面立体相贯线的实质就是求一系列公有点，然后同面投影并用光滑曲线依次相连即可。在特殊情况下，相贯线可能是平面曲线或是直线，这一部分在下一节中讨论。

为了比较准确地作出相贯线，在求公有点时，应该先求出相贯线上的特殊点，如最高、最低、最左、最右、最前、最后及轮廓线上的点等，再适当求一些一般点，以使相贯线能光滑作出。

6.3.2 相贯线的求法

1. 利用积聚性

从该曲面立体的积聚投影入手，作出相贯线一系列点的投影，同面投影并用光滑曲线相连即可。

【例6-5】 如图6-7（a）所示，求圆柱与半圆柱的相贯线。

【分析】 如图6-7（a）所示，半径较大的水平半圆柱与半径较小的铅垂圆柱相贯。水平圆柱的侧面投影有积聚性，铅垂圆柱的水平投影有积聚性，因此相贯线水平投影与侧面投影是已知的，只需求相贯线的正面投影即可。在相贯线上取一系列点，将这些点的正面投影求出，然后用光滑曲线相连即可求出相贯线的正面投影。

【作图步骤】

（1）求特殊点。Ⅰ、Ⅲ两点是相贯线的最高点，同时也在直立圆柱的最左和最右轮廓素线上，是相贯线的最左点和最右点。V面投影可以直接求出1′、3′。Ⅱ、Ⅳ两点是相贯线的最低点，同时也在直立圆柱的最前和最后轮廓素线上，是相贯线的最前点和最后点。V面投影可以利用"高平齐"直接求出2′、4′。如图6-7（b）所示。

（2）求一般点。为了使相贯线作图准确，在相贯线上应该根据实际绘图情况取一般点。本例题，在相贯线上对称地取4个一般点V、Ⅵ、Ⅶ、Ⅷ，先确定H面投影5、6、7、8，然后利用"宽相等"求出其W面投影5″、6″、7″、8″，最后利用"高平齐、长对正"求出一般点的V面投影5′、6′、7′、8′，如图6-7（c）所示。

（3）连线判断可见性。以Ⅰ、Ⅲ两点为分界，1′-5′-2′-6′-3′可见，连成实线，3′-7′-4′-8′-1′不可见，与所绘实曲线重合，如图6-7（d）所示。

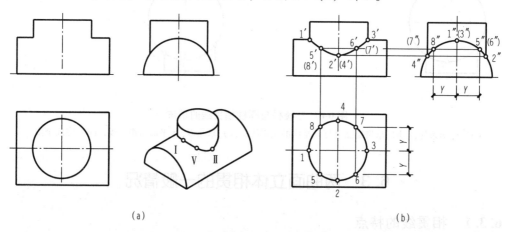

（a）　　　　　　　　　　　　　　　　　　　　　（b）

图6-7　圆柱与半圆柱相贯线的求法
（a）已知条件；（b）求相贯线

【例6-6】 如图6-8（a）所示，求圆柱与圆锥的相贯线。

【分析】 如图6-8（a）所示，铅垂放置的圆柱与圆锥相贯。圆柱的水平投影有积聚性，因此相贯线水平投影是已知的。在相贯线上取一系列点，然后将这些点的正面投影求出，最后用光滑曲线相连即可求出相贯线的正面投影。

【作图步骤】

(1) 求特殊点。柱、锥相贯线的水平投影是相内切的两个圆，连接两圆的圆心，并且延长，得到Ⅰ、Ⅵ两点，是相贯线的最高点与最低点。Ⅱ、Ⅳ、Ⅷ、Ⅹ四点是圆柱最前、最右、最后、最左轮廓素线上的点，是相贯线的转向点。Ⅲ、Ⅴ、Ⅶ、Ⅸ四点是圆锥最前、最左轮廓素线上的点。这十个特殊点均在圆锥面上，可采用纬圆法求这些点的正面投影。其中Ⅰ点在圆锥的底面圆周上，正面投影直接可求，由于圆心连线与轴线夹角为45°，点Ⅲ、Ⅸ与Ⅴ、Ⅶ分别在同一高度的纬圆上，同时作出；点Ⅱ、Ⅹ与Ⅳ、Ⅷ也分别在同一高度的纬圆上，同时作出，如图6-8（b）所示。

(2) 求一般点。为了使相贯线作图准确，应该在相贯点间距较大的范围内取一般点，本例略。

(3) 连线判断可见性。由于在相贯的两个形体中，相对于 V 面投影来讲，圆柱体的中心靠前，因此在判断相贯线可见性的问题中，相贯线是否可见以圆柱体为准。以 4′、10′ 两点为分界，点 10′-1′-2′-3′-4′ 可见，连成实曲线，点 4′-5′-6′-7′-8′-9′-10′ 均在圆柱的后半表面，V 面投影不可见，绘制成虚曲线。

(4) 整理图形，完成水平投影与侧面投影。整理圆柱的轮廓素线，将圆柱的最左、最右轮廓素线分别连到贯穿点 10′、4′。再整理圆锥的轮廓素线，最左轮廓素线在贯穿点 9′ 以下、贯穿点 7′ 以上存在，分别从柱、锥轮廓相交处与锥顶连到贯穿点，但该部分轮廓素线被圆柱实体遮挡，为不可见，连成虚线。圆锥的最右轮廓素线完整，但由锥顶到柱、锥轮廓相交处，也被圆柱实体所遮挡，为不可见，连成虚线。检查无误后，按照国标要求对图线进行整理，完成全图，如图6-8（c）所示。

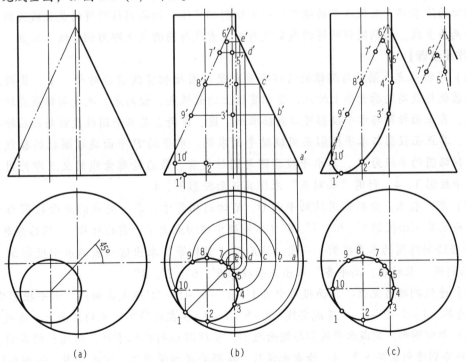

图 6-8　圆柱与圆锥相贯线的求法

（a）已知条件；（b）利用纬圆法求相贯线上特殊点的 V 面投影；（c）完成全图

2. 辅助面法

作两曲面立体相贯线的另一种方法是辅助面法。用辅助面法求相贯线投影的原理是三面共点。在适当的位置选择合适的辅助面，使它分别与两相交立体表面相交得到两条截交线，两条截交线的交点就是辅助面与两相交立体表面的公有点，即相贯线上的点，如图 6-9 所示。改变辅助面的位置，重复作若干个辅助面，得到足够的公有点，相连接而成相贯线。

可以选择平面或球面作为辅助面。但无论选择平面还是球面，选择辅助面的原则是，使所选择的辅助面与相交两立体表面的截交线的投影简单、易画，如直线或圆，如图 6-10 所示。

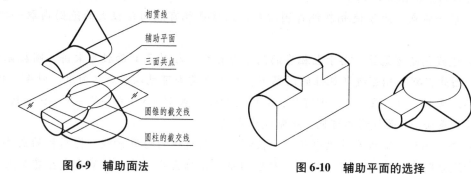

图 6-9　辅助面法　　　　　　　　　　图 6-10　辅助平面的选择

【例 6-7】　如图 6-11（a）所示，求圆柱与圆锥的相贯线。

【分析】　如图 6-11（a）所示，水平放置的圆柱与圆锥相贯。圆柱的侧面投影有积聚性，因此相贯线侧面投影是已知的。此题可以利用积聚性解题，也可以利用辅助面法解题。本题采用辅助面法求解，采用水平的辅助平面去切割相贯体，切割圆柱所得的截交线为圆柱的素线——两条直线，切割圆锥所得的截交线为圆，素线与圆的交点即为相贯线上的点。

【作图步骤】

（1）求特殊点。圆柱与圆锥的轴线垂直相交，因此相贯线前后对称。Ⅰ、Ⅱ两点是水平圆柱最低与最高轮廓素线上的点，是相贯线上的最低点、最高点，也是圆锥最左轮廓素线上的点，其正面投影与水平投影可以直接求出。Ⅲ、Ⅳ两点是水平圆柱最前与最后轮廓素线上的点，其正面投影与水平投影采用辅助平面求解。水平的 P 平面通过圆柱的轴线，切割圆锥所得纬圆的半径为 R_1，其水平投影圆与圆柱最前、最后轮廓素线的交点即为Ⅲ、Ⅳ两点的水平投影 3、4，利用"长对正"求得其正面投影 3′、4′。

（2）求一般点。分别采用辅助平面 Q、R 切割相贯体，求一般点的正面投影与水平投影。先确定其侧面投影 5″、6″、7″、8″（本例题中该四点上下、前后对称），然后分别以 R_2、R_3 为半径绘制纬圆的水平投影——圆，然后用"宽相等"求出这四点的水平投影 5、6、7、8，最后利用"长对正、高平齐"求出正面投影 5′、6′、7′、8′。

（3）连线判断可见性。正面投影中将 1′-7′-3′-5-′2′连成实曲线。水平投影中以 3、4 两点为界，3-5-2-6-4 连成实线，4-8-1-7-3 在圆柱不可见的表面上，连成虚线。

（4）整理图形，完成水平投影与侧面投影。整理圆柱的轮廓素线，将圆柱的最前、最后轮廓素线分别连到贯穿点 3、4。检查无误后，按照要求加深图线，完成全图，如图 6-11（b）所示。

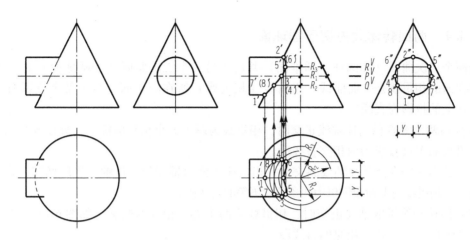

图 6-11　利用辅助面法求圆柱与圆锥的相贯线

（a）已知条件；（b）利用辅助平面求相贯线

6.4　两曲面立体相贯的特殊情况

两曲面立体相贯，在特殊情况下相贯线可能是平面曲线或是直线，某些投影可能为直线，当投影为直线时，只需确定投影线段两个端点的投影，然后连成直线即可。

6.4.1　两圆柱的轴线平行

当两个圆柱的轴线平行时，两圆柱面的相贯线为圆柱的素线，如图 6-12 所示，相贯线为两条互相平行的素线 I II 、III IV 和圆弧 I III 。

6.4.2　两圆锥共锥顶

当两个圆锥共锥顶时，其相贯线为圆锥的素线——直线，如图 6-13 所示，相贯线为两条相交直线 S I 、S II 。

6.4.3　同轴回转体

当回转体同轴时，其相贯线为圆，并且圆所在的平面垂直于轴线，如图 6-14 所示。

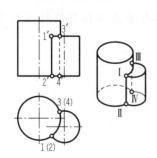

图 6-12　两圆柱的轴线平行

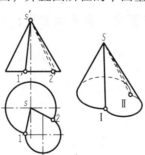

图 6-13　两圆锥共锥顶

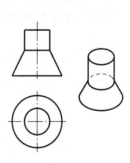

图 6-14　圆柱与圆锥同轴

6.4.4 两回转体共内切于圆球面

当两个二次曲面（如圆柱、圆锥面）共切于另一个二次曲面（如圆球面）时，则此两个二次曲面的相贯线是平面曲线。当曲线（相贯线）所在的平面垂直于某个投影面时，在该投影面上的投影为直线。

（1）当两个等直径圆柱轴线正交时，相贯线为两个大小相等的椭圆，如图 6-15（a）所示。相贯线的 V 面投影为两相交直线段。

（2）当两个等直径圆柱轴线斜交时，相贯线为两短轴相等、长轴不等的椭圆，如图 6-15（b）所示。相贯线的 V 面投影仍为两条长度不等的直线段。

（3）圆柱与圆锥的轴线正交时，相贯线为两个大小相等的椭圆，如图 6-15（c）所示。相贯线的 V 面投影为两条相交的直线段。

（4）圆柱与圆锥的轴线斜交时，相贯线为两个大小不相等的椭圆，如图 6-15（d）所示。相贯线的 V 面投影为两条长度不等的直线段。

（5）两个圆锥的轴线正交时，相贯线为两个大小不相等的椭圆，如图 6-15（e）所示。相贯线的 V 面投影为直线段。

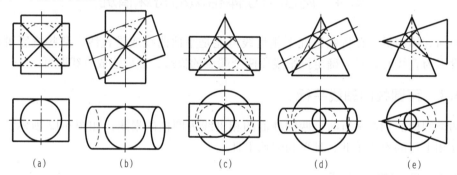

（a）　　　　　（b）　　　　　（c）　　　　　（d）　　　　　（e）

图 6-15　两回转体共内切于圆球面

习题 \\\

1. 相贯线的特点是什么？

2. 求相贯线的方法及步骤是什么？

3. 平面体与平面体相贯、平面体与曲面体相贯、曲面体与曲面体相贯的特点分别是什么？

第 7 章

轴测投影

★学习目标

1. 了解轴测投影图的形成及在工程中的辅助作用；深入了解轴测投影的基本性质和分类。

2. 熟练掌握常用的正等轴测投影和斜二等轴测投影的画法。

图7-1（a）是一形体的两面正投影图，图7-1（b）是这个形体的轴测投影图。比较这两种图可以看出：两面正投影图能够完全准确地反映出形体的真实形状，又便于标注尺寸，所以在工程上被广泛使用，但这种图直观性差，不易被看懂，读图时需要几个投影图联系起来，才能想象出形体的全貌；而轴测投影图同时反映了形体的长、宽、高三个方向，立体感较强，但度量性差，作图也较烦琐。

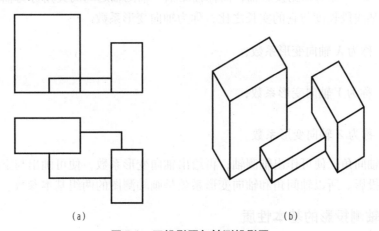

（a） （b）

图7-1 正投影图与轴测投影图

（a）两面正投影图；（b）轴测投影图

工程上广为采用的是多面正投影图，为弥补其直观性差的缺点，常常要画出形体的轴测投影图，所以轴测投影图是一种辅助图样。

7.1 基本知识

7.1.1 轴测投影图的形成

为了使一个图形能同时反映出形体的长、宽、高，按照图 7-2 反映出轴测投影图的形成过程，图 7-2（a）为正轴测图的形成过程，图 7-2（b）为斜轴测图的形成过程。将形体连同确定其空间位置的直角坐标系，用平行投影法，沿 S 方向投射到选定的一个投影面 P 上，所得到的投影称为轴测投影。用这种方法画出的图，称为轴测投影图，简称轴测图。

轴测投影分为两类：

（1）正轴测投影。投射方向垂直于轴测投影面时所得到的轴测投影，即图 7-2（a）。

（2）斜轴测投影。投射方向倾斜于轴测投影面时所得到的轴测投影，即图 7-2（b）。

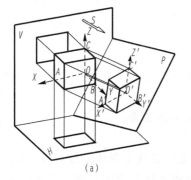 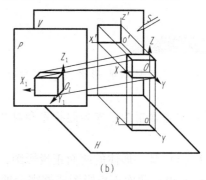

图 7-2 轴测投影图的形成

投影面 P 称为轴测投影面。确定形体的坐标轴 OX、OY 和 OZ 在轴测投影面 P 上的投影 O_1X_1、O_1Y_1 和 O_1Z_1 称为轴测投影轴，简称轴测轴。轴测轴之间的夹角称为轴间角。

轴测轴上某线段长度与它的实长之比，称为轴向变形系数。

$\dfrac{O_1A_1}{OA}=p$，称为 X 轴向变形系数；

$\dfrac{O_1B_1}{OB}=q$，称为 Y 轴向变形系数；

$\dfrac{O_1C_1}{OC}=r$，称为 Z 轴向变形系数。

如果给出轴间角，便可作出轴测轴；再给出轴向变形系数，便可画出与空间坐标轴平行的线段的轴测投影。所以轴间角和轴向变形系数是画轴测图的两组基本参数。

7.1.2 轴测投影的基本性质

轴测投影是在单一投影面上获得的平行投影，所以它具有平行投影的一切性质。在此应特别指出的是：

（1）平行二直线，其轴测投影仍相互平行。因此，形体上平行于某坐标轴的直线，其轴测投影平行于相应的轴测轴；

（2）平行二线段长度之比，等于其轴测投影长度之比。因此，形体上平行于坐标轴的线段，其轴测投影与其实长之比，等于相应的轴向变形系数。

7.2 正等轴测投影

当投射方向 S 垂直于轴测投影面 P 时，若使三个坐标轴与 P 面倾角相等，形体上三个坐标轴的轴向变形系数相等。此时在 P 面上所得到的投影称为正等轴测投影，简称正等测。

7.2.1 正等测的轴间角和轴向变形系数

根据计算，正等测的轴向变形系数 $p = q = r = 0.82$，轴间角 $\angle X_1 O_1 Z_1 = \angle X_1 O_1 Y_1 = \angle Y_1 O_1 Z_1$。画图时，规定把 $O_1 Z_1$ 轴画成铅垂位置，因而 $O_1 X_1$ 轴及 $O_1 Y_1$ 轴与水平线均成 30°，故可直接用 30° 三角板作图，如图 7-3 所示。

为作图方便，常采用简化变形系数，即取 $p = q = r = 1$。这样便可按实际尺寸画图，但画出的图形比原轴测投影大些，各轴向长度均放大 1.22（$\approx \dfrac{1}{0.82}$）倍。

图 7-4 是根据图 7-3 所示，按轴向变形系数为 0.82 画出的正等测图。图 7-5 是按简化轴向变形系数为 1 画出的正等测图。

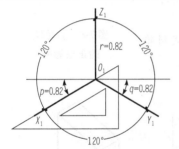

图 7-3 正等测的轴间角
和轴向变形系数

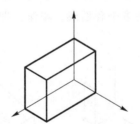

图 7-4 按轴向变形系数
为 0.82 画出的正等测图

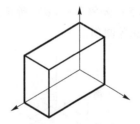

图 7-5 按轴向变形系数
为 1 画出的正等测图

7.2.2 点的正等测画法

图 7-6 示出点 A（X_A，Y_A，Z_A）的三面正投影图，依据轴测投影基本性质及点的投影与坐标的关系，便可作出图 7-7 所示的点 A 的正等测图。

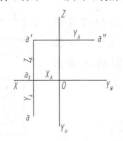

图 7-6 点的三面投影图

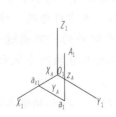

图 7-7 点的正等测图

作图步骤：

（1）作出正等轴测轴 O_1Z_1、O_1X_1 及 O_1Y_1；

（2）在 O_1X_1 轴上截取 $O_1a_{X1} = X_A$；

（3）过点 a_{X1} 作直线平行于 O_1Y_1 轴，并在该直线上截取 $a_{X1}a_1 = Y_A$；

（4）过点 a_1 作直线平行于 O_1Z_1 轴，并在该直线上截取 $A_1a_1 = Z_A$，得 A_1 点，即为空间点 A 的正等测图。

应指出的是，如果只给出轴测投影 A_1，不难看出，点 A 的空间位置不能唯一确定。实际上，点的空间位置是由它的轴测投影和一个次投影确定的，所谓次投影是指点在坐标面上的正投影的轴测投影。如点 A 的空间位置就是由 A_1 和 A 在 XOY 坐标面上的正投影 a 的轴测投影 a_1 来确定的。

【例 7-1】 已知斜垫块的正投影图（图 7-8），画出其正等测图。

【作图步骤】

（1）在斜垫块上选定直角坐标系；

（2）如图 7-9（a）所示，画出正等轴测轴，按尺寸 a、b 画出斜垫块底面的轴测投影；

（3）如图 7-9（b）所示，过底面的各顶点，沿 O_1Z_1 方向，向上作直线，并分别在其上截取高度 h_1 和 h_2，得斜垫块顶面的各顶点；

（4）如图 7-9（c）所示，连接各顶点画出斜垫块顶面；

（5）如图 7-9（d）所示，擦去多余作图线，描深，即完成斜垫块的正等测图。

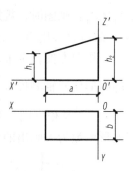

图 7-8　斜垫块的正投影图

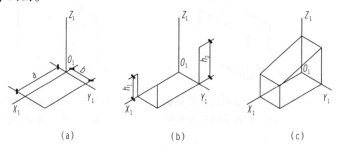

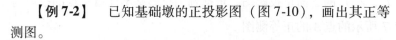

图 7-9　作垫块的正等测图

【例 7-2】 已知基础墩的正投影图（图 7-10），画出其正等测图。

【分析】 由正投影图可以看出，基础墩由矩形底块和四棱锥台叠加而成，是前后、左右对称的。该基础墩上各棱线中，唯独锥台的四条侧棱线是倾斜的，可通过作端点轴测投影的方法画出。为简化作图，选矩形底块的上底面中心为坐标原点。

【作图步骤】

（1）如图 7-10 所示，在基础墩上选定直角坐标系；

（2）如图 7-11（a）所示，画出正等轴测轴，根据正投影图，画出矩形底块上底面的正等测；

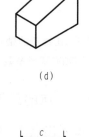
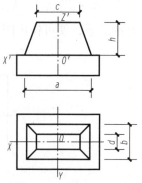

图 7-10　基础墩的正投影图

（3）如图 7-11（b）所示，沿 O_1Z_1 轴的方向，向下画出矩形块的厚度；

（4）如图 7-11（c）所示，根据尺寸 a、b，定出锥台各侧棱线与矩形块上底面的交点的位置；

（5）如图 7-11（d）所示，根据尺寸 c、d 和 h，画出锥台上底面的正等测；

（6）如图 7-11（e）所示，画出锥台各棱线。擦去多余作图线，描深，即完成基础墩的正等测图。

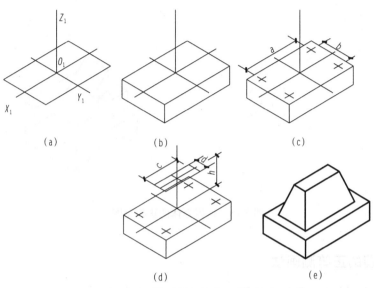

（a）　　　　　　　（b）　　　　　　　（c）

（d）　　　　　　　　　　　（e）

图 7-11　作基础墩的正等测图

【**例 7-3**】　已知一组合体的三面正投影图（图 7-12），画出其正等测图。

【**分析**】　由正投影图可看出，该台阶是由一侧栏板和三级踏步组合而成。为简化作图，选其前端面的右下角为坐标原点。

【**作图步骤**】

（1）如图 7-12，在台阶上选定直角坐标系；

（2）如图 7-13（a）所示，画出轴测轴，根据正投影图画出组合体底板的轴测投影；

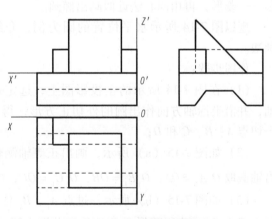

图 7-12　组合体的正投影图

（3）如图 7-13（b）所示，在左前端面按照侧面投影截取被截部分的长度；

（4）如图 7-13（c）所示，画出上部形体的正等测；

（5）如图 7-13（d）所示，画出三角肋的正等测。

（6）如图 7-13（e）所示，将三角肋插入。

擦去多余作图线，描深，即完成台阶体的正等测图。

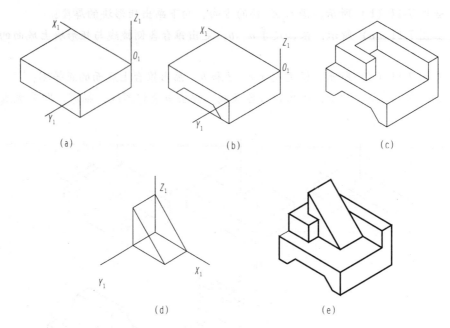

图 7-13　作组合体的正等测图

7.2.3　圆的正等测画法

一般情况下，圆的正等测为椭圆。画圆的正等测时，一般以圆的外切正方形为辅助线。先画出外切正方形的轴测投影——菱形，再用四心法近似画出椭圆。

现以图 7-14 所示水平位置的圆为例，介绍圆的正等测的画法。

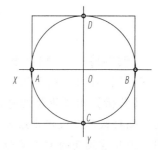

图 7-14　水平圆的正投影图

作图步骤：

（1）在图 7-14 所示的正投影图上，选定坐标原点和坐标轴，并沿坐标轴方向作出圆的外切正方形，得正方形与圆的四个切点 A、B、C 和 D；

（2）如图 7-15（a）所示，画出正等轴测轴 O_1X_1 和 O_1Y_1。沿轴截取 $O_1A_1 = OA$，$O_1B_1 = OB$，$O_1C_1 = OC$，$O_1D_1 = OD$，得点 A_1、B_1、C_1 和 D_1；

（3）如图 7-15（b）所示，过点 A_1、B_1 作直线平行于 O_1Y_1 轴，过点 C_1、D_1 作直线平行于 O_1X_1 轴，交得菱形 $A_1C_1B_1D_1$，此即为圆的外切正方形的正等测；

（4）如图 7-15（c）所示，以点 O_0 为圆心，以 O_0B_1 为半径作圆弧 B_1D_1；以点 O_2 为圆心，以 O_2A_1 为半径作圆弧 A_1C_1；

（5）如图 7-15（d）所示，作出菱形的对角线，线段 O_2A_1、O_0B_1 分别与菱形长对角线交于点 O_3、O_4。以 O_3 点为圆心，O_3D_1 为半径作圆弧 A_1D_1；以点 O_4 为圆心，O_4C_1 为半径作圆弧 C_1B_1。

以上四段圆弧组成的近似椭圆，即为所求圆的正等测。

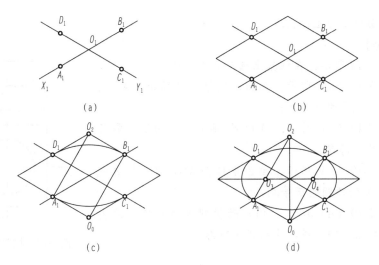

图 7-15　圆的正等测图的近似画法

图 7-16 示出三个坐标面上相同直径圆的正等测，它们是形状相同的三个椭圆。

每个坐标面上圆的轴测投影（椭圆）的长轴方向与垂直于该坐标面的轴测轴垂直；短轴则与该轴测轴平行。

以上圆的正等测的近似画法，也适用于平行坐标面的圆角。

图 7-17（a）所示平面图形上有四个圆角，每一段圆弧相当于整圆的四分之一。其正等测参见图 7-17（b）。每段圆弧的圆心是过外接菱形各边中点（切点）所作垂线的交点。

图 7-17（c）是平面图形的正等测。其中圆弧 D_1B_1 是以 O_2 为圆心，R_2 为半径画出；圆弧 B_1C_1 是以 O_3 为圆心，R_3 为半径画出。D_1、B_1、C_1 等各切点，均利用已知的 r 来确定。

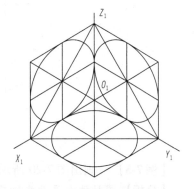

图 7-16　各坐标面圆的正等测

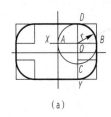 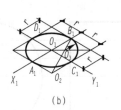 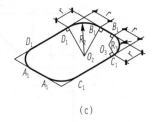

| (a) | (b) | (c) |

图 7-17　圆角正等测画法

7.2.4　曲面立体的正等测画法

【例 7-4】　已知柱基的正投影图（图 7-18），画出其正等测图。

【分析】　由正投影图可以看出，柱基由方形底块和圆柱墩叠合而成。为简化作图，取方形底块的上底面中心为坐标原点。

【作图步骤】

（1）如图 7-18 所示，在柱基上选定直角坐标系；

（2）如图 7-19（a）所示，画出轴测轴，根据正投影图，画出方形底块上底面的正等测；

（3）如图 7-19（b）所示，沿 O_1Z_1 轴方向，向下量取尺寸 h_1，画出底块的厚度；

（4）如图 7-19（c）所示，画出坐标面 XOY 内的柱墩底圆和高度为 h_2 处的顶圆的正等测；

（5）如图 7-19（d）所示，作出两椭圆的公切线。擦去多余作图线，描深，即完成柱基的正等测图。

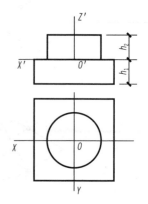

图 7-18 柱基的正投影图

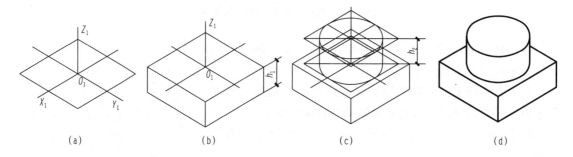

| (a) | (b) | (c) | (d) |

图 7-19 作柱基的正等测图

【例 7-5】 画出图 7-20 所示圆柱左端被切割后的正等测图。

【分析】 圆柱被水平面截切后切口为矩形，被正垂面截切后切口为椭圆，且该椭圆对过圆柱轴线的正平面成对称关系。作图时，可先画出完整圆柱体。

【作图步骤】

（1）如图 7-20 所示，在圆柱体上选定直角坐标系；

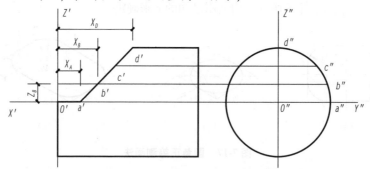

图 7-20 带斜截面圆柱的正投影图

（2）如图 7-21（a）所示，画出轴测轴，画出完整圆柱体两端面的投影；

（3）如图 7-21（b）所示，作两椭圆公切线，画出圆柱轴测投影；

（4）作截交线上若干点的轴测投影；

①如图 7-21（b）所示，过 O_1Y_1 轴与椭圆的交点作直线平行于 O_1X_1 轴，并在该直线上量取长度 X_A，得点 A_1；

②如图 7-21（c）所示，过 O_1Z_1 轴与椭圆的交点作直线平行于 O_1X_1 轴，并在该直线上量取长度 X_D，得点 D_1；

③如图 7-21（d）所示，自原点 O_1，沿 O_1Z_1 轴向上量取长度 Z_B 得点 B_0，再过点 B_0 在 $Z_1O_1Y_1$ 面内作直线平行于 O_1Y_1 轴，过该直线与椭圆的交点作直线平行于 O_1X_1 轴，并在其上量取长度 X_B，得点 B_1；

（5）如图 7-21（e）所示，同法求得 C_1 点。根据截交线的对称性，作出已知点 A_1、B_1、C_1 的对称点；

（6）如图 7-21（f）所示，依次光滑连接各点。擦去多余作图线，描深，即完成带切口圆柱的正等测图。

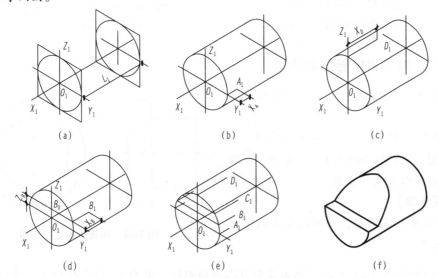

图 7-21　作带斜截面圆柱的正等测图

7.3　斜二等轴测投影

当投射方向 S 倾斜于轴测投影面 P，形体上有一个坐标面平行于轴测投影面 P 时，两个坐标轴的轴向变形系数相等，在 P 面上所得到的投影称为斜二等轴测投影，简称为斜二测。

如果 $p = r$（$\neq q$），即坐标面 XOZ 平行于 P 面，得到的是正面斜二测；如果 $p = q$（$\neq r$），即坐标面 XOY 平行于 P 面，得到的是水平斜二测。

7.3.1　斜二测的轴间角和轴向变形系数

图 7-22 示出正面斜二测的轴间角和轴向变形系数。坐标面 XOZ 平行于正平面，轴间角 $\angle X_1O_1Z_1 = 90°$，轴向变形系数 $p = r = 1$，$q = 0.5$。

为简化作图及获得较强的立体效果，选轴间角 $\angle X_1O_1Y_1 = \angle Y_1O_1Z_1 = 135°$，即 O_1Y_1 轴与水平线成 45°；选轴向变形系数 $q = 0.5$。

图 7-23 示出水平斜二测的轴间角和轴向变形系数。坐标面 XOY 平行于水平面，轴间角 $\angle X_1 O_1 Y_1 = 90°$，轴向变形系数 $p = q = 1$，Z_1 轴向的变形系数可取任意值。选 $O_1 X_1$ 轴与水平线成 30°或 60°。为简化作图，有时选轴向变形系数 $r = 1$。

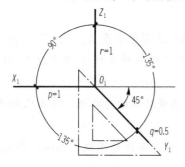

图 7-22　正面斜二测的
轴间角和轴向变形系数

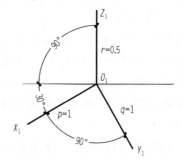

图 7-23　水平斜二测的轴间
角和轴向变形系数

7.3.2　斜二测投影图的画法

【**例 7-6**】　画出图 7-24 所示回转体的正面斜二测。

【**分析**】回转体只在一个方向上有圆。为简化作图，设回转轴线与 OY 轴重合，并取小圆柱端面圆心为坐标原点。

【**作图步骤**】

（1）如图 7-24 所示，在回转体上选定直角坐标系；

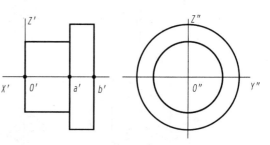

图 7-24　回转体的正投影图

（2）如图 7-25（a）所示，画出正面斜二测轴测轴，沿 $O_1 Y_1$ 轴量取 $O_1 A_1 = \dfrac{1}{2} OA$，得点 A_1；量取 $A_1 B_1 = \dfrac{1}{2} AB$，得点 B_1；

（3）如图 7-25（b）所示，分别以点 O_1、A_1、B_1 为圆心，根据正投影图量取各圆的半径，画出各圆；

（4）如图 7-25（c）所示，作出每一对等直径圆的公切线；

（5）如图 7-25（d）所示，擦去多余作图线，描深，即完成形体的正面斜二测。

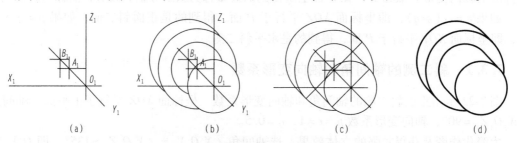

(a)　　　　　　(b)　　　　　　(c)　　　　　　(d)

图 7-25　作回转体的正面斜二测

习题

1. 正等轴测投影和斜二测投影的轴间角各是多少？
2. 如何绘制圆的正等轴测投影？
3. 组合体的轴测投影图应该如何绘制？

第 8 章

组合体

1. 了解组合体多面视图表达方法。
2. 了解组合体的尺寸标注方法。
3. 掌握组合体的形体分析法和线面分析法。
4. 能阅读和绘制组合体的三面投影图。

建筑工程中的形体结构多种多样，有些看上去很复杂，但经过仔细分析，都可以分解成若干个基本几何体，这样阅读和绘制工程图就比较容易。本章以形体分析法和线面分析法来分析组合体的画法、阅读及尺寸标注。

8.1　组合体的形成分析

1. 组合体的概念

由一些基本形体（棱柱、棱锥、圆柱、圆锥、圆球）按照叠加、切割、相交等组合方式形成的立体称为组合体。

如图 8-1 所示，图 8-1（a）为叠加型，图 8-1（b）为切割型，图 8-1（c）为混合型。

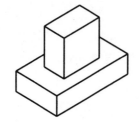

图 8-1　组合体的组合方式

（a）叠加型；（b）切割型；（c）混合型

2. **形体分析法**

组合体由基本几何体组合而成。在绘制和阅读组合体时，将组合体假想分解成若干个基本形体，然后分析它们的形状、相对位置以及组合方式，这种分析方法称为形体分析法。

形体经叠加、切割组合后，形体的表面间可能产生相交、共面和相切三种过渡关系。

（1）相交。两立体相邻表面相交时，会产生交线，在其交界处应画出交线的投影，如图 8-2 所示。

（2）共面。当两立体具有互相连接的一个面（共平面或共曲面）时，它们之间没有交线，在投影视图中也就不画线。如图 8-3 所示，形体右侧的竖板和其下面底板的前、后面共面，同时和其左侧支撑板的上面共面，所以主视图和俯视图投影表面共面的位置无线。

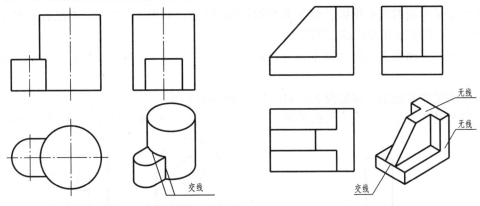

图 8-2 两立体相邻表面相交   图 8-3 两立体相邻表面共面

（3）相切。当两立体相邻表面相切时，两立体表面交界处为光滑过渡，所以在其交界处不应画线，如图 8-4 所示。

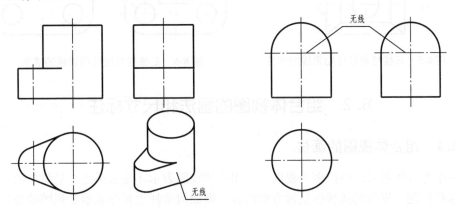

图 8-4 两立体相邻表面相切

（a）平面与柱面相切；（b）柱面与球面相切

3. **线面分析法**

线面分析法是在形体分析法的基础上，对组合体复杂的、不容易理解的部分，结合线、面的投影分析，一条线、一个线框地分析其线面关系，分析它们的空间形状和位置，来帮助对形体的理解，想象出空间模型（形状）的方法。

用线面分析法读图，关键是要分析出视图中每一个线框和每一条线段所表示的空间意义。

（1）投影图中图线的含义。在投影图中，某一条图线代表的含义可能有三种情况：

①可能是曲面或平面的积聚投影。如图8-5所示，图线Ⅰ表示圆柱面的积聚投影，Ⅱ表示正垂面的积聚投影，Ⅲ表示水平面的积聚投影。

②可能是两个面交线的投影。如图8-5所示，图线Ⅳ表示侧垂面与正垂面的交线。

③可能是曲面轮廓素线的投影。如图8-5所示，图线Ⅴ表示圆柱面的最右素线。

（2）投影图中图框的含义。在这里，图框指的是封闭的线框，而封闭的线框的含义是表示形体的某一个面。因此，在投影图中，一个封闭的线框代表的含义可能有四种情况：

①可能是平面的实形投影（该平面与投影面平行）。如图8-6所示，A框表示水平面的实形投影，E框表示正平面的实形投影。

②可能是平面的类似形（该平面与投影面倾斜）。如图8-6所示，B框表示正垂面的类似形。

③可能是曲面或组合面的投影，如图8-6C框和D框。

④可能是代表孔、洞或凸台的投影，如图8-6所示，E框表示凸台，F框表示圆孔。

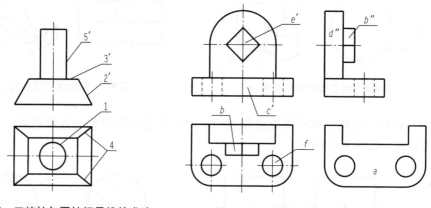

图8-5　三棱柱与圆柱相贯线的求法　　　　图8-6　三棱柱与圆柱相贯线的求法

8.2　组合体视图的画法和尺寸标注

8.2.1　组合体视图的画法

每一个组合体都可以画出多个视图，但用哪些视图表示才是最清楚、最简单的，这就存在视图选择问题。视图的选择包括两方面内容，即如何选择主视图和确定视图的数量。

1. 确定组合体的主视方向

用一组视图来表达形体，首先要确定主视图，其他的视图也随之确定。主视图的选择是否恰当将影响其他视图的选择和画法。确定组合体主视方向应遵循以下原则：

（1）以形体稳定和绘图方便来确定组合体的安放状态。通常使组合体的底板朝下，主要表面平行于投影面。

（2）应使正面投影最能反映组合体的形状特征及各组成形体间的相对位置。

（3）使其他各投影图中不可见的形体最少，即在其他投影图中不可见的虚线越少越好。

2. 确定投影的数量

投影数量确定的原则，是用最少数量的投影把形体表达完整、清晰。

对于常见的组合体，一般情况下通过 V、H、W 三面投影即可将形体完整、清晰地表达出来。对于建筑物及其构配件的投影，在保证表达完整清晰的前提下，可以选用单面投影、两面投影、三面投影，甚至更多的投影或其他的投影方法。图 8-7 所示的晒衣架，可以采用 V 面投影，再加以文字说明即可。图 8-8 所示的门轴铁脚，采用 V、H 面投影，即可将该形体表达清楚。

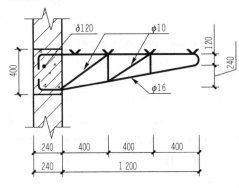

图 8-7　晒衣架的单面投影

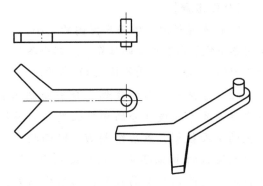

图 8-8　门轴铁脚的两面投影

3. 画图步骤

（1）确定比例和图幅。在确定了主视图投射方向和安放位置后，就要根据形体的大小和标注尺寸时所需的位置，选择适当的比例和图幅。

（2）布置视图。画出各个视图的定位线、轴线或主要端面位置线等，并注意三个视图的间距，为标注尺寸留下适当的位置，使视图均匀地布置在图幅内。

（3）绘制投影图底稿。根据形体的结构特征逐个画出各部分形体的三面投影图。一般先绘制主要形体、后绘制次要形体；先绘制较大形体、后绘制较小形体；先绘制实心形体、后绘制挖切形体；先绘制轮廓、后绘制内部结构。在绘制某一部分投影的时候，应该先绘制该部分最有特征的投影，再绘制该部分的其他投影。

（4）检查、描深。底稿完成之后，要逐个检查各基本形体的投影是否完整，各基本形体之间的相对位置是否正确，并特别注意表面过渡关系是否正确。在检查、确认无误后，再根据线型要求描深。

（5）标注尺寸。组合体三视图绘制完成以后，只表达了组合体的形状，要反映各部分的大小及其相对位置，还需要在组合体三视图上标注尺寸。

（6）读图复核。复核图纸中有无遗漏或多余的图线、有无遗漏的标注等。在复核过程中可以联想出该形体的空间模型，与所绘制的投影图加以比较，提高读图的能力。

（7）填写标题栏、会签栏等栏目中的各项内容，完成全图。

4. 组合体三视图绘制举例

建筑工程图中常将组合体的水平投影称为平面图，正面投影称为正立面图，侧面投影称为左侧立面图，三者统称为组合体的三视图。

【例 8-1】　如图 8-9 所示，绘制挡土墙的三视图。

【**分析**】如图 8-9（b）所示，该挡土墙由三部分组成：水平放置的底板 I，侧平放置的竖板 II 和支撑板 III。三部分以叠加方式组合，其中 I 与 II 的前后面共面，II 与 III 的上端面共面。图 8-9（a）所示方向可以作为该组合体的主视方向。

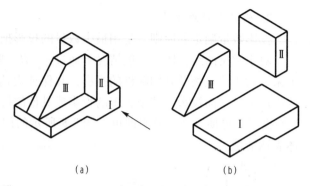

图 8-9 挡土墙的立体图
（a）主视方向；（b）形体分析

【**作图步骤**】

（1）布置视图。根据三视图的大小，确定各个投影在图纸上的位置，绘制出各个投影的基准线，如图 8-10（a）所示。

（2）绘制三视图的底稿。分别绘制出挡土墙各个组成部分的三面投影，在绘制过程中注意各个组成部分的相对位置。如图 8-10（b）所示，绘制底板 I 的投影，先绘制底板的 V 面投影，然后绘制 H、W 面投影；如图 8-10（c）所示，绘制竖板 II 的投影，先绘制竖板的 W 面投影，然后绘制 H、V 面投影；如图 8-10（d）所示，绘制支撑板 III 的投影，先绘制其 V 面投影，然后绘制 H、W 面投影。

（3）检查后加深图线，完成全图。检查三个基本形体的投影是否完整，各基本形体之间的相对位置是否正确，并特别注意表面过渡关系是否正确。例如，底板 I 的前端面和竖板 II 的前端面共面，在主视图中过渡表面不应画出交线，应将多余的图线去掉；竖板 II 的上端面和支撑板 III 的上端面共面，在俯视图中过渡表面不应画出交线，应将多余的图线去掉，如图 8-10（e）所示。按照要求加深图线，如图 8-10（f）所示。

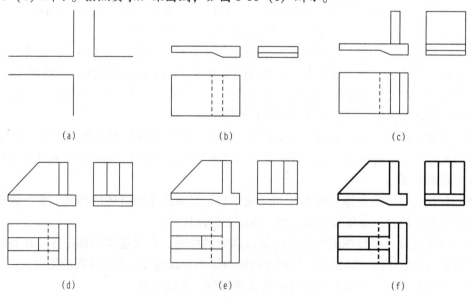

图 8-10 挡土墙三视图的画法
（a）确定各投影的基准线；（b）绘制底板的三面投影；（c）绘制竖板的三面投影；
（d）绘制支撑板的三面投影；（e）去掉多余图线；（f）加深图线，完成全图

【例 8-2】 绘制图 8-11 所示组合体的三视图。

【分析】 如图 8-11（a）所示，该组合体是通过切割的方法所得，图中所示方向可以作为该组合体的主视方向。首先用侧垂面切割，如图 8-11（b）所示；然后用正平面和侧平面切割，如图 8-11（c）所示。

组合体视图的画法

【作图步骤】

（1）布置视图。根据三视图的大小，确定各个投影在图纸上的位置，绘制出各个投影的基准线。

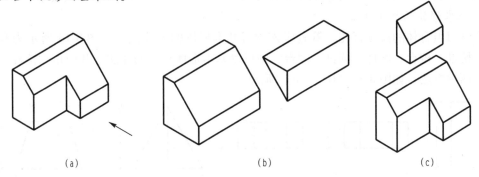

图 8-11　组合体的立体图

（a）主视方向；（b）用侧垂面切割；（c）用正平面和侧平面切割

（2）绘制三视图的底稿。首先，完整地绘出切割前基本形体的三面投影，如图 8-12（a）所示。然后根据切割的次序，分别完成每次切割后的投影。完成形体第一次被侧垂面切割后的三面投影，如图 8-12（b）所示；完成形体第二次被正平面与侧平面切割后的三面投影，如图 8-12（c）所示。

（3）检查后加深图线，完成全图，如图 8-12（d）所示。

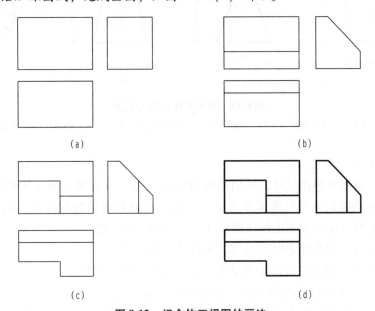

图 8-12　组合体三视图的画法

（a）基本形体的三面投影；（b）用侧垂面切割后的投影；（c）用正平面与侧平面切割后的投影；（d）加深图线，完成全图

8.2.2 尺寸标注的基本要求

尺寸标注应满足以下要求：

（1）正确性。要符合国家最新颁布的相关制图标准。

（2）完整性。所标注的尺寸必须能够完整、准确、唯一地表示形体的形状和大小。

（3）清晰性。尺寸的布置要整齐、清晰，便于识图。

（4）合理性。标注的尺寸应满足设计要求，并满足施工、测量和检验的要求。

1. 基本形体的尺寸注法

要学习组合体的尺寸标注，首先应该学习基本形体的尺寸注法。图 8-13 所示为常见的棱柱、棱锥、棱台、圆柱、圆锥、圆台、圆球等基本形体尺寸的注法。其中正六棱柱常用的标注有两种方法，如图 8-13（b）、（c）所示。

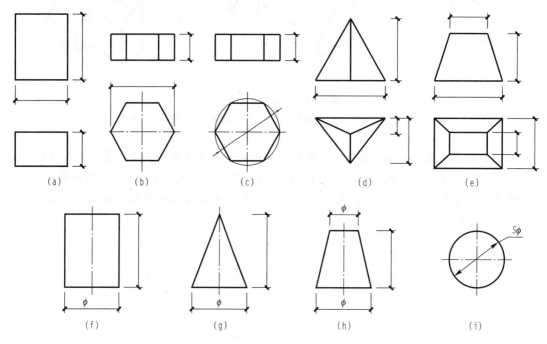

图 8-13　基本形体的尺寸标注

（a）四棱柱；（b）、（c）六棱柱；（d）三棱锥；（e）四棱台；（f）圆柱；（g）圆锥；（h）圆台；（i）圆球

2. 组合体的尺寸注法

在组合体三视图上标注尺寸，采用形体分析的方法，首先确定各个组成部分（基本形体）的尺寸，然后确定各个组成部分（基本形体）之间相对位置的尺寸，最后确定组合体的总尺寸。因此组合体三视图上标注的尺寸一般分为三种类型：

（1）定形尺寸。确定组合体中各基本形体大小的尺寸。

（2）定位尺寸。确定组合体中各基本形体之间相对位置的尺寸。

（3）总尺寸。确定组合体的总长、总宽和总高的尺寸。

以上三类尺寸的划分并不是绝对的，如某些尺寸既是定形尺寸又是总尺寸，某些尺寸既是定位尺寸又是定形尺寸，这完全与组合体的具体情况相关。

在标注定位尺寸时，应该在长、宽、高三个方向上分别选择尺寸基准，通常情况下是以组合体的底面、大端面、对称面、回转轴线等作为尺寸基准。

组合体尺寸标注的核心内容是运用形体分析法保证尺寸标注的完整和准确。

标注步骤：

（1）分析组合体由哪几个基本形体组成。

（2）标注出每个基本形体的定形尺寸。

（3）标注出每个基本形体的定位尺寸。

（4）标注出组合体的总尺寸。

（5）调整定形尺寸、定位尺寸和总尺寸的位置，将重复或多余的尺寸去掉。

【例 8-3】　如图 8-14（a）所示，标注组合体的尺寸。

（1）形体分析。总的来看，该组合体由三部分叠加而成，左右、前后对称。两块侧平的立板Ⅱ叠放在水平的底板Ⅰ上，而且与底板Ⅰ等宽，四块支撑板Ⅲ叠放在底板Ⅰ的上表面，另一面与立板Ⅱ的端面共面。

（2）选尺寸基准。选择对称平面为长度和宽度方向上的尺寸基准，底板Ⅰ的底面为高度方向上的尺寸基准。

（3）基本形体的尺寸标注。根据形体分析，该组合体由三部分组成，每一部分应标注的尺寸如图 8-14（b）所示。

底板Ⅰ：定形尺寸有 300、170 和 40。

立板Ⅱ：定形尺寸有 40、170 和 40。

支撑板Ⅲ：定形尺寸有 70、70 和 30。

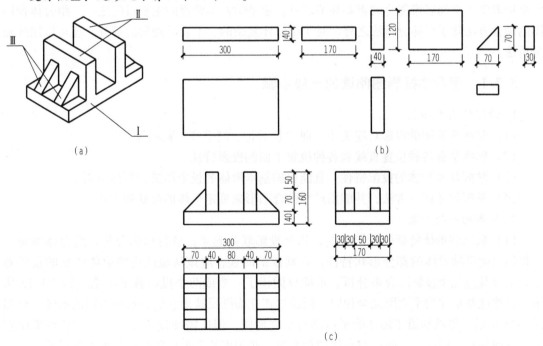

图 8-14　组合体的尺寸标注

（a）立体图；（b）组成部分的尺寸；（c）组合体尺寸标注

（4）组合体的尺寸标注。标注组合体三视图的尺寸，如图 8-14（c）所示。由于选择对称平面、底板Ⅰ的底面为组合体整体的尺寸基准，因此在标注组合体各个部分尺寸的时候，需要对某些尺寸进行调整。立板Ⅱ高度方向上的定形可以省略。最后标注总尺寸。总长和总宽与底板的定形尺寸重合，总高为 160。

3. 组合体尺寸标注应注意的问题

（1）尺寸标注应明显。尺寸应尽量标注在最能反映形体特征的投影上，尽量避免在虚线上标注尺寸。

（2）与两个投影都相关的尺寸，应尽量标注在两个投影之间。如图 8-14（c）中长度方向上的尺寸 70、40、80 和 300，高度方向上的尺寸 40、50、70 和 160，宽度方向上的尺寸 30、50 和 170，而且宽度方向上的尺寸不宜标注在平面图的左侧。

（3）表示同一结构的尺寸应尽量集中。

（4）尺寸尽量标注在图形之外。但在某些情况下，为了避免尺寸界线过长或与过多的图线相交，在不影响图形清晰的情况下，也可以将尺寸标注在图形内部。

（5）尺寸布置恰当、排列整齐。在标注同一方向的尺寸时，间隔均匀，尺寸由小到大向外排列，避免尺寸线与尺寸界线相交，如图 8-14（c）所示。

8.3 组合体投影图的阅读

组合体投影图的阅读是根据形体已有的投影图，想象出该组合体的空间模型（形状）。它是培养学生空间思维能力的重要环节之一，也是学习本课程的主要目的之一。组合体投影图的阅读方法除了形体分析法之外，对于组合体复杂的、不容易理解的部分，还可以用线面分析法。

8.3.1 组合体投影图阅读的一般步骤

1. 读图的基本知识

（1）掌握投影图的投影对应关系，即"长对正、高平齐、宽相等"。

（2）熟练掌握各种位置直线和各种位置平面的投影特性。

（3）掌握基本形体的投影特性，且能根据基本形体的投影图进行形体分析。

（4）掌握尺寸标注方法，并能用尺寸配合图形来确定形体的形状和大小。

2. 读图的一般步骤

（1）从反映形体特征的投影着手，几个投影联系起来，进行形体分析。组合体的每一个投影只能反映形体的部分形状特征，在阅读的时候，应该从最能反映形体特征的投影着手，结合其他几个投影综合来分析。不能只阅读了一个或两个投影就下结论。如图 8-15 所示，虽然这些形体的平面图完全相同，但通过正立面图反映出它们是形状不同的形体。再如图 8-16 所示，虽然知道了形体的平面图与正立面图，但还需阅读侧立面图，才能想象出它们的空间形状。因此，在阅读组合体的投影时，必须把几个投影图联系起来相互对照，运用形体分析法，分析出形体的形状。

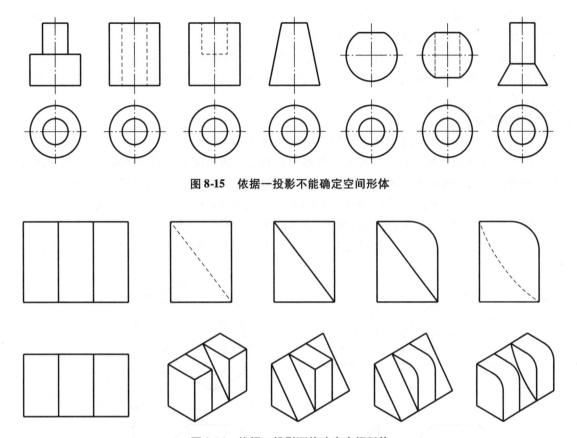

图 8-15　依据一投影不能确定空间形体

图 8-16　依据二投影不能确定空间形体

（2）找对应的投影，进行线面分析。对投影图中复杂、不容易理解的部分，利用线面分析法，找封闭的线框，以及与之对应的线或线框，分析其具体的形状与空间关系，想象出空间模型。

（3）灵活多思，反复对照。组合体的组合方式灵活，变化多样，因此，在组合体三视图的阅读过程中，不可能通过所给的投影一次性地将形体的空间形状想象正确，而是一个反复的过程。首先根据所给的投影，在头脑中建立该组合体的大致轮廓，然后再根据投影具体分析每一部分，不断地把所想象的空间形状与投影图对照，边对照边修正，直至与投影图完全符合。经过这样不断的实践，可以逐步地培养空间思维能力。

8.3.2　组合体投影图的阅读方法

1. 形体分析法

组合体投影图的阅读是绘制的逆过程，绘图是根据形体的模型用正投影法画出形体的投影，而阅读则是根据已绘制的图形，想象出空间形体的模型。在学习实践中，根据组合体的两个投影补画第三投影是训练读图能力的一种有效方法，它包含了由图形到空间模型、再由空间模型到图形的反复思维过程。通过例 8-4 和例 8-5 来说明运用形体分析法的具体作图过程。

【例 8-4】　如图 8-17（a）所示，求组合体的水平投影。

【分析】如图 8-17（a）所示，该组合体是由三棱柱切割而得，基本形体是顶面和底面

与 W 面平行的三棱柱。被两个正垂面切掉两个角，又被两个侧平面与一个水平面在下面切了一个槽口。想象出立体图，如图 8-17（b）所示。

正立面图为一个线封闭的框，该线框是三棱柱一个侧面的投影，该面是一个侧垂面，因此，其水平投影一定是该图形的类似形，可从其着手，首先绘制水平投影中该图形的类似形，再完成其他部分的投影。

【作图步骤】

（1）绘制出三棱柱完整的水平投影，如图 8-17（c）所示。

（2）作侧垂面的水平投影。在 V 投影图中找到侧垂面的投影（封闭的线框），利用线面分析的方法，求出该侧垂面的水平投影（与正面投影为类似形），如图 8-17（d）所示。

（3）作其余部分的水平投影。两个正垂面切割，断面为三角形，其水平投影为类似形，即也为三角形。用两个侧平面与水平面挖切出槽口，在水平投影中增加了两条虚线，如图 8-17（e）所示。

（4）整理图形，去掉多余图线。按照要求加深图线，完成全图，如图 8-17（f）所示。

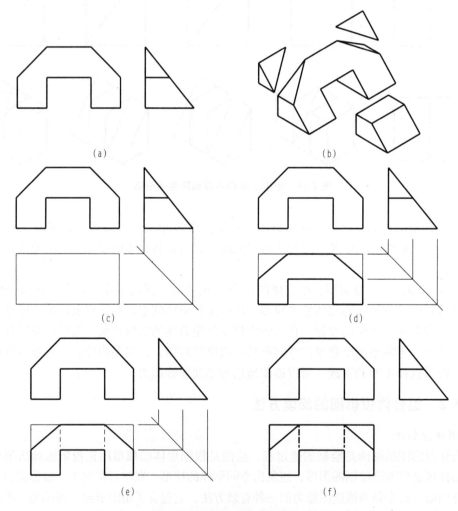

图 8-17　绘制组合体的第三投影

（a）已知条件；（b）立体图；（c）绘制三棱柱完整的 H 投影；
（d）作侧垂面的 H 投影；（e）作其余部分的 H 投影；（f）加深图线，完成全图

【例 8-5】　如图 8-18（a）所示，求组合体的平面图。

【分析】 如图 8-18（a）所示，该组合体可以看成由三部分组成：Ⅰ部分为一个大的四棱柱被水平面和正垂面切割掉左上部分，Ⅱ、Ⅲ部分为两个四棱柱叠放在Ⅰ上。想象出立体图，如图 8-18（b）所示。

【作图步骤】

（1）完整地绘制出四棱柱的水平投影，如图 8-18（c）所示。

（2）作Ⅰ部分平行面的水平投影，如图 8-18（d）所示。

（3）作Ⅰ部分正垂面的水平投影。在 W 投影图中找到正垂面的投影（封闭的线框），利用线面分析的方法，求出该正垂面的水平投影（与侧面投影为类似形），如图 8-18（e）所示。

（4）作Ⅱ、Ⅲ部分的水平投影，如图 8-18（f）所示。

（5）按照要求加深图线，完成全图，如图 8-18（g）所示。

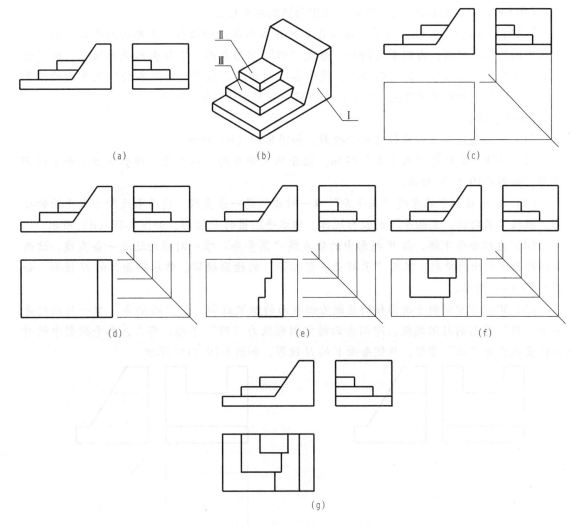

（a）　　　　　　　（b）　　　　　　　（c）

（d）　　　　　　　（e）　　　　　　　（f）

（g）

图 8-18　绘制组合体的水平投影

（a）已知条件；（b）立体图；（c）绘制柱完整的 H 投影；（d）作Ⅰ部分平行面的 H 投影；
（e）作Ⅰ部分正垂面的 H 投影；（f）作Ⅱ、Ⅲ部分的 H 投影；（g）加深图线，完成全图

2. 线面分析法

（1）画线框、对投影。使用线面分析法分析投影时，将视图中的封闭线框理解为形体的"面"，一般位置面的对应投影是类似形，平行面的对应投影具有两个平行于投影轴的积聚投影、一个反映实形的投影，而垂直面的对应投影具有一个倾斜于投影轴的积聚投影，其余两个投影则反映出空间平面的类似形。

（2）按投影、定表面。按"长对正、高平齐、宽相等"的投影规律，找出各个面的对应投影，对照各种位置平面的投影特性，确定各平面的空间位置，根据已知的两面投影补绘出第三面投影。

（3）围合起来想整体。把分析所得的各个平面，对照视图中所给定的相对位置，围合出形体的形状，想象出空间模型。

下面通过例8-6和例8-7来说明运用线面分析法的具体作图过程。

【例8-6】 如图8-19（a）所示，求组合体的水平投影。

【分析】如图8-19（a）所示，该组合体的基本形体为四棱柱。上部由两个侧平面和一个水平面挖切成凹槽；由侧垂面切割，形成"凹"字形表面；下部由水平面切割。按"长对正、高平齐、宽相等"的投影规律，找出各个面的对应投影，对照各种位置平面的投影特性，确定各平面的空间位置。想象出立体图，如图8-19（h）所示。

【作图步骤】

（1）完整地绘制出四棱柱的水平投影，如图8-19（b）所示。

（2）由 V、W 投影"高平齐"得知，组合体上部为两个水平面。作水平面 I 和 II 的 H 投影，如图8-19（c）所示。

（3）与 W 投影中的虚线"高平齐"唯一对应的是一条直线，这两条线即为水平面的投影。根据"长对正、宽相等"的投影规律，作水平面 III 的 H 投影，如图8-19（d）所示。

（4）在组合体下部，与 W 投影中的短直线"高平齐"唯一对应的还是一条直线，这两条线即为水平面的投影。根据"长对正、宽相等"的投影规律，作水平面 IV 的 H 投影，如图8-19（e）所示。

（5）W 投影中倾斜于投影轴的直线为侧垂面的积聚投影。由"高平齐"唯一对应的是一个"凹"字形的封闭线框，即侧垂面的空间形状为"凹"字形，那么，水平投影中的对应位置也应为"凹"字形。作侧垂面 V 的 H 投影，如图8-19（f）所示。

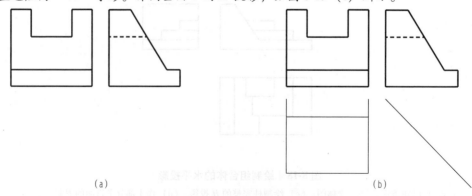

(a)   (b)

图8-19 利用线面分析法求水平投影

（a）已知条件；（b）绘制完整的 H 投影

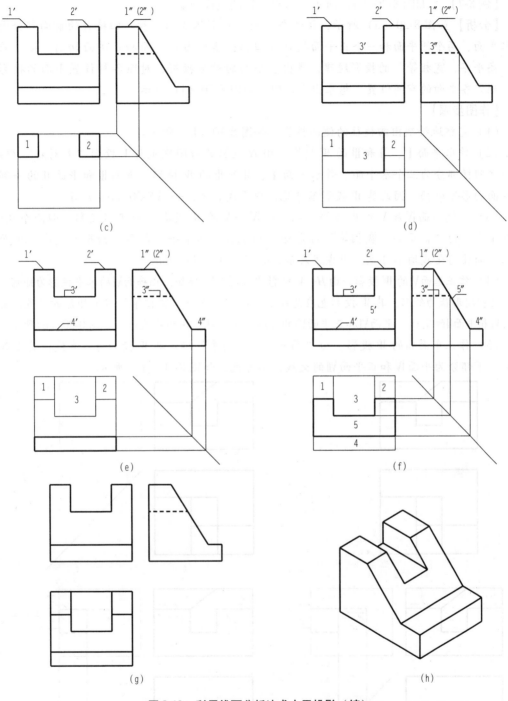

图 8-19　利用线面分析法求水平投影（续）

(c) 作水平面Ⅰ和Ⅱ的 H 投影；(d) 作水平面Ⅲ的 H 投影；

(e) 作水平面Ⅳ的 H 投影；(f) 作侧垂面Ⅴ的 H 投影；(g) 加深图线，完成全图；(h) 立体图

（6）检查无误后加深图线，完成全图，如图 8-19（g）所示。

（7）把各个平面对照视图中所给定的相对位置，围合出形体的形状，想象出空间模型，如图 8-19（h）所示。

【例8-7】 如图8-20（a）所示，求组合体的侧面投影。

【分析】 如图8-20（a）所示，该组合体的基本形体为四棱柱。四棱柱的前面部分由三个水平面、两个侧平面和一个正平面挖切成凹槽；然后由正垂面和正平面切割。按"长对正、高平齐、宽相等"的投影规律，找出各个面的对应投影，对照各种位置平面的投影特性，确定各平面的空间位置。想象出立体图，如图8-20（j）所示。

【作图步骤】

（1）完整地绘制出四棱柱的侧面投影，如图8-20（b）所示。

（2）作水平面Ⅰ、Ⅱ和Ⅲ的W投影。由H投影的封闭线框与V投影"长对正"得知，组合体凹槽部分为三个水平面。作水平面Ⅰ、Ⅱ和Ⅲ的W投影，平面Ⅲ和平面Ⅱ的一部分被左面的形体遮挡，因此其W投影不可见，用虚线表示，如图8-20（c）所示。

（3）作侧平面Ⅳ和Ⅴ的W投影。侧平面Ⅳ和Ⅴ的W投影应为实形投影，即两个矩形，相互重合。由"高平齐、宽相等"确定矩形的位置，其中平面Ⅳ和平面Ⅲ的交线、平面Ⅳ和正平面Ⅶ的交线均不可见，用虚线表示，如图8-20（d）所示。

（4）作正垂面Ⅵ的W投影。由H、V投影"长对正"得知，正垂面Ⅵ的水平投影为矩形，因此，其空间形状为矩形，其W投影也应是矩形。由"高平齐、宽相等"确定矩形的位置，其中平面Ⅵ和平面Ⅱ的交线、平面Ⅵ和正平面Ⅷ的交线均不可见，用虚线表示，如图8-20（e）所示。

（5）作正平面Ⅶ的W投影。由"高平齐、宽相等"确定其W投影为一直线，其上部分可见，下部分为平面Ⅳ和正平面Ⅶ的交线，不可见，如图8-20（f）所示。

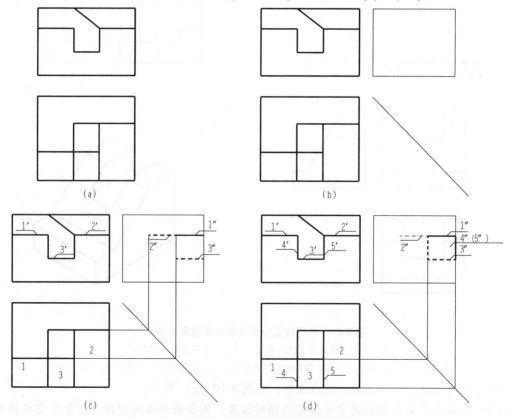

图8-20 利用线面分析法求侧面投影

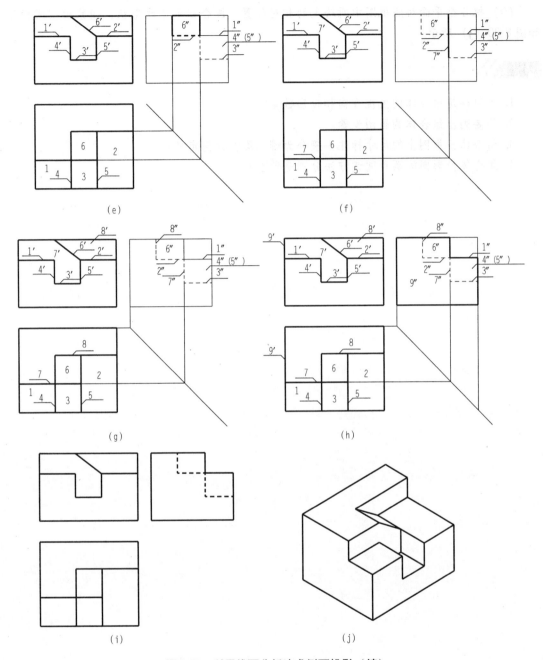

(e)　　　　　　　　　　　　(f)

(g)　　　　　　　　　　　　(h)

(i)　　　　　　　　　　　　(j)

图 8-20　利用线面分析法求侧面投影（续）

（6）作正平面Ⅷ的 W 投影。由"高平齐、宽相等"确定其 W 投影为一直线，为平面Ⅵ和平面Ⅷ的交线，不可见，如图 8-20（g）所示。

（7）作侧平面Ⅸ的 W 投影。侧平面Ⅸ的侧面投影应反映平面实形，由"高平齐、宽相等"确定其 W 投影，如图 8-20（h）所示。

（8）检查无误后加深图线，完成全图，不可见线加深为粗虚线，如图 8-20（i）所示。

（9）把各个平面对照视图中所给定的相对位置，围合出形体的形状，想象出空间模型，如图 8-20（j）所示。

习题

1. 如何确定组合体的主视方向和投影数量？
2. 简要列出组合体的画图步骤。
3. 组合体三视图上的尺寸标注一般分为哪几类？如何定义？
4. 组合体投影图的两种阅读方法分别是什么？

第 9 章

剖面图与断面图

1. 了解剖面图与断面图的概念和种类。
2. 了解剖面图与断面图的区别。
3. 掌握剖面图与断面图的画法及标注方法。

9.1 剖面图

在画建筑形体的投影时，形体上不可见的轮廓线在投影图上要用虚线表示。当建筑物或建筑构件的内部结构比较复杂时，如果仍采用正投影的方法，用实线表示可见轮廓线，虚线表示不可见轮廓线，则在投影图上会产生大量的虚线。如果虚线、实线相互交错，既不便于标注尺寸，又会使图形混淆不清，给读图带来很大的困难。例如，图 9-1 为单层平顶房屋，用正投影图的方法表达时，图中有很多虚线，读图很不方便。

为解决这一问题，假想将形体剖开，把内部构造显露出来，然后利用正投影法进行投射，用实线画出这些内部构造的投影图。

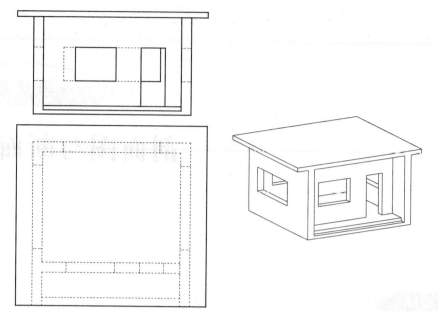

图 9-1 单层平顶房屋的两视图及轴测图

9.1.1 基本概念及画法

1. 剖面图的概念

假想用一平面剖开形体，将处于观察者与剖切平面之间的部分形体移走，将剩余部分形体向与剖切平面平行的投影面进行投射，所得到的投影图称为剖面图，这一假想平面称为剖切平面。图 9-2 所示为图 9-1 中房屋被一竖直剖切平面从中间剖开后得到的剖面图。

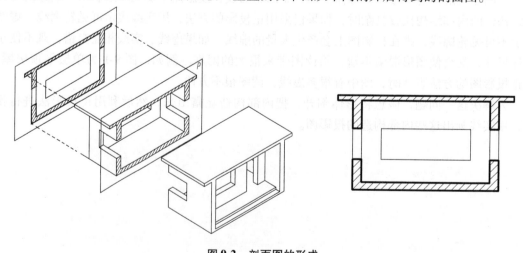

图 9-2 剖面图的形成

值得注意的是，只在画剖面图时，才假想将形体切去一部分，在画另一个投影时，则应按完整的形体画出。画剖面图时，假想剖切后剩余部分形体上的可见轮廓线都应画出，不能漏线，也不可多线。

2. 剖面图的画法

（1）剖切平面的位置。作剖面图时，一般使剖切平面平行于基本投影面，从而使断面的投影反映实形，并使剖切平面尽量通过形体上的孔、洞、槽等隐蔽形体的中心线，将形体内部表达清楚。

（2）形体剖开后，都有一个截口，即截交线围成的平面图形，称为断面。断面轮廓线应用粗实线绘制，并在断面上画出材料图例。材料未知时，可用等间距、同方向的45°细实线来表示断面。

（3）非断面部分的轮廓线，用中实线画出。

（4）一般情况下，为了使视图清晰，剖面图中可省略不必要的虚线，但如果省略掉虚线后，不能清楚地表达形体时，仍应画出虚线。

3. 剖面图的标注

为了表示剖切平面的位置、投影方向及其与相应的剖面图的对应关系，在剖面图及相应的投影图上需作一些标注。国家标准中对剖面图的标注方法作了一些规定：

（1）剖切位置线。剖切位置线实质上就是剖切平面的积聚投影，不过规定只取积聚投影上两小段线作为代表，长度为 6～10 mm，用粗实线绘制，且剖切位置线不能与其他图线相接触，如图 9-3 所示。

（2）投射方向线。为了表明剖切后的投影方向，规定用垂直于剖切位置线的短粗实线来表示。投射方向线长度为 4～6 mm，绘制在剖切位置线的外端，投射方向线画在剖切位置线的哪一侧，表示向哪一侧投影。如图 9-3 中的"1－1"，表示剖切后向左侧投影。

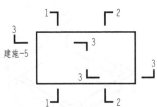

图 9-3 剖面图的标注

（3）剖切符号的编号。为了表示剖切位置与相应的剖面图的对应关系，需要给剖切符号编号，编号宜采用阿拉伯数字，按顺序由左至右，由下至上连续编排，并注写在投射方向线的端部，剖切位置线需转折时，应在转角外侧加注与该符号相同的编号，如图 9-3 中的"3－3"。

（4）剖面图所在图纸号。剖面图与被剖切图样不在同一张图纸内时，可在剖切位置线的另一侧注明剖面图所在的图纸号，如图 9-3 中的"3－3"剖切位置线下侧注写"建施－5"，表示 3－3 剖面图画在"建施"第 5 号图纸上。

（5）剖面图的图名。用与该图相对应的剖切符号的编号来表示剖面图的图名，如"1－1""2－2"…，注写在剖面图的下方或一侧，并在图名的下方画一等长的粗实线，称为图名线，如图 9-4 所示。

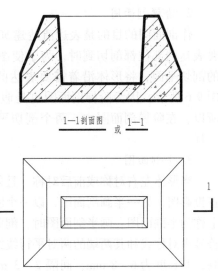

图 9-4 剖面图的图名

9.1.2 常用剖面图的种类

根据建筑形体的不同特点和要求，剖面图有以下几种处理方式。

1. 全剖面图

不对称的建筑形体，或虽对称但外形比较简单时，可假想用一个剖切平面将建筑形体全部剖开，画出形体的剖面图，称为全剖面图。这种形式的剖面图在建筑工程图中应用较多，如建筑平面图一般都是全剖面图。如图 9-5 所示，为了表示房屋的内部布置，假想用一水平面通过门窗洞口将整幢房屋剖开，画出其全剖面图。

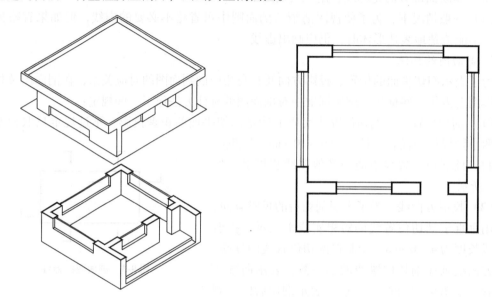

图 9-5　房屋的全剖面图

2. 阶梯剖面图

作剖面图的目的是表达清楚建筑形体的内部结构，但当用一个剖切平面不能将所有需要表达的部位都剖切到时，为了使图形数量最少，可以用两个（或两个以上）相互平行的剖切平面，将形体沿着需要表达的部位剖开，然后画出剖面图，称为阶梯剖面图，如图 9-6 所示。因为阶梯剖面图也是假想将建筑形体用剖切平面剖开，而并非真正地剖开，所以，在阶梯剖面图中，两个剖切平面之间不画分界线，就好像用一个剖切平面剖开的一样。

3. 半剖面图

当形体左右对称或前后对称，且外形又比较复杂时，以对称面作分界线，一半画外形的正投影图，另一半画剖面图，以一个图形同时表达形体的外形和内部构造，这样的图形习惯上称为半剖面图。画半剖面图时，剖面图和投影图之间，规定用对称符号作为分界线。对称符号由对称线和其两端的两对平行线组成；对称线用细单点长画线绘制；平行线用细实线绘制，其长度为 6~8 mm，间隔 2~3 mm；对称线垂直平分于两对平行线，两端超出平行线 2~3 mm。习惯上，将剖面图画在图形的右侧或下侧。如图 9-7 所示，带肋杯形基础可画成半剖面图。

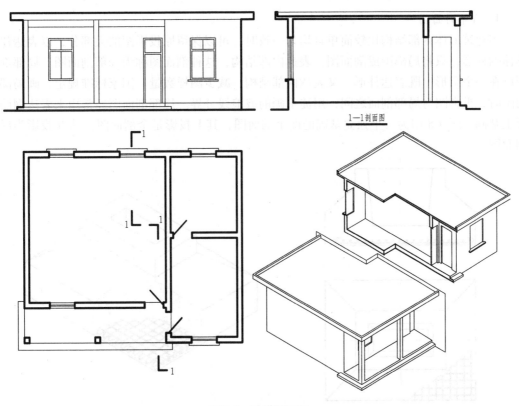

1—1剖面图

图9-6　阶梯剖面图

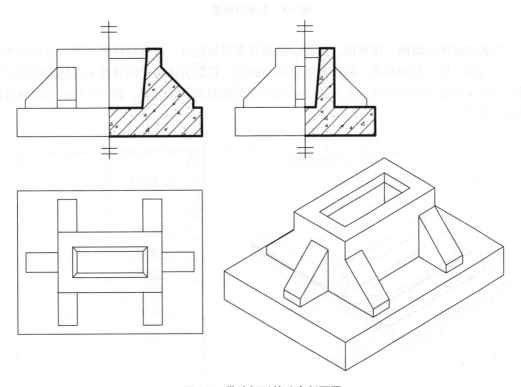

图9-7　带肋杯形基础半剖面图

4. 局部剖面图

当建筑形体内部结构比较简单且均匀一致时，可以保留原投影图的大部分，以表达建筑形体的外形，只将局部画成剖面图，表达内部结构，这种剖面图称为局部剖面图。局部剖面图可在一个图形上既表达外形，又表达内部结构，减少图样数量。国家标准规定，画局部剖面图时，投影图与局部剖面之间，用徒手画的波浪线分界。局部剖面图经常用来表达钢筋混凝土基础。图9-8 即为一个独立基础的两个剖面图，其 V 投影是全剖面图，其 H 投影为局部剖面图。

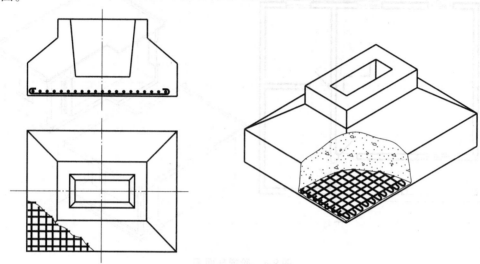

图 9-8 局部剖面图

当表达房屋的墙面、楼地面、屋面、路面等多层构造时，通常将材料不同的各层依次剖开一个局部，作出其剖面图，称为分层局部剖面图，它既表达构件的外形又表达构件各层所用的材料及各层之间的位置关系。各层之间以徒手绘的波浪线分界。图9-9 所示为屋面分层局部剖面图。

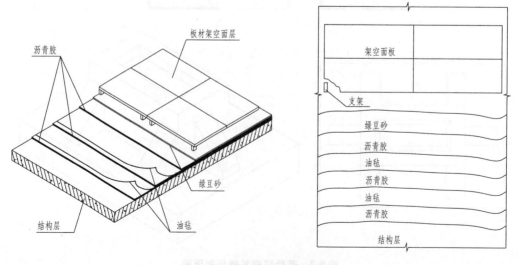

图 9-9 屋面分层局部剖面图

5. 旋转剖面图

用两个相交的剖切平面将形体剖开，然后使其中一个剖面图形绕两剖切平面的交线旋转到另一剖面图形所在的平面上，而后再一起向所平行的基本投影面投影，所得的投影称为旋转剖面图。国家标准规定，旋转剖面图图名后应加注"展开"两字。旋转剖面在建筑工程图中应用较少，经常用来表达一些回转型的构筑物。图9-10所示为污水检查井的旋转剖面图。

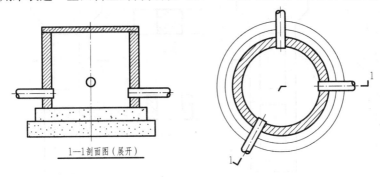

1—1剖面图（展开）

图9-10 污水检查井的旋转剖面图

9.2 断面图

9.2.1 断面图的基本概念及画法

1. 断面图的概念

用一个假想剖切平面将形体剖开，在形体上形成截口，由截交线所围成的平面图形，称为断面。把形体被剖开后所产生的断面投射到与它平行的投影面上所得的投影，表示出断面的实形，称为断面图。断面图用来表示形体某处断面的形状及材料。在建筑工程图中，断面图经常用来表达梁、板、柱等建筑构件的截面变化及采用的材料。

2. 断面图的画法

（1）断面轮廓线画粗实线。

（2）断面内画材料图例。

3. 断面图的标注

断面图需标注剖切位置线和剖切符号编号，其画法与剖面图一样，但断面图不标注投影方向线，投影方向由编号的注写位置表示。例如，编号写在剖切位置线左侧，表示向左投影，注写在下侧，表示向下投影。

4. 断面图与剖面图的区别

（1）表达范围不同。断面图是形体被剖开后断面的投影，是面的投影；剖面图是形体被剖开，移走遮挡视线的部分形体后，剩余部分形体的投影，是体的投影。应该说，同一剖切位置上同一投影方向的剖面图一定包含着其断面图。

（2）剖切符号的标注不同。这是根据剖切符号确定是画剖面图还是画断面图的关键，剖切符号中如果没有投射方向线，表示要画断面图，否则要画剖面图。

（3）一个剖面图可以用两个或多个剖切平面来剖切（如阶梯剖面、旋转剖面），而一个断面图只能用一个剖切平面来剖切。换句话说，即断面图中的剖切平面不可转折。

剖面图和断面图的区别如图 9-11 所示。

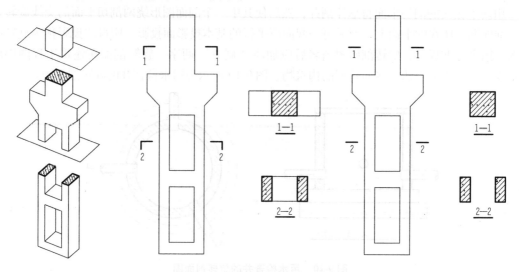

图 9-11　断面图与剖面图的区别

9.2.2　常用断面图的种类

1. 移出断面图

当一个形体构造比较复杂，需要多个断面图时，通常将断面图画在视图轮廓线之外，排列整齐，这样的断面图称为移出断面图。移出断面图是表达建筑构件（主要是钢筋混凝土构件）时经常采用的一种图样。如结构施工图中的基础详图、配筋图中的断面图等都属于移出断面图。图 9-12 所示为梁的移出断面图。

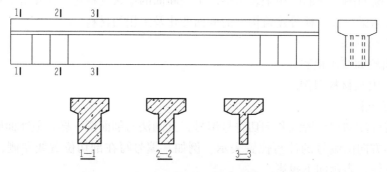

图 9-12　梁的移出断面图

2. 重合断面图

在表达一些比较简单的断面形状时，可以将断面图画在原视图之内，比例与原视图一致，这样的断面图称为重合断面图。重合断面图可以不加任何说明，只是将断面轮廓线画得比视图轮廓线粗些，并在断面轮廓线之内沿着轮廓线的边缘画 45°细斜线。

重合断面图经常用来表示墙壁立面的装饰，如图 9-13 所示，用重合断面图表示出了墙壁装饰板的凹凸变化。此断面图的形成是用一个水平剖切平面将装饰板剖开后，得到断面图，然后将断面图向下翻转 90°与立面图重合在一起。

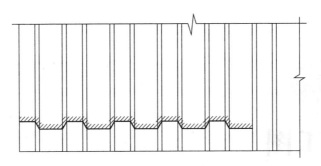

图 9-13　重合断面图

3. 中断断面图

在表达较长而只有单一断面的杆件时，可以将杆件的视图在某一处打断，而在断开处画出其断面图，这种断面图称为中断断面图。中断断面图不需标注剖切称号，也不需任何说明。中断断面图经常用在钢结构图中，表示型钢的断面形状，如图 9-14 所示。

图 9-14　中断断面图

习题

1. 剖面图的画法规定有哪些？
2. 断面图与剖面图的区别是什么？
3. 常见剖面图和断面图的种类有哪些？
4. 剖面图的标注方法有哪些规定？

第 10 章

建筑施工图

★学习目标

1. 了解房屋构造组成及建筑施工图的分类。
2. 掌握建筑施工图的图示方法、阅读方法。
3. 熟悉建筑施工图的图示内容及组成。

按照国家标准的规定，根据正投影原理和有关的专业知识，将一幢房屋的内外形状、大小，以及各部分的结构、构造、装修、设备等内容，详细准确地画出图样，称为房屋建筑图。它是用以指导施工的一套图纸，所以又称为房屋施工图。

房屋建造要经过设计与施工两个过程，其中，设计过程又可分为初步设计和施工图设计两个阶段。施工图设计是将初步设计所确定的内容进一步具体化，在满足施工要求及协调各专业之间关系的基础上最终完成设计，并绘制建筑、结构、水、暖、电施工图。

10.1 基本知识

10.1.1 房屋的组成及其作用

建筑按使用功能可分为工业建筑和民用建筑两大类，民用建筑又可分为公共建筑和居住建筑两类。建筑按结构通常分为框架结构和承重墙结构等。建筑按建筑材料又分为砖混结构、框架结构、钢结构等。一幢房屋一般都由基础、墙或柱、楼面及地面、屋顶、楼梯和门窗等六大部分组成。其中起承重作用的部分称为构件，如基础、墙、板、梁、柱等；起围护及装饰作用的部分称为配件，如门、窗和隔墙等。可见，房屋是由许多构件、配件及装修构造组成的。

图 10-1 是一幢假想局部被剖切的房屋，图中比较清楚地表明了房屋各部分的名称及所在位置。楼房第一层为首层（或一层、底层），往上数为二层、三层……顶层。起承重作用的有屋面、楼板、梁、墙、基础；起防风、沙、雨、雪和阳光的侵蚀干扰作用的有屋面、雨篷和外

墙；起沟通房屋内外和上下交通作用的有门、走廊、楼梯、台阶等；起通风、采光作用的有窗；起排水作用的有天沟、落水管、散水、明沟；起保护墙身作用有勒脚、防潮层。

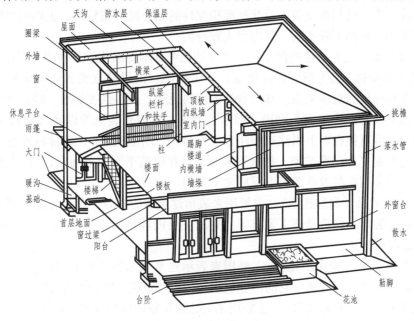

图 10-1　房屋的组成

10. 1. 2　房屋施工图的分类

在工程建设中，首先要规划、设计，然后绘制成图纸，最后按照图纸进行施工。设计工作一般又分为两个阶段：初步设计和施工图设计。一些技术上比较复杂的工程，还应增加技术设计（或扩大设计）阶段，作为协调各工种和绘制施工图的准备。初步设计的目的是提出方案，详细说明该建筑的平面布置、立面处理、结构选型等内容；施工图设计是为了修改和完善初步设计，以符合施工的需要。

1　初步设计阶段

初步设计阶段包括以下几个步骤：

（1）设计前准备。接受任务后，明确要求，收集资料并进行调查研究。

（2）方案设计。主要通过平面、剖面和立面等图样，把设计意图表达出来。

（3）绘制初步设计图。方案设计确定后，需进一步解决构件的选型、布置和各专业之间的配合等技术问题，从而对方案做进一步的修改。图样用绘图仪器按一定比例绘制好后，送交有关部门审批。

①初步设计图的内容。初步设计图包括总平面图，建筑平面图、立面图和剖面图。

②初步设计图的表现方法。绘图原理及方法与施工图一样，只是图样的数量和深度（包括表达的内容及尺寸）有较大的区别。同时，初步设计图图面布置可以更加灵活，图样的表现方法可以更加多样。例如，可画上阴影、透视、配景，或用色彩绘画等，以加强图面效果，表示建筑物竣工后的外貌，以便比较和审查；必要时还可以作出小比例的模型来表达。

2 施工图设计阶段

施工图设计主要是将已经批准的初步设计图，按照施工的要求来具体化，为施工安装、编制施工预算、安排材料和设备以及非标准构配件的制作提供完整的、正确的图纸依据。一套完整的施工图，根据工程不同，其内容大致分为：

（1）图纸目录。先列新绘的图纸，后列所选用的标准图纸或重复利用的图纸。

（2）设计总说明。施工图的设计依据；本工程项目的设计规模和建筑面积；本项目的相对标高与绝对标高的对应关系；室内室外的用料说明，如砖强度等级、砂浆强度等级、墙身防潮层、地下室防水、屋面、勒脚、散水、台阶、室内外装修等做法（可用文字说明或用表格说明，也可直接在图上引注或加注索引符号）；采用新技术、新材料或有特殊要求的做法说明；门窗表（如门窗类型、数量不多时，可在建筑平面图上列出）。以上各项内容对于简单的工程可分别在各专业图纸上写成文字说明。

（3）建筑施工图（简称建施）。主要用来表示建筑物的规划位置、外部造型、内部各房间的布置、内外装修、构造及施工要求等。它的主要内容包括总平面图、平面图、立面图、剖面图及构造详图。

（4）结构施工图（简称结施）。主要用来表示建筑物承重结构的结构类型，结构布置，构件种类、数量、大小及做法。它的内容包括结构设计说明、结构平面布置图及构件详图。

（5）设备施工图（简称设施）。主要用来表达建筑物的给水排水、暖气通风、供电照明、燃气等设备、管线的布置和施工要求等。它的内容包括各种设备的布置图、系统图和详图。

10.1.3 绘制房屋施工图的有关规定

为了使房屋施工图做到基本统一，清晰简明，满足设计、施工、存档的要求，以适应工程建筑的需要，我国制定了《房屋建筑制图统一标准》（GB/T 50001—2017）、《建筑制图标准》（GB/T 50104—2010）、《总图制图标准》（GB/T 50103—2010）等国家标准。在绘制建筑施工图时，必须严格遵守国家标准中的有关规定。

10.1.3.1 图线

在建筑施工图中，为了反映不同的内容，使层次分明，图线采用不同的线型和线宽，具体规定见表10-1。

表10-1 建筑施工图中图线的选用

名称	线宽	用途
粗实线	b	1. 平面图、剖面图中被剖切的主要建筑构造（包括构配件）的轮廓线 2. 建筑立面图或室内立面图的外轮廓线 3. 建筑构造详图中被剖切的主要部分的轮廓线 4. 建筑构配件详图中构配件的外轮廓线 5. 平面图、立面图、剖面图的剖切符号
中实线	$0.5b$	1. 平面图、剖面图中被剖到的次要建筑构造（包括构配件）的轮廓线 2. 建筑平面图、立面图、剖面图中建筑构配件的轮廓线 3. 建筑构造详图中被剖切的主要部分的轮廓线 4. 建筑构造详图及建筑构配件详图中的一般轮廓线

续表

名称	线宽	用　途
细实线	0.25b	小于0.5b的图形线、尺寸线、尺寸界线、图例线、索引符号、标高符号、详图材料做法引出线等
中虚线	0.5b	1. 建筑构造详图及建筑构配件不可见的轮廓线 2. 平面图中的起重机（吊车）轮廓线 3. 拟扩建的建筑物的轮廓线
细虚线	0.25b	图例线、小于0.5b的不可见的轮廓线
粗单点长画线	b	起重机（吊车）轨道线
细单点长画线	0.25b	中心线、对称线、定位轴线
折断线	0.25b	不需画全的断界线
波浪线	0.25b	不需画全的断界线、构造层次的断开界线

注：地坪线的线宽可用 1.4b。

在同一张图纸中，一般采用三种线宽的组合，线宽比为 $b:0.5b:0.25b$。如果图样简单，可采用两种线宽组合，线宽比为 $b:0.25b$。

10.1.3.2　比例

房屋建筑体形庞大，通常需要缩小后画在图纸上。建筑施工图中，各种图样常用比例见表 10-2。

表 10-2　建筑施工图的比例

图　名	比　例
建筑物或构筑物的平面图、立面图、剖面图	1:50、1:100、1:150、1:200、1:300
建筑物或构筑物的局部放大图	1:10、1:20、1:25、1:30、1:50
配件及构造详图	1:1、1:2、1:5、1:10、1:15、1:20、1:25、1:30、1:50

10.1.3.3　定位轴线

在施工图中，通常将房屋的基础、墙、柱、墩和屋架等承重构件的轴线画出，并进行编号，以便于施工时定位放线和查阅图纸，这些轴线称为定位轴线。施工时以此作为定位的基准。定位轴线的距离一般应满足建筑模数尺寸。

根据国家标准规定，定位轴线用细点画线表示。轴线编号的圆圈用细实线，直径一般为 8 mm，详图上为 9 mm。在圆圈内注写编号。在建筑平面图中的轴线编号，宜标注在图样的下方及左侧。横向编号应用阿拉伯数字，从左至右顺序编写。竖向编号应用大写英文字母，自下而上顺序编写，如图 10-2 所示。英文字母 I、O、Z 不得用作轴线编号，以免与数字 1、0、2混淆。

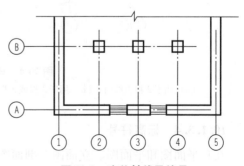

图 10-2　定位轴线及编号

组合复杂的平面图中，定位轴线也可采用分区编号，如图 10-3 所示，编号的注写形式应为"分区号 – 该分区定位轴线编号"。分区编号采用阿拉伯数字或大写英文字母表示。

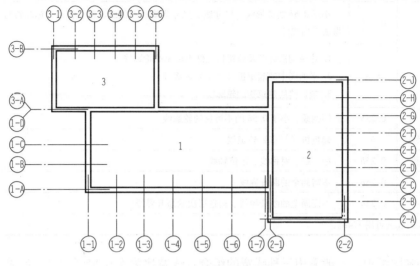

图 10-3　定位轴线的分区编号

对于一些与主要承重构件相联系的次要构件，它的定位轴线一般作为附加轴线。附加轴线的编号应以分数表示，并应按下列规定编写。

（1）两根轴线间的附加轴线，应以分母表示前一轴线的编号，分子表示附加轴线的编号，编号宜用阿拉伯数字顺序编写，如：

②表示②号轴线之后附加的第一根轴线；

③表示Ⓐ号轴线之后附加的第三根轴线。

（2）①号轴线或Ⓐ号轴线之前附加轴线的分母应以 01 或 0A 表示，如：

①表示①号轴线之前附加的第一根轴线；

Ⓐ表示Ⓐ号轴线之前附加的第一根轴线。

通用详图的轴线号，只用圆圈，不注写编号。如一个详图适用于几个轴线时，应同时注明各有关轴线的编号，如图 10-4 所示。

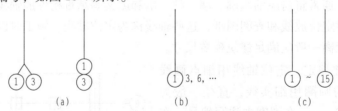

（a）　　　　　　　（b）　　　　　　　（c）

图 10-4　详图中轴线的编号

（a）用于 2 根轴线时；（b）用于 3 根或 3 根以上轴线时；（c）用于 3 根以上连续编号的轴线时

10. 1. 3. 4　标高符号

在总平面图和平面图、立面图、剖面图上，经常用标高符号表示某一部位的高度。各图上所用标高符号以细实线绘制（图 10-5）。标高数值以 m 为单位，一般注至小数点后三位

（总平面图中为小数点后二位）。在建筑施工图中的标高数字表示其完成面的数值。如标高数字前有"－"号，表示该处完成面低于零点标高；如数字前没有"－"号，表示高于零点标高。如果同一位置表示几个不同标高时，数字可按图 10-5（e）的形式注写。

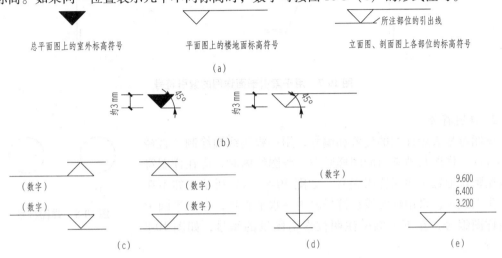

图 10-5　标高符号注法

（a）标高形式；（b）标高符号画法；（c）（d）（e）立面图与剖面图上标高符号注法

10.1.3.5　索引符号与详图符号

为方便施工时查阅图样，在图样中的某一局部或构件，如需另见详图时，常用索引符号注明画出详图的位置、详图的编号及详图所在的图纸编号，如图 10-6 所示。

1. 索引符号

索引符号用一引出线指出要画详图的地方，在线的另一端画一细实线圆，其直径为 8 ~ 10 mm。引出线应对准圆心，圆内过圆心画一水平线，如图 10-6（a）所示。索引符号的编号分为以下几种情况：

（1）当索引出的详图与被索引的详图在同一张图纸内时，应在索引符号的上半圆中用阿拉伯数字注写该详图的编号，并在下半圆中间画一段水平细实线，如图 10-6（b）所示。

（2）当索引出的详图与被索引的详图不在同一张图纸内时，应在索引符号的上半圆中用阿拉伯数字注明该详图的编号，在索引符号的下半圆中用阿拉伯数字注明该详图所在图纸的编号，如图 10-6（c）所示。

（3）当索引出的详图采用标准图时，应在索引符号水平直径的延长线上加注该标准图集的编号，如图 10-6（d）所示。

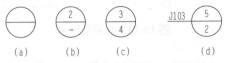

图 10-6　索引符号

（4）当索引出的详图是局部剖面详图时，应在被剖切的部位绘制剖切位置线（粗实线），并以引出线引出索引符号，引出线所在的一侧应为剖视方向，如图 10-7 所示。

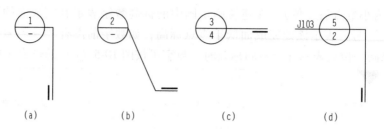

图10-7　用于索引剖面详图的索引符号

2. 详图符号

详图符号表示详图的位置和编号，用一粗实线圆绘制，直径为14 mm。详图与被索引的图样同在一张图纸内时，应在详图符号内用阿拉伯数字注明详图编号，如图10-8（a）所示。如不在同一张图纸内，可用细实线在符号内画一水平直径，在上半圆中注明详图编号，在下半圆中注明被索引图纸的编号，如图10-8（b）所示。

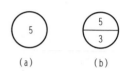

图10-8　详图符号

10.1.3.6　引出线

图样中某些部位的具体内容或要求无法标注时，常采用引出线注出文字说明或详图索引符号。引出线应以细实线绘制，宜采用水平方向的直线，或与水平方向成30°、45°、60°、90°的直线，并经过上述角度再折为水平线。文字说明宜注写在水平线的上方，如图10-9（a）所示；也可注写在水平线的端部，如图10-9（b）所示。索引符号的引出线，应与水平直径线相连接，如图10-9（c）所示。

图10-9　引出线

同时引出几个相同部分的引出线，宜互相平行，如图10-10（a）所示；也可画成集中于一点的放射线，如图10-9（b）所示。

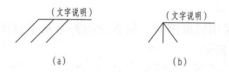

图10-10　共用引出线

多层构造或多层管道共用引出线，应通过被引出的各层，并用圆点示意对应各层次。文字说明宜注写在水平线的上方，或注写在水平线的端部，说明的顺序应由上至下，并应与被说明的层次对应一致；如层次为横向排序，则由上至下的说明顺序应与由左至右的层次对应一致。

10.1.3.7　折断符号和连接符号

在工程图中，为了省略不需要表明的部分，需用折断符号将图形断开，如图 10-11（a）所示。对于较长的构件，可以断开绘制，并在断开处绘折断线，并注写大写英文字母表示连接编号。两个被连接的图样，必须用相同的字母编号，如图 10-11（b）所示。

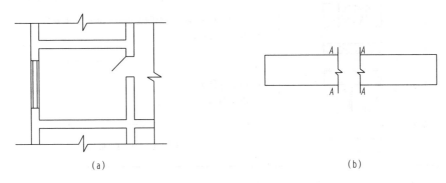

（a）　　　　　　　　　　　　　　　　　　　　（b）

图 10-11　折断符号和连接符号

10.1.3.8　常用建筑材料图例

为了简化作图，建筑施工图中建筑材料常用图例表示（表 10-3）。在房屋施工图中，对比例小于或等于 1:50 的平面图和剖面图，砖墙断面中的图例不画斜线；对比例小于或等于 1:100 的平面图和剖面图，钢筋混凝土构件（如柱、梁、板等）断面的建筑材料图例可以简化为涂黑。

表 10-3　建筑施工图中常用的建筑材料图例

名称	图例	说明
自然土壤		包括各种自然土壤
夯实土壤		
砂、灰土		靠近轮廓线绘较密的点
实心砖、多孔砖		1. 包括普通砖、多孔砖、混凝土砖等砌体 2. 断面较窄、不宜画出图例线时，可涂红
饰面砖		包括铺地砖、马赛克、陶瓷马赛克、人造大理石等
混凝土		1. 本图例仅适用能承重的混凝土、钢筋混凝土 2. 包括各种强度等级、集料、添加剂的混凝土 3. 在剖面图上画出钢筋时，不画图例线
钢筋混凝土		4. 断面图形较小、不易画出图例线时，可涂黑或深灰

名称	图例	说明
毛石		
木材		1. 上图为横断面，左上图为垫木、木砖、木龙骨 2. 下图为纵断面
金属		1. 包括各种金属 2. 应注明具体材料名称
防水材料		构造层次多或比例较大时，采用上面图例

10.1.4　施工图的阅读步骤

一套完整的房屋施工图，阅读时应先看图纸目录，检查和了解这套图纸有多少类别，每类有几张。按目录顺序通读一遍，对工程对象的建设地点、周围环境、建筑物的大小及形状、结构形式和建筑关键部位等情况有一个概括的了解。按建筑施工图、结构施工图和设备施工图的顺序阅读。阅读建筑施工图，先看平面图、立面图、剖面图，后看详图。阅读结构施工图，先看基础图、结构平面图，后看构件详图。当然，这些步骤不是孤立的，要经常互相联系并反复进行。

阅读图纸时，还应注意按先整体后局部、先文字说明后图样、先图形后尺寸的原则依次进行。同时，还应注意各类图纸之间的联系，弄清各专业之间的关系等。

10.2　建筑总平面图

将拟建工程四周一定范围内的新建、拟建、原有和拆除的建筑物、构筑物连同其周围的地形地物状况，用水平投影方法和相应的图例所画出的图样，即为建筑总平面图（或称建筑总平面布置图）。它能反映出上述建筑的平面形状、位置、朝向和与周围环境的关系，因此成为新建筑施工定位、土方施工及做施工总平面设计的重要依据。

10.2.1　建筑总平面图的内容

1. 比例

建筑总平面图所表示的范围比较大，一般都采用较小的比例，《总图制图标准》（GB/T 50103—2010）规定：总平面图常用的比例有 1∶300、1∶500、1∶1000、1∶2000 等。

2. 图例与线型

总平面图的比例较小，故总平面图上的房屋、道路、桥梁、绿化等都用图例表示。表 10-4 列出了国家标准规定的总平面图例（部分）。在较复杂的总平面图中，当标准所列图例不够用时，亦可自编图例，但应加以说明。

表 10-4　总平面图例

名称	图例	说明
新建 建筑物	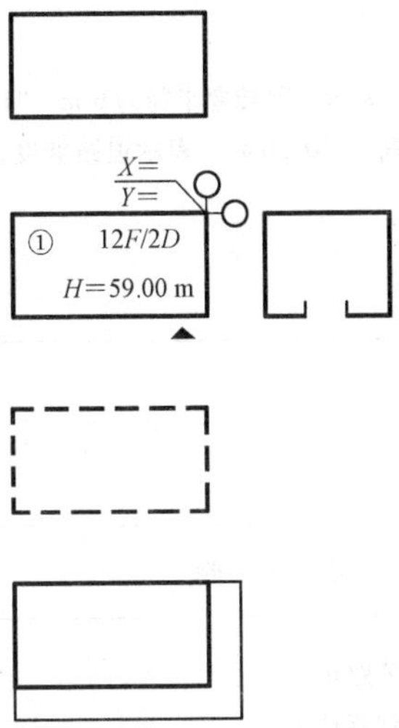 X= Y= ① 12F/2D H=59.00 m	新建建筑物以粗实线表示与室外地坪相接处 ±0.00 外墙定位轮廓线 建筑物一般以 ±0.00 高度处的外墙定位轴线交叉点坐标定位。轴线用细实线表示，并标明轴线号 根据不同设计阶段标注建筑编号，地上、地下层数，建筑高度，建筑出入口位置（两种表示方法均可，但同一张图纸采用一种表示方法） 地下建筑物以粗虚线表示其轮廓 建筑上部（±0.00 以上）外挑建筑用细实线表示 建筑物上部连廊用细虚线表示并标注位置
原有建筑物	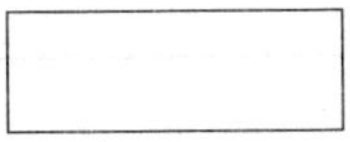	用细实线表示
计划扩建的预留地或建筑物		用中粗虚线表示
拆除的建筑物	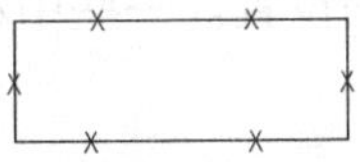	用细实线表示
围墙及大门	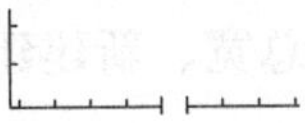	
坐标	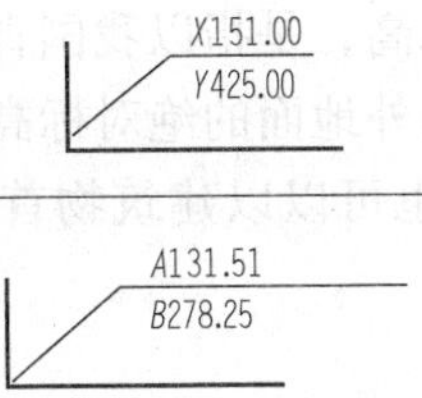 X151.00 Y425.00 A131.51 B278.25	上图表示地形测量坐标系 下图表示自设坐标系
护坡	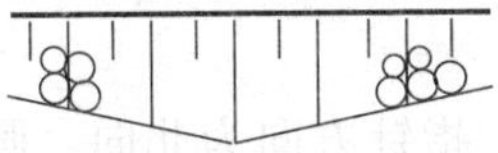	1. 边坡较长时，可在一端或两端局部表示 2. 下边线为虚线时表示填方
原有的道路	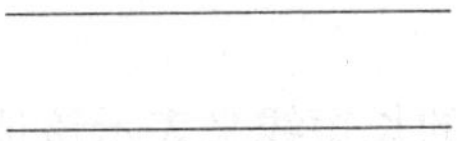	
计划扩建的道路		

续表

名称	图例	说明
新建的道路	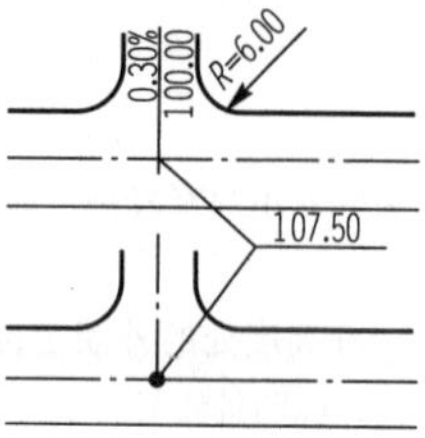	"$R=6.00$"表示道路转弯半径为 6 m,"107.50"为路面中心交叉点设计标高,"0.30%"表示道路坡度,"100.00"表示变坡点间的距离
拆除的道路	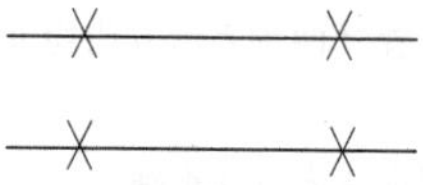	
挡土墙		被挡的土在"突出"的一侧
桥梁	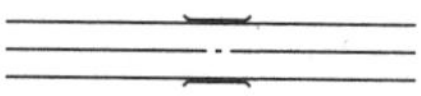	1. 上图表示公路桥 下图表示铁路桥 2. 用于旱桥时,应注明

3. 新建工程的具体定位

对于小型工程或在已有建筑群中的新建工程,一般根据地域内或邻近的永久性固定设施(建筑物、道路等)定位。对于包括工程项目较多的大型工程,往往占地广阔,地形复杂,为保证定位放线的准确性,常采用坐标网格来确定它们的位置。一些中小型工程,不能用永久性固定设施定位时,也采用坐标网格定位。

4. 尺寸标注与标高注法

总平面图中尺寸标注的内容包括新建建筑物的总长和总宽、新建建筑物与原有建筑物或道路的间距、新增道路的宽度等。

总平面图中标注的标高应为绝对标高。所谓绝对标高,是指以我国青岛市外的黄海海平面作为零点而测定的高度尺寸。新建建筑物应标注室内外地面的绝对标高。标高及坐标尺寸宜以 m 为单位,并保留至小数点后两位。总平面图中也可以以建筑物首层主要地坪为标高零点标注相对标高,但应注明与绝对标高的换算关系。

5. 指北针和风玫瑰图

总平面图应按上北下南方向绘制。根据场地形状或布局,可向左或右偏转,但不宜超过45°。总平面图上应画出指北针或风玫瑰图。

指北针应按国家标准规定绘制,如图 10-12 所示,指针方向为北向,圆用细实线,直径为 24 mm,指针尾部宽度为 3 mm,指针针尖处应注写"北"或"N"字。如需用较大直径绘制指北针时,指针尾部宽度宜为直径的 1/8。

风玫瑰图也称风向频率玫瑰图,一般画 16 个方向的长短线来表示该地区常年风向频率。其中,粗实线表示全年风向频率,细实线表示冬季风向频率,虚线表示夏季风向频率。风向由各方位吹向中心,风向线最长者为主导风向。如图 10-13 所示。

图 10-12　指北针

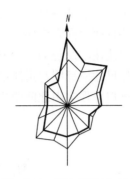

图 10-13　风向频率玫瑰图

6. 绿化规划、管道布置、补充图例

绿化规划、管道布置、补充图例，应根据工程的特点和实际情况而定。对一些简单的工程，可不画出等高线、坐标网、绿化规划和管道的布置。

10.2.2　图示实例

图 10-14 是某住宅小区总平面图的局部。图中用粗实线画出的图形为拟建住宅 B 的外形轮廓，细实线画出的是原有住宅 A 的外形轮廓以及道路、围墙和绿化等。

图 10-14　总平面图

从图纸右上角的风玫瑰图可知，本图按上北下南方向绘制，常年主导风向为北风。由等高线可知，该地势自西北向东南倾斜。新建住宅室内 ±0.00 相当于绝对标高 45.50 m。从图中标注尺寸可知拟建住宅总长为 35.880 m，总宽为 13.00 m，新建住宅的位置可用定位尺寸或坐标确定。定位尺寸应标明与道路中心线及其他建筑之间的关系。本例北端与相邻原有建筑北端平齐，两栋拟建住宅南北间距 22.40 m。从建筑轮廓左上角标注数字可知，住宅均为 6 层。

10.3　建筑平面图

10.3.1　建筑平面图的形成、表达内容与用途

假想用一水平的剖切平面沿门窗洞口位置将房屋整个切开，对剖切面以下部分所作出的水平剖面图，称为建筑平面图，简称平面图。它反映出房屋的平面形状、大小和房间的布置，墙（或柱）的位置、厚度和材料，门窗的类型和位置等情况。建筑平面图是建筑施工图的主要图样之一，它是施工放线、砌筑墙体、设备安装、装修及编制预算、备料等的重要依据。

一般来说，房屋有几层，就应画出几个平面图，并在图的下方注明相应的图名。沿房屋首层剖开所得到的全剖面图称为首层平面图，沿二层、三层……剖开所得到的全剖面图则相应称为二层平面图、三层平面图……。习惯上，如上下各层的房间数量、大小和布置都一样，则相同的楼层可用一个平面图表示，称为标准层平面图。如建筑平面图左右对称时，亦可将两层平面画在同一个图上，左边画出一层的一半，右边画出另一层的一半，中间用对称符号作分界线，并在图的下方分别注明图名。如建筑平面较长、较大时，可分段绘制，并在每个分段平面的右侧绘出整个建筑外轮廓的缩小平面，明显表示该段所在位置。此外还有屋顶平面图，它是房屋顶面的水平投影，对于较简单的房屋可不画出。

建筑平面图除了表示本层的内部情况外，还需表示下一层平面图中未反映的可见建筑构配件，如雨篷等。首层平面图也需表示室外的台阶、散水、明沟和花池等。房屋的建筑构造包括阳台、台阶、雨篷、踏步、斜坡、通气竖井、管线竖井、落水管、散水、排水沟、花池等。建筑配件包括卫生器具、水池、工作台、橱柜以及各种设备等。

10.3.2　建筑平面图的图示内容

10.3.2.1　图例

由于建筑平面图的绘制比例较小，所以在平面图中的某些建筑构造、配件和卫生器具等，都不能按照真实的投影画出，而是要根据国家标准规定的图例来绘制，而相应的具体构造在建筑详图中使用较大的比例来绘制。绘制房屋施工图常用的图例见表 10-5。其他构造及配件的图例可以查阅相关建筑规范。

表 10-5　绘制房屋施工图常用的图例

名　称	图　例	说　明
楼梯	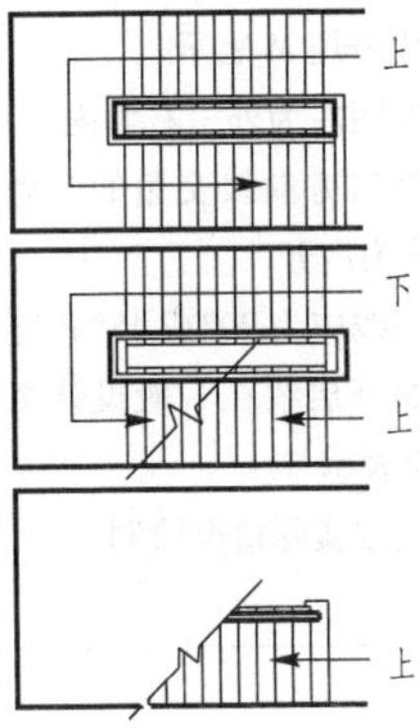	1. 上图为底层楼梯平面，中图为中间层楼梯平面，下图为顶层楼梯平面 2. 楼梯及栏杆扶手的形式和楼梯踏步数应按实际情况绘制
坡道	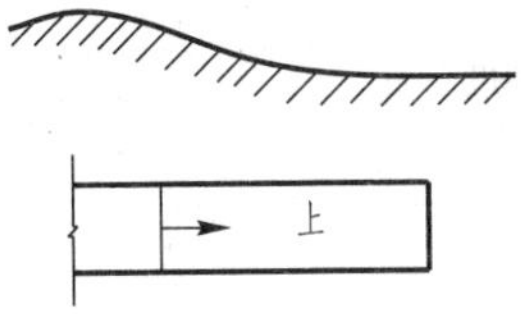	长坡道
	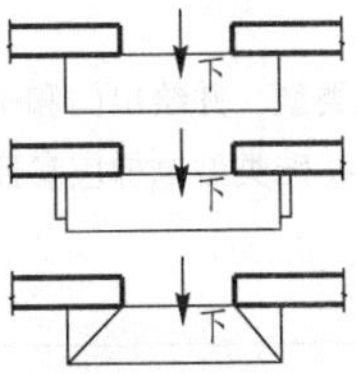	上图为两侧垂直的门口坡道，中图为有挡墙的门口坡道，下图为两侧找坡的门口坡道
检查口	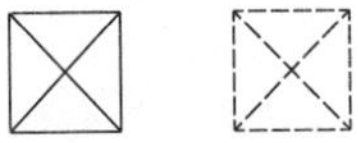	左图为可见检查孔 右图为不可见检查孔
孔洞		阴影部分可以涂色代替
坑槽	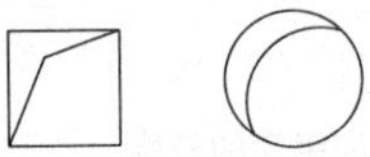	
单面开启双扇门 （包括平开或 单面弹簧门）	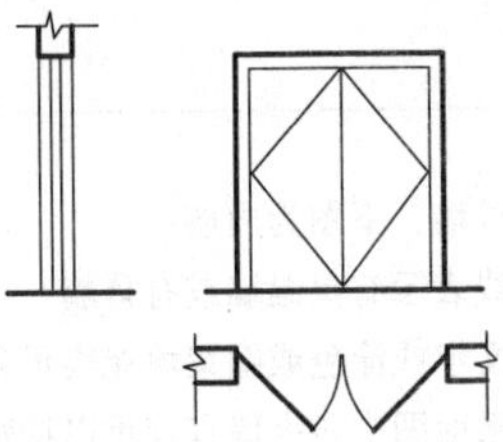	1. 门的名称代号用 M 表示 2. 图例中剖面图左为外、右为内，平面图下为外、上为内 3. 立面图上开启方向线交角的一侧为安装合页的一侧，实线为外开，虚线为内开 4. 平面图上门线应为 90° 或 45° 开启，开启弧线宜绘出 5. 立面图上的开启线在一般设计图中可不表示，在详图及室内设计图上应表示 6. 立面形式应按实际情况绘制

名　　称	图　　例	说　　明
双面开启双扇门（包括双面平开或双面弹簧）	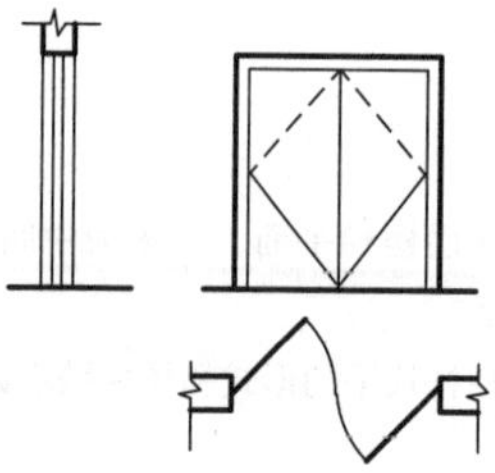	1. 门的名称代号用 M 表示 2. 图例中剖面图左为外、右为内，平面图下为外、上为内 3. 立面图上开启方向线交角的一侧为安装合页的一侧，实线为外开，虚线为内开 4. 平面图上门线应为90°或45°开启，开启弧线宜绘出 5. 立面图上的开启线在一般设计图中可不表示，在详图及室内设计图上应表示 6. 立面形式应按实际情况绘制
空门洞	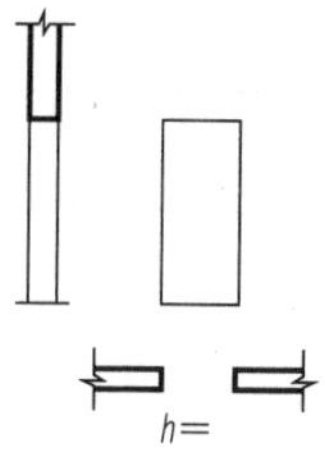 $h=$	h 为门洞高度
电梯	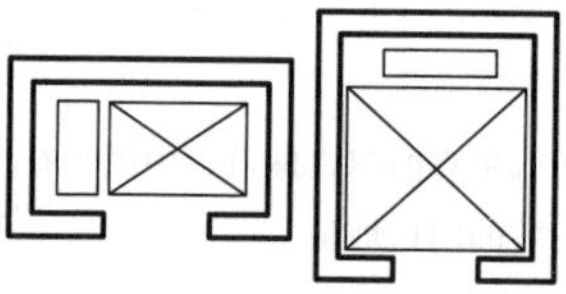	1. 电梯应注明类型，并绘出门和平衡锤的实际位置 2. 观景电梯等特殊类型电梯应参照本图例按实际情况绘制
新建的墙和窗	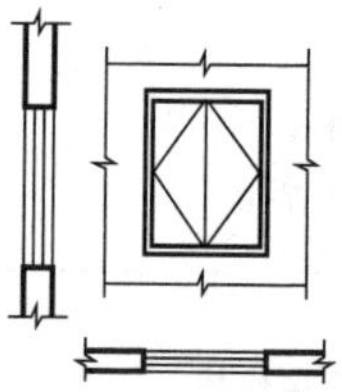	
改建时保留的墙和窗	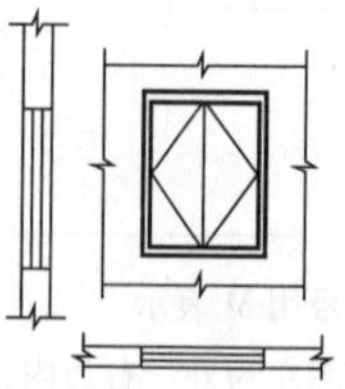	只要换窗，应加粗窗的轮廓
墙体	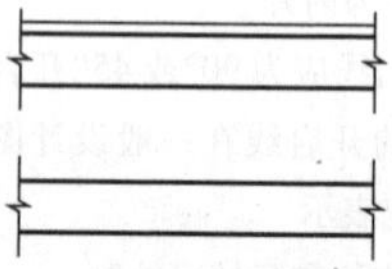	1. 上图为外墙，下图为内墙 2. 外墙细线表示有保温墙或有幕墙 3. 应加注文字或涂色或图案填充表示各种材料的墙体 4. 在各层平面图中防火墙宜着重以特殊图案填充表示

名　称	图　例	说　明
固定窗 高窗	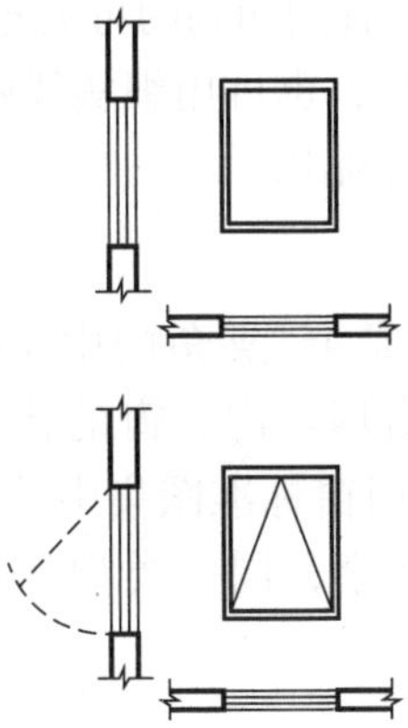	1. 窗的名称代号用 C 表示 2. 平面图下为外、上为内 3. 立面图中，开启线实线为外开，虚线为内开。开启线交角的一侧为安装合页一侧。开启线在建筑立面图中可不表示，在门窗立面大样图中需绘出 4. 剖面图中，左为外、右为内。虚线仅表示开启方向，项目设计不表示 5. 附加纱窗应以文字说明，在平面图、立面图、剖面图中均不表示 6. 立面形式应按实际情况绘制

10.3.2.2　定位轴线

定位轴线确定了房屋各承重构件的定位和布置，同时也是其他建筑构、配件的尺寸基准线。定位轴线的画法和编号已在 10.1 节中详细介绍。建筑平面图中定位轴线的编号确定后，其他各种图样中的轴线编号应与之相符。

10.3.2.3　尺寸与标高

平面图的尺寸包括外部尺寸和内部尺寸。

1. 外部尺寸

为了便于看图与施工，需要在外墙外侧标注三道尺寸，一般注写在图形下方和左方。

第一道尺寸为房屋外廓的总尺寸，即从一端的外墙边到另一端的外墙边的总长和总宽。

第二道尺寸为定位轴线间的尺寸，其中横墙轴线间的尺寸称为开间尺寸，纵墙轴线间的尺寸称为进深尺寸。

第三道尺寸为分段尺寸，表达门窗洞口宽度和位置，墙垛分段以及细部构造等。标注这道尺寸应以轴线为基准。

三道尺寸线之间距离一般为 7 ~ 10 mm，第三道尺寸线与平面图中最近的图形轮廓线之间距离不宜小于 10 mm。

当平面图的上下或左右的外部尺寸相同时，只需要标注左（右）侧尺寸与下（上）方尺寸即可，否则，平面图的上下与左右均应标注尺寸。

外墙以外的台阶、平台、散水等细部尺寸应另行标注。

2. 内部尺寸

内部尺寸是指外墙以内的全部尺寸，它主要用于注明内墙门窗洞的位置及其宽度，墙体厚度，房间大小，卫生器具、灶台和洗涤盆等固定设备的位置及其大小。

此外，还应标注房间的使用面积和楼面、地面的相对标高［规定一层地面标高为 ±0.000，其他各处标高以此为基准，相对标高以 m 为单位，注写到小数点后三位］，以及房间的名称。

10.3.2.4 图线

被剖切到的墙、柱的断面轮廓线用粗实线画出。没有剖切到的可见轮廓线，如窗台、台阶、楼梯和阳台等用中实线画出（绘制较简单的图样时，也可用细实线画出）。尺寸线与尺寸界线、标高符号、定位轴线等用细实线和细单点画线画出。

10.3.2.5 门窗布置及编号

门与窗均按图例画出，门线采用与墙轴线成90°或45°夹角的中实线表示；窗采用两条平行的细实线图例（高窗用细虚线）表示窗框与窗扇。门、窗的代号分别为"M"和"C"，当设计选用的门、窗是标准设计时，也可选用门窗标准图集中的门窗型号或代号来标注。门窗代号的后面都注有编号，编号为阿拉伯数字，同一类型和大小的门窗为同一代号与编号。

10.3.2.6 抹灰层和材料图例

平面图上的断面，当比例大于1:50时，应画出其材料图例和抹灰层的面层线。如比例为1:100~1:200时，抹灰层面层线可不画，而断面材料图例可用简化画法（如砖墙涂红色，钢筋混凝土涂黑色等）。

10.3.2.7 其他标注

在一层平面图附近画出指北针（一般取上北下南）；屋面平面图一般内容有女儿墙、檐沟、屋面坡度、分水线与落水口、变形缝、楼梯间、水箱间、天窗、上人孔、消防梯及其他构筑物、索引符号等。

10.3.3 识读建筑平面图示例

图10-15~图10-17为某小区住宅的建筑平面图，现以一层平面图、标准层平面图、屋顶平面图的顺序识读。

1. 一层平面图

一层平面图主要表示住宅的平面布置情况。在本层平面图上还表示出室外散水的大小与位置。在一层平面图中的适当位置标出建筑剖面图的剖切位置和编号，如图10-15中的⑤－⑥轴间1－1剖切符号，表示建筑物剖面图的剖切位置，剖面图类型为全剖面图，剖视方向向左。室外地坪标高为－0.900 m。

（1）从图名可了解该图属于哪一层的平面图，以及该图的比例是多少。图10-15是一层平面图，以1:100的比例绘制。

（2）由指北针可知该建筑的朝向。本例房屋坐北朝南。

（3）从平面图的形状与总长、总宽尺寸，可计算出房屋的用地面积。

（4）从图中墙的分隔情况和房间的名称，可了解房屋内部各房间的配置、用途、数量及其相互间的联系情况。该住宅楼共1个单元，每单元2户，每户住宅有南、北2间卧室，客厅、书房、厨房各1间，阳台1个。外墙下设散水。

（5）从图中定位轴线的编号及其间距，可了解各承重构件的位置及房间的大小。房屋横向轴线从①~⑩，纵向轴线从Ⓐ~Ⓕ。剖切到的墙体用粗实线绘制，外墙厚360 mm，内墙厚240 mm。

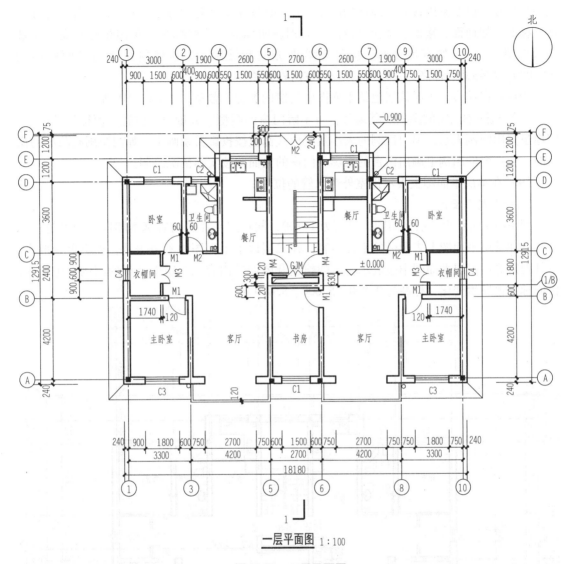

一层平面图 1:100

图 10-15　一层平面图

（6）图中注有外部和内部尺寸。从各道尺寸的标注，可了解各房间的开间、进深、外墙与门窗及室内设备的大小和位置。建筑平面图上标注的尺寸为未经装饰的结构表面尺寸。平面图外侧标注三道尺寸线，由外向内分别为建筑物外包总尺寸、轴线间尺寸（开间、进深）、门窗洞口尺寸。建筑物外包尺寸表示建筑物外墙轮廓的尺寸，即从一端外墙到另一端外墙边的总长和总宽，如图中建筑总长是 18180 mm，总宽是 12915 mm。轴线间尺寸表示主要承重墙体及柱的间距。相邻横向定位轴线之间的尺寸称为开间，相邻纵向定位轴线之间的尺寸称为进深。本图中南卧室开间为 3300 mm，进深为 4200 mm。门窗洞口尺寸应详细标注外墙门窗洞口等各细部位置的大小及定位尺寸。如 ① ～ ② 轴间北向窗洞宽为 1800 mm；① ～ ② 轴线间南向窗洞宽为 1500 mm。

（7）内部尺寸是为了说明房间的净空大小和室内的门窗洞、孔洞、墙厚和固定设备的大小与位置，以及室内楼面、地面的高度，在平面图上应清楚地注写出有关的内部尺寸和楼地面标高。如地面、楼面、楼梯平台面应分别注明标高，这些标高均采用相对标高（小数点后保留三位）。如有坡度时，应注明坡度方向和坡度值，该建筑物室内地面标高为±0.000，室外地面标高为－0.900。表明室内外高差为0.9 m。

识读门窗编号，了解该层建筑平面图中门窗的类型、数量，如C1、M1等。

（8）从图中门窗的图例及其编号，可了解门窗的类型、数量及其位置。值得注意的是，门窗虽然用图例表示，但门窗洞的大小及其形式都应按投影关系画出。如门窗洞有凸出的窗台时，应在窗的图例上画出窗台的投影。门窗的立面图按实际情况绘制。

（9）在本层平面图上表示出室外落水管的位置。

2. 标准层平面图

图10-16所示为二层平面图，比例为1∶100，同首层平面图内容基本相同。为了简化作图，已在首层平面图上表示过的室外内容，在二层以上平面图中不再表示，如不再画散水、室外台阶等。二层平面图中应表示一层的雨篷及屋面等内容。二层中楼梯的图例发生变化，楼面标高也发生变化，标高为2.800、5.600、8.400 m。

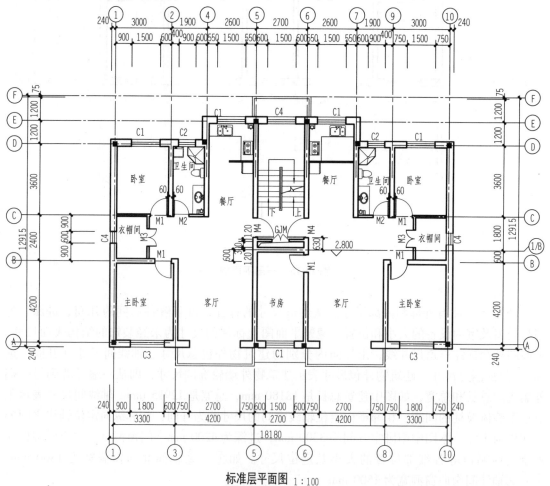

标准层平面图 1∶100

图10-16　标准层平面图

3. 屋顶平面图

图 10-17 所示为屋顶平面图，以 1:100 比例绘制，它主要反映屋面上人孔、排风道等的位置，屋面排水方向、坡度，雨水口位置、尺寸等内容。

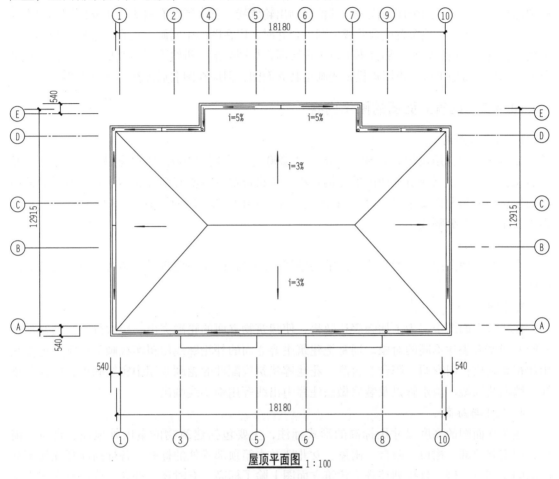

屋顶平面图 1:100

图 10-17 屋顶平面图

10.4 建筑立面图

10.4.1 建筑立面图的形成、命名与用途

一座建筑物是否美观，很大程度上取决于它在主要立面的艺术处理，包括造型与装修是否优美。在设计阶段，立面图主要用来研究建筑立面的艺术处理。在施工图中，它主要反映房屋的外貌、立面装修的做法。

在与房屋立面相平行的投影面上所作的正投影图，称为建筑立面图，简称立面图。可以根据立面图两端轴线的编号来为立面图命名，如①～⑩立面图等；也可以根据房屋的朝向来命名，如南立面图、北立面图、东立面图和西立面图；还可以将建筑物主要入口或比较显著地反映出建筑物外貌特征的那一面称为正立面图，其余的立面图相应地称为背立面图、侧立面图。

建筑立面图应画出可见的建筑物外轮廓线、建筑构造和构配件的投影，并注写墙面做法及必要的尺寸和标高，但由于立面图的比例较小，如门窗扇、檐口构造、阳台栏杆和墙面复杂的装修等细部，一般用图例表示。它们的构造和做法，另用详图或文字说明。因此，习惯上对这些细部只分别画出一两个作为代表，其他只画出轮廓线。若房屋左右对称，正立面图和背立面图也可各画一半，单独布置或合并成一图。合并时，应在图的中间画一垂直的对称符号作为分界线。建筑物立面如果有一部分不平行于投影面，如圆弧形、折线形、曲线形等，可以将该部分展开到与投影面平行，再用正投影法画出其立面图，但应在图名后加注"展开"两字。

10.4.2　建筑立面图的图示内容

1. 比例与图例

建筑立面图常用比例为1∶50、1∶100、1∶200等，多用1∶100，通常采用与建筑平面图相同的比例。由于绘制建筑立面图的比例较小，按投影很难将所有细部表达清楚，所以立面图内的建筑构造与配件要用表10-5中的图例表示。如门、窗等都是用图例来绘制的，且只画出主要轮廓线及分隔线。

2. 定位轴线

在建筑立面图中，一般只绘制两端的轴线及编号，以便与建筑平面图对照确定建筑立面图的观看方向。

3. 图线

在建筑立面图中，为了加强表达效果，使建筑物立面的轮廓突出、层次分明，通常使用不同的线型来表达不同的对象。通常把建筑主要立面的外轮廓线用粗实线画出；室外地坪线用加粗线画出；门窗洞、阳台、台阶、花池等建筑构配件的轮廓线用中实线画出；门窗分格线、墙面装饰线、雨水管以及装修做法注释引出线等用细实线画出。

4. 尺寸与标高

建筑立面图的高度尺寸用标高的形式标注，主要包括建筑物的室内外地面、台阶、窗台、门窗洞顶部、檐口、阳台、雨篷、女儿墙及水箱顶部等处的标高。各标高注写在建筑立面图的左侧或右侧，且排列整齐。建筑立面图上除了标高，有时还要补充一些没有详图表示的局部尺寸，如外墙留洞除注出标高外，还应注出其大小尺寸及定位尺寸。

5. 其他标注

凡是需要绘制详图的部位，都应画上索引符号。房屋外墙面的各部分装饰材料、做法、色彩等用文字或列表说明。

10.4.3　识读建筑立面图示例

图10-18是上述住宅楼的北立面图，采用1∶100的比例绘制。北立面图是建筑物的主要立面，它反映该建筑的外貌特征及装饰风格。对照建筑平面图，可以看出建筑为5层，左右立面对称，南面有1个单元门。顶层采用平屋面。

外墙装饰的主格调采用白色外墙涂料，竖贴灰色面砖。

在建筑立面图上图线采用的线型如下：用粗实线绘制的外轮廓线显示了南立面的总长和总高；用加粗线画出室外地坪线；用中实线画出窗洞的形状与分布、阳台和顶层阳台上的雨篷轮廓等；用细实线画出门窗分格线、阳台和屋顶装饰线、落水管，以及装修注释引出线等。

　　在建筑立面图分别注有室内外地坪、门窗洞顶、窗台等标高。从所标注的标高可知，此房屋室外地坪为 0.900 m，坡屋面最高处为 14.600 m。

　　图 10-19 为住宅楼的南立面图，图 10-20 为东立面图，表达了各向立面的体形和外貌、矩形窗的位置与形状、各细部构件的标高等。其读法与南立面图大致相同，这里不再赘述。

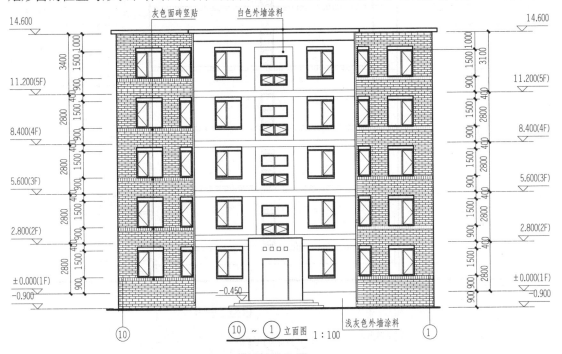

图 10-18　北立面图

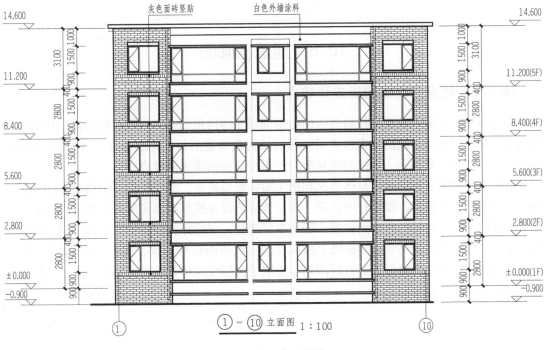

图 10-19　南立面图

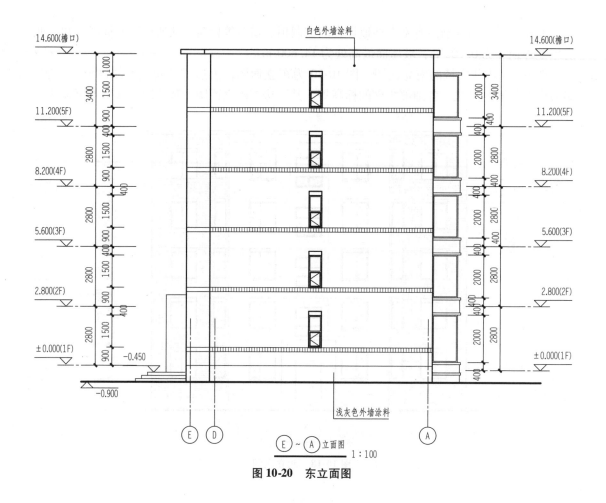

图 10-20 东立面图

10.5 建筑剖面图

10.5.1 建筑剖面图的形成和特点

假想用一个或多个垂直于外墙轴线的铅垂剖切面将房屋剖开,所得的投影图,称为建筑剖面图,简称剖面图。剖面图表示房屋内部的结构和构造形式、分层情况,各部位的联系、材料及其高度等,是与平、立面图相互配合的不可缺少的重要图样之一。

剖面图的数量根据房屋的具体情况和施工实际需要决定。剖切平面一般横向,即平行于侧面,必要时也可纵向,即平行于正面。其位置应选择在能反映出房屋内部构造比较复杂与典型的部位,并应通过门窗洞的位置。若为多层房屋,应选择在楼梯间或层高不同、层数不同的部位。剖面图的图名应与平面图上所标注剖切符号的编号一致,如 1 - 1 剖面图、2 - 2 剖面图等。剖面图中的断面,其材料图例与粉刷层面层线和楼、地面面层线的表示原则及方法,与平面图的处理相同。

10.5.2　建筑剖面图的图示内容

1. 比例与图例

建筑剖面图的比例应与建筑平面图、立面图一致，通常为 1:50、1:100、1:200 等，多用 1:100。由于绘制建筑剖面图的比例较小，按投影很难将所有细部表达清楚，所以剖面图内的建筑构造与配件也要用表 10-5 的图例表示。

2. 定位轴线

在建筑剖面图中，凡是被剖切到的承重墙、柱等要画出定位轴线，并注写上与平面图相同的编号。

3. 图线

在建筑剖面图中，被剖切到的墙、楼板层、屋面层、梁的断面轮廓线用粗实线画出。绘图比例小于 1:50 时，砖墙一般不画图例，钢筋混凝土的梁、楼面、屋面和柱的断面通常涂黑表示。粉刷层在 1:100 的平面图中不必画出，当比例为 1:50 或更大时，则要用细实线画出。室内外地坪线用加粗线表示。其他没剖到但可见的配件轮廓线，如门窗洞、踢脚线、楼梯栏杆、扶手等按投影关系用中实线画出。尺寸线与尺寸界线、图例线、引出线、标高符号、雨水管等用细实线画出。定位轴线用细单点长画线画出。地面以下的基础部分属于结构施工图的内容，因此，室内地面只画一条粗实线，抹灰层及材料图例的画法与平面图中的规定相同。

4. 尺寸与标高

尺寸标注与建筑平面图一样，包括外部尺寸和内部尺寸。外部尺寸通常为三道尺寸，最外面一道称为第一道尺寸，为总高尺寸，表示从室外地坪到女儿墙压顶面的高度；第二道为层高尺寸；第三道为细部尺寸，表示勒脚、门窗洞、洞间墙、檐口等高度方向尺寸。内部尺寸用于表示室内门、窗、隔断、搁板、平台和墙裙等的高度。

另外，还需要用标高符号标出室内外地坪、各层楼面、楼梯休息平台、屋面和女儿墙压顶面等处的标高。注写尺寸与标高时，注意与建筑平面图和建筑剖面图相一致。

5. 其他标注

对于局部构造表达不清楚时，可用索引符号引出，另绘详图。某些细部的做法，如地面、楼面的做法，可用多层构造引出标注。

10.5.3　识读建筑剖面图示例

图 10-21 所示为本例住宅楼的建筑剖面图，是按图 10-15 一层平面图中 1 – 1 剖切位置绘制的，为全剖面图，绘制比例为 1:100。其剖切位置通过单元门、楼梯间，剖切后向左进行投影，得到横向剖面图，基本能反映建筑物内部竖直方向的构造特征。

室内外地坪线画加粗线，地坪线以下的墙体用折断线断开。剖切到的墙体用两条粗实线表示，不画图例，表示用砖砌成。剖切到的楼面、屋面、梁、阳台和女儿墙压顶均涂黑，表示其材料为钢筋混凝土。

由图 10-21 可知该建筑共 5 层。本图明确表示出每层楼梯、台阶的踏步数及梯段高度，平台板标高。本图表示出门窗洞口的竖向定位及尺寸，以及洞口与墙体或其他构件的竖向关系。本图表示出地面、各层楼面、屋面的标高及它们之间的关系。剖面图尺寸也有三道，最外侧一道标明建筑物主体建筑的总高度，中间一道标明各楼层高度，最内侧一道标明剖切位置的门窗洞口、墙体的竖向尺寸。如该建筑总高度为 14600 mm，1～4 层的层高均为 2800 mm，顶层高为 2900 mm。剖面图中所标轴线间尺寸与建筑平面图中被剖切位置的相应轴线间尺寸对应。

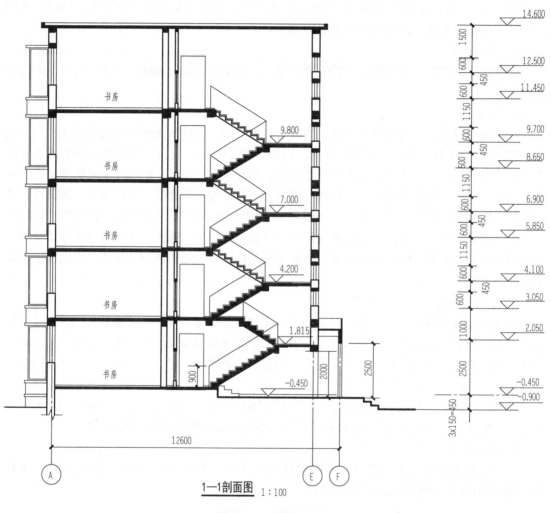

1—1剖面图 1:100

图 10-21　建筑剖面图

10.6　建筑详图

　　建筑平面图、立面图和剖面图是房屋建筑施工的主要图样，虽然能够表达房屋的平面布置、外部形状、内部构造和主要尺寸，但是由于画图比例较小，许多局部的详细构造、尺寸、做法及施工要求都无法注写、画出。为了满足施工需要，房屋的某些部位必须绘制较大比例的图样才能清楚地表达。这种对建筑的细部或构配件，用较大的比例将其形状、大小、材料和做法，按正投影图的画法详细地表示出来的图样，称为建筑详图，简称详图。

　　建筑详图可以是平面图、立面图、剖面图中某一局部的放大图，或者是某一局部的放大剖面图，也可以是某一构造节点或某一构件的放大图。

10.6.1　有关规定与画法特点

1. 比例与图名

建筑详图最大的特点是比例大，常用1∶50、1∶20、1∶10、1∶5、1∶2等比例绘制。建筑详图的图名必须画出详图符号、编号和比例，与被索引的图样上的索引符号相对应，以便对照查阅。

2. 定位轴线

建筑详图中一般应画出定位轴线及其编号，以便与建筑平面图、立面图、剖面图对照。

3. 图线

建筑详图中，建筑构配件的断面轮廓线为粗实线，构配件的可见轮廓线为中实线或细实线，材料图例线为细实线。

4. 建筑标高与结构标高

建筑详图的尺寸标注必须完整齐全、准确无误。在详图中，同立面图、剖面图一样要注写楼面、地面、地下层地面、楼梯、阳台、户台、台阶、挑檐等处完成面的标高（建筑标高）及高度方向的尺寸；其余部位（如檐口、门窗洞口等）要注写毛面尺寸和标高（结构标高）。

5. 其他标注

对于套用标准图或通用图集的建筑构配件和建筑细部，只需注明所套用图集的名称、详图所在的页数和编号，不必再画详图。建筑详图中凡是需要再绘制详图的部位，同样要画上索引符号，另外，建筑详图还应把有关的用料、做法和技术要求等用文字加以说明。

10.6.2　墙身剖面详图

墙身剖面详图是假想用剖切平面在窗洞口处将墙身完全剖开，并用大比例画出的剖面图。下面说明墙身剖面详图的图示内容和规定画法。

1. 比例

墙身剖面详图常用比例见表10-2。

2. 图示内容

墙身剖面详图主要用以详细表达地面、楼面、屋面和檐口等处的构造，楼板与墙体的连接形式以及门窗洞口、窗台、勒脚、防潮层、散水和落水管等的细部做法。同时，在被剖切到的部分应根据所用材料画上相应的材料图例及注写多层构造说明。

3. 规定画法

由于墙身较高且绘图比例较大，画图时常在窗洞口处将其折断成几个节点。若多层房屋的各层构造相同，则可只画底层、顶层或加一个中间层的构造节点，但要在中间层楼面和墙洞上下皮等处用括号加注省略层的标高。

有时，房屋的檐口、屋面、楼面、窗台、散水等配件节点详图可直接在建筑标准图集中选用，但需在建筑平面图、立面图或剖面图中的相应部位标出索引符号，并注明标准图集的名称、编号和详图号。

4. 尺寸标注

在墙身剖面详图的外侧，应标注垂直分段尺寸和室外地面、窗口上下皮、外墙顶部等处的标高，窗的内侧应标注室内地面、楼面和顶棚的标高。这些高度尺寸和标高应与剖面图中所标尺寸一致。

墙身剖面详图中的门窗过梁、屋面板和楼板等构件，其详细尺寸均可省略不注，施工时，可在相应的结构施工图中查到。

10.6.3 看图示例

图 10-22 所示为本例的外墙墙身详图，是按照图 10-21 中 1 – 1 剖面中的轴线Ⓐ的有关部位局部放大绘制。该详图用 1：20 比例画出。

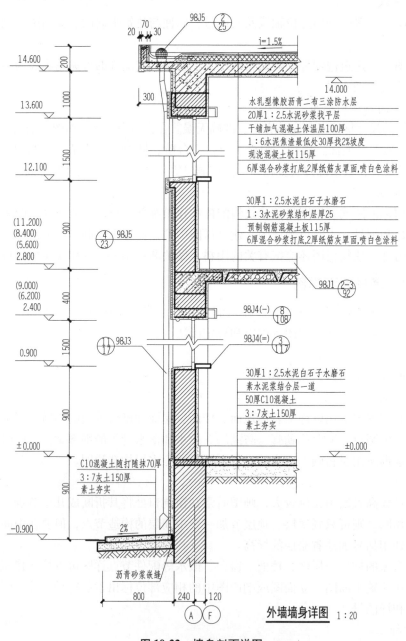

图 10-22 墙身剖面详图

在详图中，对地面、楼面和屋面的构造，采用分层构造说明的方法表示。从檐口节点可知檐口的形状、细部尺寸和使用材料。屋面坡度为 1.5%，采用结构找坡，各层构造做法如图 10-22 中所示。檐沟内设置雨水口，其做法详见 98J5 标准图集第 9 页图 A。

由勒脚节点可知，在外墙面距室外地面 600 mm 范围内，用砖红色亚光面砖做成勒脚（对照立面图可知），以保护外墙身。在外墙的室外地面处，设有 800 mm、坡度为 2% 的混凝土散水，以防止雨水和地面水对外墙身与基础的侵蚀，详细做法已采用分层构造说明。

10.7 楼梯详图

楼梯是多层上下交通的主要设施，它除了要满足行走方便和人流疏散畅通外，还应有足够的坚固耐久性。目前多采用现浇或预制的钢筋混凝土楼梯。楼梯由楼梯段（简称梯段，包括踏步或斜梁）、平台（包括平台板和梁）、栏杆（或栏板）等组成。梯段是联系两个不同标高平面的倾斜构件，上面有踏步，踏步的水平面称踏面，踏步的铅垂面称踢面。平台起休息和转换梯段的作用，也称休息平台。栏杆（或栏板）和扶手用以保证行人上下楼梯的安全。

根据楼梯的布置形式分类，两个楼层之间以一个梯段连接的，称单跑楼梯；两个楼层之间以两个或多个梯段连接的，称双跑楼梯或多跑楼梯。

楼梯详图包括楼梯平面图、楼梯剖面图以及楼梯踏步、栏板、扶手等节点详图，并尽可能画在同一张图纸内。楼梯的建筑详图与结构详图，一般是分别绘制的，但对一些较简单的现浇钢筋混凝土楼梯，其建筑详图与结构详图可合并绘制，列入建筑施工图或结构施工图中。

图 10-23、图 10-24、图 10-25 是本例中的楼梯详图，包括楼梯平面图、剖面图和节点详图。以下介绍楼梯详图的内容及其图示方法。

10.7.1 楼梯平面图

楼梯平面图实际是在建筑平面图中楼梯间部分的局部放大图。楼梯平面图通常要画一层平面图、一个中间层平面图和顶层平面图，如图 10-23 所示。

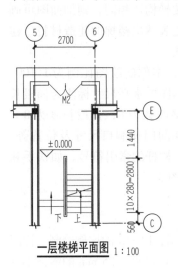 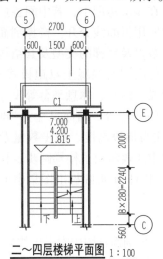 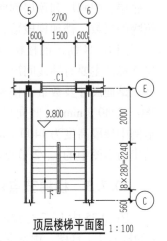

图 10-23 楼梯平面图

一层楼梯平面图：由于剖切平面位于一层的门窗洞口处，所以左侧部分表示由 -0.600 到 ±0.000 的一段梯段，右侧部分表示由一层上到二层的第一梯段的一部分和二层下到一层的第一梯段的一部分，一层第一个梯段的断开处仍然用斜折断线表示。

二~四层楼梯平面图：左侧部分表示由二层到一层休息平台的一段梯段，右侧部分表示由一层上到二层的第一梯段的一部分，一层第一个梯段的断开处仍然用斜折断线表示。

顶层楼梯平面图：由于剖切不到梯段，从剖切位置向下投影时，可画出自顶层下到四层的两个楼梯段。

为了表示各个楼层楼梯的上下方向，可在梯段上用指示线和箭头表示，并以各自的楼（地）面为准，在指示线端部注写"上"和"下"。因顶部楼梯平面图中没有向上的楼梯，故只有"下"。

楼梯平面图的作用在于表明各层梯段和楼梯平面的布置以及梯段的长度、宽度和各级踏步的宽度。楼梯间要用定位轴线及编号表明位置。在各层平面图中要标注楼梯间的开间和进深尺寸、梯段的长度和宽度、踏步面数和宽度、休息平台及其他细部尺寸等。梯段的长度要标注水平投影的长度，通常用踏步面数乘以踏步宽度表示，如底层平面图中的 $8 \times 280 = 2240$。另外还要注写各层楼（地）面、休息平台的标高。

从本例楼梯平面图可以看出，首层到二层设有两个楼梯段：从标高 ±0.000 上到 1.400 处平台为第一梯段，共 8 级；从标高 1.500 上到 2.800 处平台为第二梯段，共 8 级。一层平面图既画出被剖切的往上走的梯段，还画出该层往下走的完整的梯段、楼梯平台以及平台往下的梯段。这部分梯段与被剖切的梯段的投影重合，以倾斜的折断线为分界。顶层平面图画有两段完整的梯段和休息平台，在梯口处只有一个注有"下"字的长箭头。各层平面图上所画的梯段上，每一分格表示梯段的一级踏面。

10.7.2 楼梯剖面图

楼梯剖面图的形成与建筑剖面图相同。它能完整、清晰地表示出楼梯间内各层楼地面、梯段、平台、栏板等的构造、结构形式以及它们之间的相互关系。习惯上，若楼梯间的屋面没有特殊之处，一般可不画出。在多层房屋中，若中间各层的楼梯构造相同，则剖面图可画出底层、中间层和顶层剖面，中间用折断线分开。楼梯剖面图能表达出楼梯的建造材料、建筑物的层数、楼梯梯段数、步级数以及楼梯的类型及其结构形式。

图 10-24 所示的楼梯为一个现浇钢筋混凝土双跑板式楼梯，本例的绘图比例为 1:100。尺寸标注主要有轴线间尺寸和梯段、踏步、休息平台等尺寸。本图中水平尺寸标注为梯段长度、踏面尺寸及数量，楼梯平台的尺寸等。踏面尺寸为 280，踏面数为 8，梯段长度为 $8 \times 280 = 2240$（mm）。竖向尺寸标注为梯段高度、踏步数量及楼梯间门窗洞口尺寸及位置等。本例中梯段高度为 1400 mm。图中还表示出了楼梯踏步、扶手、栏杆的索引符号。如扶手和踏步为本图中的 1、2 节点详图，栏杆为 98J8 标准图集中 17 页图 8。

10.7.3 楼梯节点详图

图 10-25 中 1、2 号详图为自楼梯剖面详图中索引出的节点详图，以 1:5 的比例绘制。详图 1 为楼梯扶手详图，由本图可知，扶手是直径 50 mm 的不锈钢管，通过直径 25 mm 的镀铬钢管连接在一起。详图 2 为栏杆与钢筋混凝土踏步固定连接的做法。本例 $\phi25$ 镀铬钢管与 40 mm ×

40 mm×6 mm 的预埋铁件连接，通过 2Φ6 钢筋固定在踏步中，钢筋锚入踏步中为 80 mm。

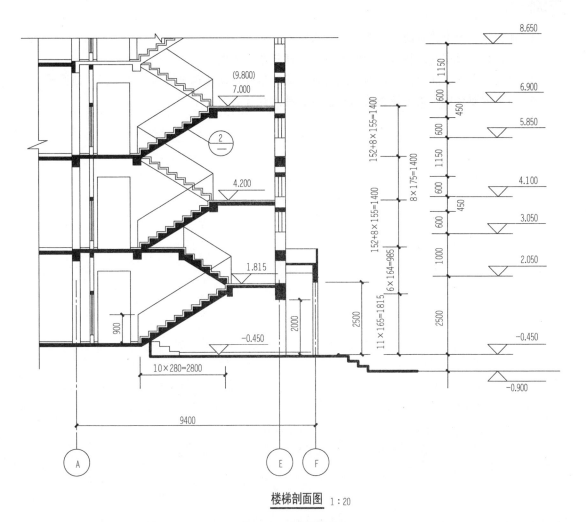

<u>楼梯剖面图</u>　1 : 20

图 10-24　楼梯剖面图

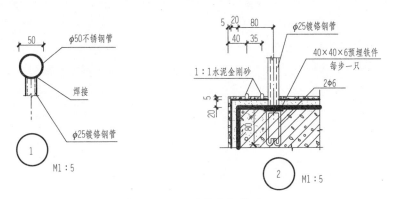

图 10-25　楼梯节点详图

习题 \\\

1. 建筑施工图中符号的表示意义是什么？
2. 建筑总平面图是怎样形成的？怎样阅读建筑总平面图？
3. 建筑平面图、立面图、剖面图是怎样形成？怎样识读建筑平面图、立面图、剖面图？
4. 墙身剖面详图、楼梯详图的图示内容、特点是什么？

第 11 章

结构施工图

1. 了解结构施工图的种类、规定。
2. 掌握结构施工图的表示方法。
3. 掌握基础平面图、楼层结构平面图及梁配筋图的图示内容。

11.1 概　　述

在房屋建筑工程设计中，房屋的外形、内部布局、建筑构造和内部装修等内容是通过建筑施工图表达的。除此之外，还需要进行结构设计，诸如房屋的结构选型、构件布置，并且通过力学计算为房屋确定各承重构件（梁、墙、柱、基础等）所使用的材料、形状、大小、强度以及内部构造等，并最终用图样表现出来，满足施工要求，这种图样称为结构施工图，简称"结施"。

11.1.1　结构施工图的种类

结构施工图按构件使用的材料分为钢筋混凝土结构图、钢结构图、砖混结构图、木结构图；按照建筑结构形式的不同，分为砌体结构图、框架结构图、排架结构图等；按照结构的不同部位，分为基础图、上部结构布置平面图、构件详图等。本节主要介绍钢筋混凝土结构施工图的图示内容、图示方法和阅读方法。

结构施工图包括以下内容：

（1）图纸封面、目录。

（2）结构设计说明。其中包括抗震设计与防火要求、地基与基础、地下室、钢筋混凝土各结构构件、砖砌体、后浇带与施工缝等部分选用材料的类型、规格、强度等级，施工注意事项、技术要求等。

（3）上部结构布置平面图。

①楼层结构平面布置图，对于工业建筑，还包括柱网、吊车梁、柱间支撑、连系梁布置等。

②屋面结构平面图，包括屋面板、天沟板、屋架、天窗支撑系统布置等。

（4）构件详图。包括：

①梁、板、柱等结构详图。

②楼梯结构详图。

③屋架结构详图。

（5）基础图。

①基础平面图，工业建筑还有设备基础布置图。

②基础详图。

（6）其他详图。如支撑详图、节点详图等。

11.1.2　结构施工图的一般规定

为了统一建筑结构专业制图规则，保证制图质量、提高制图效率，做到图面清晰、简洁，符合设计、施工存档的要求，适合工程建设需要，国家颁布了《建筑结构制图标准》（GB/T 50105—2010），以下为该标准的部分内容。

1. 图线

（1）结构施工图图线的基本线宽 b 应按国家标准《房屋建筑制图统一标准》（GB/T 50001—2017）中的相关规定选用。每个图样应根据复杂程度和比例大小，选择适当的基线宽度 b，再选用相应的线宽，根据表达内容的层次，基本线宽 b 和线宽比可适当增加或减小。一般情况下，同一张图纸内相同比例的各图样，应选用相同的线宽组合。

（2）结构施工图中采用的各种线型应符合表 11-1 的规定。

表 11-1　线型

名　称		线　型	线　宽	一般用途
实线	粗	———————	b	螺栓、钢筋线、结构平面图中的单线结构构件线，钢、木支撑及系杆线，图名下横线，剖切线
	中粗	———————	$0.7b$	结构平面图及详图中剖到或可见的墙身轮廓线、基础轮廓线、钢和木结构轮廓线、钢筋线
	中	———————	$0.5b$	结构平面图及详图中剖到或可见的墙身轮廓线、基础轮廓线、可见的钢筋混凝土构件轮廓线、钢筋线
	细	———————	$0.25b$	标注引出线、标高符号线、索引符号线、尺寸线
虚线	粗	- - - - - - -	b	不可见的钢筋、螺栓线，结构平面图中不可见的单线结构构件线及钢、木支撑线
	中粗	- - - - - - -	$0.7b$	结构平面图中的不可见构件、墙身轮廓线及不可见钢和木结构构件线、不可见的钢筋线
	中	- - - - - - -	$0.5b$	结构平面图中的不可见构件、墙身轮廓线及不可见钢和木结构构件线、不可见的钢筋线
	细	- - - - - - -	$0.25b$	基础平面图中的管沟轮廓线，不可见的钢筋混凝土构件轮廓线

名　称		线　型	线　宽	一般用途
单点长画线	粗	—— · —— · ——	b	柱间支撑、垂直支撑、设备基础轴线图中的中心线
	细	—— · —— · ——	$0.25b$	定位轴线、对称线、中心线
双点长画线	粗	—— ·· —— ·· ——	b	预应力钢筋线
	细	—— ·· —— ·· ——	$0.25b$	原有结构轮廓线
折断线		—— ⋀ ——	$0.25b$	断开界线
波浪线		∿∿∿	$0.25b$	断开界线

2. 比例

绘制图形时，应根据图样的用途和复杂程度选用表 11-2 中的常用比例，若有特殊情况，可以选用可用比例。

表 11-2　结构图的比例

图　名	常用比例	可用比例
结构平面图、基础平面图	1:50、1:100、1:150	1:60、1:200
圈梁平面图，总图中管沟、地下设施等	1:200、1:500	1:300
详图	1:10、1:20、1:50	1:5、1:25、1:30

当构件的纵、横向断面尺寸悬殊时，可在同一详图中的纵、横向选用不同的比例绘制。轴线间尺寸与构件尺寸也可选用不同的比例绘制。

3. 构件代号

在结构工程图中，为了图示简明，并且把各种构件区分清楚，便于施工，各类构件常用代号表示。同类构件代号后应用阿拉伯数字标注该构件型号或编号，也可用构件的顺序号。构件的顺序号采用不带角标的阿拉伯数字连续编排。常见构件代号见表 11-3。

表 11-3　常见构件代号

序号	名　称	代号	序号	名　称	代号
1	板	B	13	连系梁	LL
2	屋面板	WB	14	基础梁	JL
3	空心板	KB	15	楼梯梁	TL
4	密肋板	MB	16	屋架	WJ
5	楼梯板	TB	17	框架	KJ
6	盖板或沟盖板	GB	18	柱	Z
7	墙板	QB	19	基础	J
8	梁	L	20	梯	T
9	屋面梁	WL	21	雨篷	YP
10	吊车梁	DL	22	阳台	YT
11	圈梁	QL	23	预埋件	M —
12	过梁	GL	24	钢筋网	W

预应力钢筋混凝土构件的代号应在上列构件代号前加注"Y"，例如 YKB 表示预应力钢筋混凝土空心板。

4. 结构图

采用正投影法绘制，特殊情况下也可采用仰视投影绘制。

5. 编号

结构平面图中的剖面图、断面详图的编号顺序宜按下列规定：外墙按顺时针从左下角开始编号；内横墙从左至右、从上至下编号；内纵墙从上至下、从左至右编号。

11.1.3 钢筋混凝土结构及基本图示方法

混凝土是由水泥、沙子、石子、水按一定比例配合，经过搅拌、注模、振捣、养护等工序而形成，凝固后坚硬如石，其性能是抗压能力很强，但抗拉能力差。用混凝土制成的构件受到的外力达到一定值后，将容易发生断裂、破坏［图 11-1（a）］。而钢筋的抗拉能力高，为了防止构件发生断裂，充分发挥混凝土的抗压能力，在混凝土构件的受拉区及相应部位加入一定数量的钢筋，使两种材料黏结成一体，共同承受外界荷载，这样大大提高了构件的承载能力。我们把配有钢筋的混凝土称为钢筋混凝土［图 11-1（b）］。

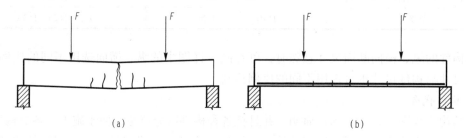

图 11-1 梁的示意图

（a）素混凝土梁；（b）钢筋混凝土梁

用钢筋混凝土制成的梁、板、柱、基础等构件称为钢筋混凝土构件。在工程上，钢筋混凝土构件是在工地现场浇制的，称为现浇钢筋混凝土构件；在工地以外预先把构件制作好，然后运到工地安装，这种构件称为预制钢筋混凝土构件。此外，还有制作时对钢筋混凝土预加一定的压力以提高构件的强度和抗裂性能，这样的构件称为预应力钢筋混凝土构件。钢筋混凝土构件的结构形式包括框架结构及砖混结构，框架结构的承重构件全部为钢筋混凝土构件，砖混结构的承重构件是砖墙及钢筋混凝土板、梁、柱。

钢筋在混凝土中不能单根放置，一般是将各种形状的钢筋用铁丝绑扎或焊接成钢筋骨架或网片。配置在钢筋混凝土结构中的钢筋按其作用可分为下列几种（图 11-2）：

（1）受力筋。承受拉、压应力的钢筋。用于梁、板、柱等各种钢筋混凝土构件。受力筋分为直筋和弯筋两种。

（2）钢箍（箍筋）。承受一部分斜拉力，并固定受力筋的位置，多用于梁和柱内。

（3）架立筋。用以固定梁内钢箍的位置，并与受力筋、箍筋构成梁内钢筋骨架。

（4）分布筋。用于屋面板、楼板内，与受力筋垂直布置，将承受的荷载均匀地传给受

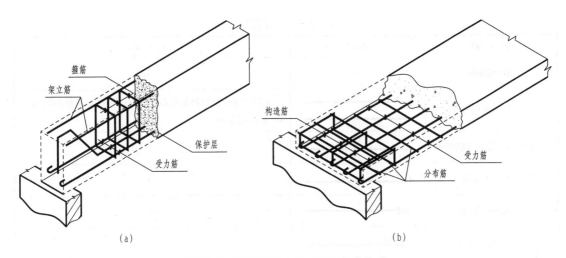

图 11-2　钢筋混凝土梁、板配筋示意图

（a）钢筋混凝土梁的构造示意图；（b）钢筋混凝土板的构造示意图

力筋，并固定受力筋的位置，以及抵抗热胀冷缩引起的温度变形。

（5）其他。因构件要求或施工安装需要而配置的构造筋、预埋锚固筋、吊环等。

为了保护钢筋、防腐蚀、防火以及加强钢筋与混凝土的黏结力，在构件中的钢筋表面要留有保护层。设计使用年限为 100 年的混凝土结构，其保护层的最小厚度应符合表 11-4 的规定。

表 11-4　混凝土保护层的最小厚度

环境类型	板 墙 壳	梁 柱
一	15	20
二 a	20	25
二 b	25	35
三 a	30	40
三 b	40	50

注：1. 混凝土强度等级不大于 C25 时，表中保护层厚度数值应增加 5 mm；
　　2. 钢筋混凝土基础宜设置混凝土垫层，其受力钢筋的混凝土保护层厚度应从垫层顶面算起，且不应小于 40 mm。

钢筋的混凝土保护层在比例较小的图样中，可以示意性地估计画出，一般不在图中标注。

如果受力钢筋采用光圆钢筋，则两端要有弯钩，是为了加强钢筋与混凝土的黏结力，避免钢筋在受拉时滑动。带肋钢筋（亦称螺纹钢筋）与混凝土的黏结力强，两端不必弯钩。钢筋端部的弯钩有两种形式：带平直部分的半圆弯钩和直弯钩。

（1）钢筋的表示方法。结构图中普通钢筋的一般表示方法见表 11-5，钢筋的画法应符合表 11-6 的规定。

表 11-5　一般钢筋

名　　称	图例	说　　明
钢筋横断面	●	—
无弯钩的钢筋端部		下图表示长、短钢筋投影重叠时，可在短钢筋的端部用45°斜画线表示
带半圆形弯钩的钢筋端部		—
带直钩的钢筋端部		—
带丝扣的钢筋端部		—
无弯钩的钢筋搭接		—
带半圆弯钩的钢筋搭接		—
带直钩的钢筋搭接		—
花篮螺钉钢筋接头		—
机械连接的钢筋接头		用文字说明机械连接的方式（或冷挤压、或锥螺纹等）

表 11-6　钢筋的画法

说　　明	图　　例
在结构楼板中配置双层钢筋时，底层钢筋的弯钩应向上或向左，顶层钢筋的弯钩应向下或向右	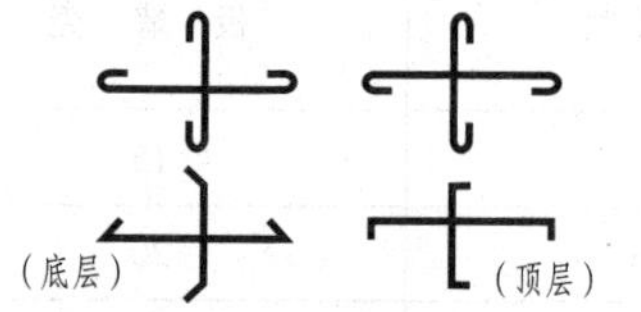 （底层）　　（顶层）
钢筋混凝土墙体配双层钢筋时，在配筋立面图中，远面钢筋的弯钩应向上或向左，而近面钢筋的弯钩应向下或向右（JM 近面；YM 远面）	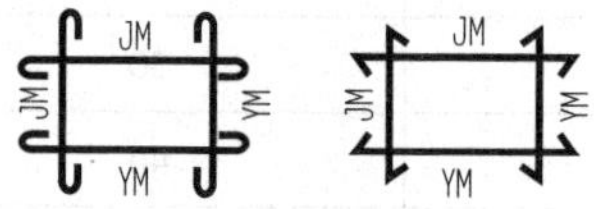 JM　JM　JM　JM YM　YM　YM　YM
若在断面图中不能表达清楚的钢筋布置，应在断面图外增加钢筋大样图（如钢筋混凝土墙、楼梯等）	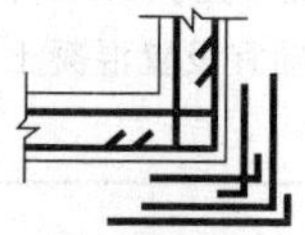
图中所表示的箍筋、环筋等布置复杂时，可加画钢筋的大样图或说明	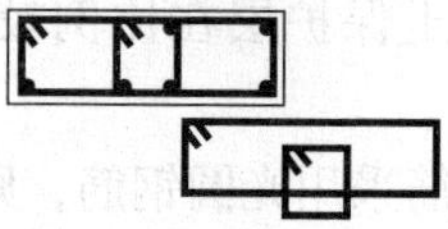
每组相同的钢筋、箍筋或环箍，可用一根粗实线表示，同时用一两端带斜短画的横穿细线，表示其余钢筋及起止范围	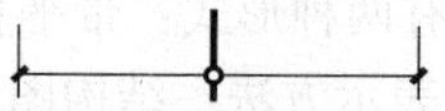

（2）钢筋的种类及符号。钢筋按其强度和种类分成不同的等级，见表 11-7。

表 11-7　常用钢筋等级及符号

钢筋种类		符号	钢筋种类		符号
热轧钢筋	HPB300（Q235）	ϕ	预应力钢筋	钢绞线	ϕ^S
	HRB335（20MnSi）	$\underline{\Phi}$		消除应力钢丝　光面	ϕ^P
	HRB400（20MnSiV、20MnSiNb、20MnTi）	$\underline{\Phi}$		消除应力钢丝　螺纹肋	ϕ^H
				消除应力钢丝　刻痕	ϕ^I
	RRB400	$\underline{\Phi}^R$		热处理钢筋	ϕ^{HT}

（3）钢筋的标注。

①钢筋混凝土构件的一般表示方法。构件轮廓用中线或细线，钢筋用单根的粗实线表示其立面，钢筋的横断面用黑圆点表示，混凝土材料图例省略不画。

②钢筋的编号及标注方法。为了便于识图及施工，构件中的各种钢筋应编号，编号的原则是将种类、形状、直径、尺寸完全相同的钢筋编成同一编号，无论根数多少。若上述有一项不同，钢筋的编号也不相同。编号时应适当照顾先主筋、后分布筋（或架立筋），逐一按顺序编号。编号采用阿拉伯数字，写在直径为 6 mm 的细线圆中，用平行或放射状的引出线从钢筋引向编号，并在相应编号的引出线的水平线段上对钢筋进行标注，标注出钢筋的数量、代号、直径、间距、编号及所在位置，其说明应沿钢筋的长度标注或标注在有关钢筋的引出线上（一般标注出数量、可不注间距，如注出间距，就可不注数量。简单的构件，钢筋可不编号）。具体标注方式如图 11-3 所示。

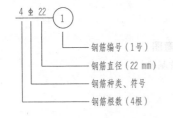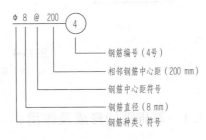

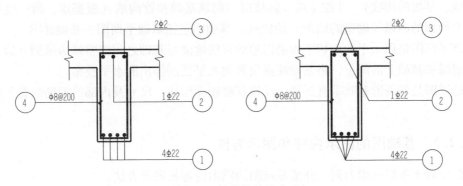

图 11-3　钢筋的编号方式

11.2 基础图

基础是在建筑物地面以下，承受上部结构所传来的各种荷载以及建筑物的自重并传递到地基的结构组成部分。一般常用的基础形式有条形基础［图11-4（a）］、独立基础［图11-4（b）］、筏板基础等。基础以下部分是天然的或经过处理的岩土层，称为地基。为了基础施工首先开挖的土坑称为基坑。基础的埋置深度是指房屋首层地坪±0.000到基础底面的深度。埋入地下的墙称为基础墙。基础墙与垫层之间做成阶梯形的部分称为大放脚。基础墙中要做防潮层，其作用是防止地下的潮气沿墙体向上渗透，一般是由钢筋混凝土或水泥砂浆做成。

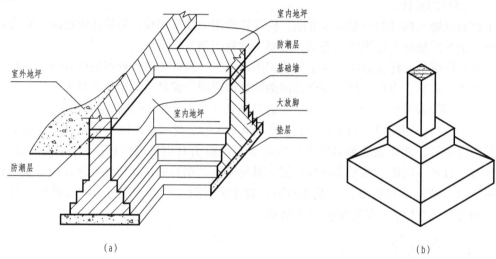

（a） （b）

图11-4 基础构造示意图

（a）条形基础；（b）独立基础

11.2.1 基础图的形成及作用

基础图是施工时放线（用石灰粉在地面上定出房屋的定位轴线、墙身线，基础底面的长、宽线，基坑的边线）、开挖基坑、做垫层、砌筑基础和管沟墙（根据水、暖、电等专业的需要而预留的洞以及砌筑的地沟）的依据。基础图包括基础平面图、基础详图。

基础平面图是用水平的剖切平面沿房屋的首层地面与基础之间把整幢房屋剖开后，移去上部的房屋和基础上的泥土，将基础裸露出来向水平面所作出的水平投影。

基础详图是将条形基础垂直剖切，反映基础断面形状、尺寸及内部的钢筋配置等材料的断面图。

11.2.2 基础图的图示内容和图示方法

下面以墙下条形基础为例，介绍基础图的图示内容和图示方法。

1. 基础平面图

（1）表达纵、横定位轴线及编号（必须与建筑平面图一致）。

（2）表达基础的平面布置。图上需要画出基础墙、基础梁、柱及基础底面的轮廓线，至于基础的细部轮廓线省略不画。当基础底面标高有变化时，应在基础平面图对应部位的附近画出一段基础垫层的垂直断面图，用来表示基础底面标高的变化，并标出相应的标高。

（3）标出基础梁、柱、独立基础的位置及代号和基础详图的剖切符号及编号，以便查看对应的详图。

（4）标注轴线尺寸、基础墙宽度、柱断面、基础底面及轴线关系的尺寸，标出基础底面、室内外的标高和细部尺寸。

（5）由于其他专业的需要而设置的穿墙孔洞、管沟等的布置及尺寸、标高。

2. 基础详图

（1）表达与基础平面图相对应的定位轴线及编号。

（2）表达基础的详细构造：垫层、断面形状、材料、配筋和防潮层的位置及做法等。

（3）标注基础底面、室内外标高和各细部尺寸。

3. 施工说明

施工说明主要是为了说明基础所用的各种材料、规格及基础施工中的一些技术措施、须遵守的规定、注意事项等。施工说明可以写在结构设计说明中，也可以写在相应的基础平面图和基础详图中。

11.2.3　基础图的阅读示例和绘制

1. 基础图的阅读示例

图 11-5 所示为某住宅楼的基础平面图，基础类型为条形基础。轴线两侧的中实线是基础墙线，细线是基础底边线及基础梁（也称地梁）边线。以轴线①为例，了解基础墙、基础底面与轴线的定位关系。①轴的墙为外墙，宽度为 360 mm，墙的左右边线到①轴的距离分别为 240 mm、120 mm，轴线不居中。基础左、右边线到①轴的宽度为 710 mm、590 mm，基础总宽为 1300 mm，即 1.3 m。其他基础墙的宽度、基础宽度及轴线的定位关系均可以从图中了解。此房屋的基础宽度有三种：1300 mm、1200 mm、2380 mm。

从平面图可以看到，基础上标有剖切符号，分别为 1—1、2—2、3—3，说明该建筑的条形基础共有 3 种不同的基础断面图，有 3 个基础详图。

基础的断面形状、尺寸、材料与埋置深度相同的区段，用同一断面图表示。对于每一种不同的基础，都要画出它的断面图，并在基础平面图上相应位置注写剖切符号表明断面的位置。图 11-6 给出了 1—1、3—3 详图，其中 1—1 断面图是外墙的基础详图，图中显示该条形基础为砖基础，基础垫层为素混凝土，垫层宽 1300 mm，高 300 mm，其上面是大放脚，每层高 120 mm，宽均为 60 mm，室外设计地坪标高 −0.600，基础底面标高 −2.000，基础墙在 ±0.000 标高处设有一道钢筋混凝土防潮层，厚 60 mm，配置为 3 根直径为 6 mm 的 HPB300 钢筋，箍筋为 φ6@300，它的作用是防止地下的潮气向上侵蚀墙体。3—3 断面图为一内墙的基础详图，宽度为 1100 mm，墙宽为 240 mm，轴线居中。在Ｅ轴基础墙上的②与④轴、⑦与⑨轴之间，有预留的孔洞，尺寸为 300 mm×400 mm，洞底标高 −1.500。

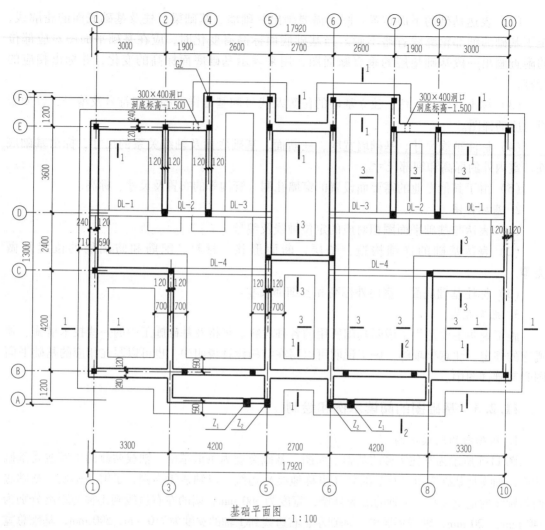

基础平面图 1:100

图 11-5 基础平面图

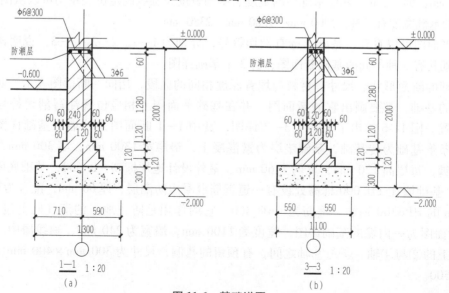

$\frac{1-1}{}$ 1:20
(a)

$\frac{3-3}{}$ 1:20
(b)

图 11-6 基础详图

2. 基础图的绘制

基础图的绘图步骤如下：

（1）按比例（常用比例 1∶100 或 1∶200）绘制出与建筑平面图相同的轴线与编号。

（2）用粗（或中）实线画出墙或柱的边线，用细实线绘制基础底边线。

（3）注出不同断面的剖切符号和编号。

（4）标注尺寸，主要注出纵、横向各轴线之间的距离，轴线到基础底边和基础墙边的距离以及基础宽和墙厚。

（5）注写说明文字，如混凝土、砖、砂浆的强度等级，基础埋置深度等技术要求。

（6）设备复杂的房屋，在基础平面图上还要配合采暖、通风图，给水排水管道图，电源设备图等，用虚线画出管沟、设备孔洞等位置，注明其内径、宽、深尺寸和洞底标高。

11.3　钢筋混凝土结构图

11.3.1　钢筋混凝土结构图的内容和图示特点

1. 钢筋混凝土结构图的内容

（1）结构平面图。表达承重构件的位置、类型和数量或钢筋的配置。

（2）构件详图。表达构件的形状、钢筋的布置。构件详图包括模板图、配筋图、预埋件详图及材料用量表。

①模板图。表达构件外形和预埋件位置的图样。其标出构件的外形尺寸和预埋件的型号及定位尺寸。对无法直接选用的预埋件，应画出预埋件详图。模板图是制作构件模板和安放预埋件的依据。模板图由构件的立面图和断面图组成。

②配筋图。表达构件内部的钢筋配置、形状、数量和规格的图样。常用图样为立面图（对于板结构用平面图）、断面图，必要时，画出钢筋详图（也称大样图或抽筋图）。当构件外形比较简单、预埋件比较少时，可将模板图、配筋图合并绘制，称为模板配筋图。

2. 钢筋混凝土结构图的图示特点

钢筋混凝土结构图假想混凝土是透明的，使钢筋成为可见，通过正投影方法画出构件的立面图和断面图，并且标出钢筋的形状、位置，注出钢筋的长度、数量、品种、直径等。

（1）在结构平面图中，构件一般标注出构件完成面的标高（称为结构标高，即不包括建筑装修的厚度）。

（2）当构件纵、横向尺寸悬殊时，可在同一详图中纵、横向选用不同比例绘制。

（3）构件配筋简单时，可在其模板图的一角用局部剖面的方式绘出其钢筋布置。构件对称时，在同一图中可以一半表示模板图，另一半表示配筋图。

11.3.2　结构平面图

结构平面图是表示建筑物地面以上构件平面布置的图样，分为楼层结构平面布置图、屋面结构平面布置图。这里介绍砖混结构的楼层结构平面布置图。

1. 图示方法及作用

楼层结构平面布置图由楼层结构平面图和局部详图组成。楼层平面布置图是假想沿本层楼板面将房屋水平剖开后所作的楼层结构的水平投影图，它表示每楼层的梁、板、柱、墙等承重构件的平面布置情况，现浇钢筋混凝土楼板的构造与配筋，以及构件之间的关系，对于某些表达不清楚的部位可以断面图作辅助。对于多层建筑，一般应分层绘制，但是如果各层构件的类型、大小、数量、布置均相同，可只画一个标准层的楼层结构平面布置图。楼层结构平面布置图是施工时布置或安放该层各承重构件的依据，有时还是制作圈梁、过梁和现浇板的依据。

2. 图示内容

（1）标注出与建筑图一致的轴线网及墙、柱、梁等构件的位置和编号以及轴线间的尺寸。

（2）下层承重墙和门窗洞口的平面布置，下层和本层柱子的布置。

（3）在现浇板的平面图上，画出钢筋配置，并标注出预留孔洞的大小及位置。

（4）注明预制板的跨度方向、代号、型号或编号、数量和预留洞的大小及位置。

（5）标明楼层结构构件的平面布置，如各种圈梁或门窗过梁、雨篷的编号。

（6）注出各种梁、板的结构标高、轴线间尺寸及梁的断面尺寸。

（7）注出有关剖切符号或详图索引符号。

（8）附注说明选用预制构件的图集编号、各种材料强度，板内分布筋的级别、直径、间距等。

3. 图示实例

现以某住宅楼的楼层结构平面布置图（图11-7）为例，说明楼层结构平面布置图的图示内容和读图方法。由于此建筑物的平面左右对称，所以采用了建筑制图中的简化画法，只画出了左边的一半，右边的一半省略，在⑧轴线上画有对称符号。

（1）从图名得知此图为首层结构平面图，比例为1∶100。

（2）结构平面图中轴线布置及轴线间尺寸与建筑平面图一致。楼板主要支撑在砖墙上，可知该房屋为砖混结构。图中显示了墙、柱、梁、板的布置情况。

（3）为了铺设钢筋混凝土楼板，相应布置了横向、纵向的钢筋混凝土梁，如L1、L2……；钢筋混凝土梁的断面尺寸以及配筋情况详见构件详图。

（4）凡是有门、窗的地方均布置过梁，门窗的宽度相同，则过梁相同，过梁的具体做法详见构件详图，在平面图中过梁用粗点画线表示，并且编号为GL1、GL2……。

（5）从图中看到楼梯间中仅注明楼梯，其楼梯板、梁的布置及配筋情况详见楼梯详图。

（6）本住宅结构考虑到抗震要求，布置了一些构造柱，其做法详见构件详图，其基础处理详见基础详图。按照有关设计规范，砖混结构的一些砖墙中应布置圈梁，圈梁可以在结构平面图表示其布置情况，也可以另外用较小的比例绘制圈梁平面布置图（本例即如此）。

（7）预制板一般布置在除厕所、厨房之外的房间，在预制板布置的区域内，预制板的布置情况标注在各开间的对角线上，若开间相同，预应力空心板的布置情况也相同，可以用甲、乙……或大写的英文字母来编号。板的规格、数量、布置相同的房间注写相同的编号，

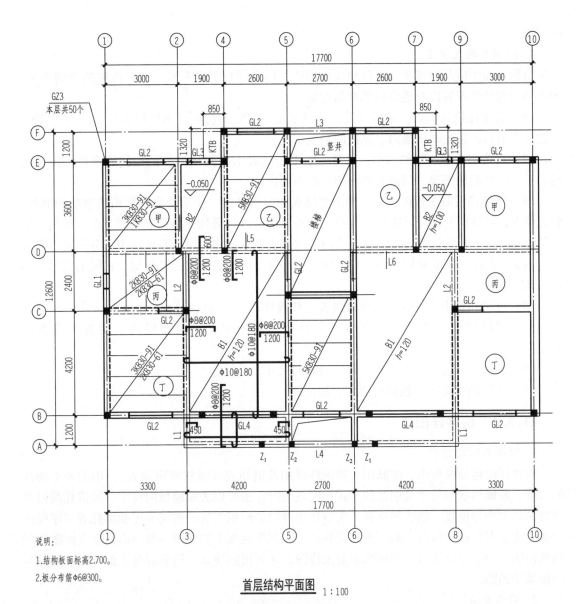

说明：

1.结构板面标高2.700。

2.板分布筋φ6@300。

首层结构平面图 1:100

图 11-7 结构平面图

只需在其中一个房间中画出。预制板的标注方法各地有些不同，本例标注中各项的含义如下：3KB30-91 表示三块空心板，板跨长度 3.0 m；91 是板宽和荷载级别代号，9 表示板宽为 0.9 m，1 表示荷载级别为 1 级。

（8）现浇钢筋混凝土板一般铺设在厕所、厨房、走道、门厅或不规则平面上。现浇板用 B1、B2……来编号，其板的大小、厚度、配筋情况有一项不同，编号则不同。现浇钢筋混凝土板的配筋可以在结构平面图中示出，也可以另画板的配筋详图。在此仅示出了 B1 的配筋情况。

（9）不同房间板的标高也许会不同，如厕所板顶面的标高为 2.650 m，其余板顶面的标高为 2.70 m。结构标高与建筑标高是不同的，建筑标高为完成面的标高（其中包括装修层的厚度）。

4. 绘制步骤及方法

结构平面图应与建筑平面图的轴线、墙体、门窗洞口平面布置一致，选取适当的比例，画出结构构件的布置以及现浇板的钢筋配置。

（1）选定比例和图幅，布置图面。一般采用 1:100 的比例，图形较简单时可用 1:200。布置好图面后，首先画出横向、纵向的轴线。

（2）确定墙、柱、梁的大小、位置，用中实线表示剖到或可见的构件轮廓线，用中虚线表示不可见的轮廓线。门窗洞的图例一般不画出。

（3）画钢筋混凝土板的投影。画出现浇板的配筋详图，表示受力筋和构造钢筋的形状、配置情况，并注明其编号、规格、直径、间距或数量等。每种规格钢筋只画一根，按其立面形状画在钢筋安放的位置上，表达不清时可以画出钢筋详图。结构平面图中，分布筋不必画出，用文字说明。配筋相同的板，只需将其中一块板的配筋画出，其他编上相同的编号，如 B1、B2、B3……。

（4）过梁在其中心位置用粗点画线表示并编号。

（5）可以用更小的比例单独画一个缩小几倍的圈梁平面布置图，用粗实线表示圈梁。

（6）标注出与建筑平面图相一致的轴线间尺寸及总尺寸。

（7）注写说明文字（包括写图名、注比例）。

11.3.3　构件详图

1. 图示内容及作用

构件详图包括模板图、配筋图、预埋件详图及钢筋表（或材料用量表），用来表示构件的长度、断面形状与尺寸及钢筋的型式与配置情况，也可以表示模板的尺寸、预留孔洞以及预埋件的大小与位置、轴线和标高，为制作构件时的模板安装、钢筋加工和绑扎等工序提供依据。配筋图包括立面图、断面图和钢筋详图。钢筋混凝土梁详图一般画出配筋立面图和配筋断面图，为了统计用料，可画出钢筋大样图，并列出钢筋表。钢筋混凝土板详图一般只画出配筋平面图。

2. 图示方法

在一般情况下，构件详图只绘制配筋详图，对较复杂的构件才画出模板图和预埋件详图。

（1）立面图。配筋立面图是假想构件为一个透明体而画出的正面投影图。它主要为了表达构件中钢筋上下排列的情况，钢筋用粗实线表示，构件的轮廓线用细实线表示。图中箍筋只反映它的侧面投影，类型、直径、间距相同时在图中只画出一部分。

（2）断面图。配筋断面图是构件的横向剖切投影图，表示钢筋在断面中的上下左右排列布置、箍筋及与其他钢筋的连接关系。图中钢筋的横断面用黑圆点表示，构件轮廓用细实线表示。

当配筋复杂时，通常在立面图的正下（或正上）方用同一比例画出钢筋详图，相同编号的钢筋只画一根，并注明编号、数量（间距）、类别、直径及各段的长度与总尺寸。

立面图和断面图应标注出一致的钢筋编号并表示出规定的保护层厚度。

3. 图示实例

此处以现浇钢筋混凝土梁为例,介绍钢筋混凝土构件详图的图示方法。

形状比较简单的梁,一般不画单独的模板图,只画配筋图。配筋图通常用配筋立面图和配筋断面图表示。配筋立面图表示梁的立面轮廓、长度、高度尺寸以及钢筋在梁内上下、左右的配置,同时表示梁的支承情况。梁内箍筋只画出 3～4 根,以此表示沿梁全长等间距配置;如果梁板一起浇灌时,应在立面图中用虚线画出板厚及次梁的轮廓。配筋断面图表示梁的断面形状、宽度、高度尺寸和钢筋上下、前后的排列情况。画钢筋大样图时,每个编号的钢筋只画一根,从构件中最上部的钢筋开始,依次向下排列,画在配筋立面图下方,并在钢筋线上方注出钢筋编号、根数、种类、直径及各段尺寸,弯起钢筋倾斜角度。标注尺寸时,不画尺寸线及尺寸界限,此外还要注出下料长度 l,它是钢筋各段长度总和,钢筋弯钩应按规定计算其长度,如半圆弯钩按 $6.25d$(d 为钢筋直径)计算。

图 11-8 所示为一根钢筋混凝土梁的结构详图。

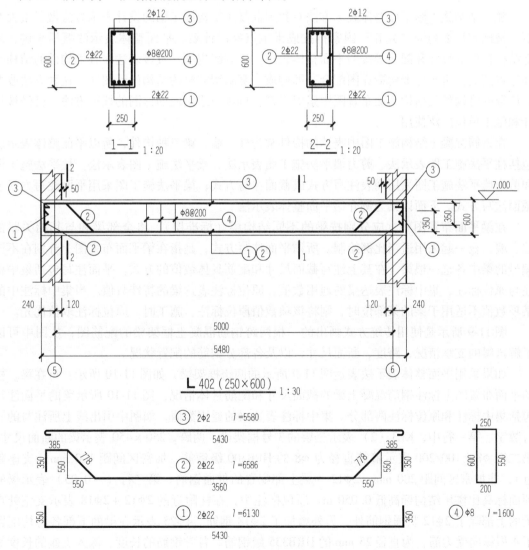

图 11-8　梁的结构详图

（1）看梁立面图下的图名。"ㄴ402"表示第四层楼面中的第 2 号梁，（250×600）表示梁断面宽 250 mm，高 600 mm。绘图比例为 1∶30。

（2）将梁的立面和断面对照阅读，可知该梁高 600 mm、宽 250 mm、全长 5480 mm。梁的两端搭接在砖墙上。

（3）梁内钢筋配置。首先从梁的跨中看起，梁的下部配置①、②号钢筋，直径为 25 mm，级别为 HRB335，①号钢筋伸到梁的端部向上垂直弯起 350 mm（以钢筋的锚固长度）；②号钢筋在接近梁端时沿 45°向上弯起至梁的上部，距离内墙面 50 mm 处折为水平，伸入到梁端又垂直向下弯起 350 mm；在梁的上部为③号架立筋，钢筋直径为 12 mm，级别为 HPB300，沿梁全长布置，两端带半圆弯钩；④号钢筋是箍筋，直径为 8 mm，级别为 HPB300，沿梁的全长每隔 200 mm 放置一根。梁左右两端钢筋配置完全一致。

11.3.4　平面整体表示法

建筑结构施工图平面整体表示方法对我国混凝土结构施工图的设计表示方法做了重大改革，被国家科委列为"九五"国家科技成果重点推广计划。平面整体表示法概括来讲，是把结构构件的尺寸和配筋等按照平面整体表示方法制图规则，直接表达在各类构件的结构平面布置图上，再与标准构造详图配合，即构成一套新型完整的结构设计图样。这种方法改变了传统的将构件从结构平面布置图中索引出来，再逐个绘制配筋详图的烦琐方法，已经被设计和施工单位广泛使用。

在钢筋混凝土结构施工图中表达的构件常为柱、墙、梁三种构件，所以平面整体表示法包括柱平法施工图表示法、剪力墙平法施工图表示法、梁平法施工图表示法。柱平法施工图和剪力墙平法施工采用列表注写方式或截面注写方式；梁平法施工图采用平面注写方式或截面注写方式。下面以梁为例介绍平面整体表示法。

在梁平面布置图中，应分别按梁的不同结构层（标准层），将全部梁和与其相关联的柱、墙、板一起采用适当比例绘制。所谓平面注写方式，是指在梁平面布置图上分别在不同编号的梁中各选一根梁，在其上注写截面尺寸和配筋具体数值的方式。平面注写包括集中标注与原位标注，集中标注表达梁的通用数值，原位标注表达梁的特殊数值。当集中标注中的某项数值不适用于梁的某部位时，则将该项数值原位标注，施工时，原位标注取值优先。

图 11-9 所示是使用传统方式画出的一根两跨钢筋混凝土框架梁的配筋图，从图中可以了解该梁的支承情况、跨度、断面尺寸，以及各部分钢筋的配置状况。

如果采用平面整体表示法表达图 11-9 所示的两跨框架梁，如图 11-10 所示。可在梁、柱的平面布置图上标注钢筋混凝土梁的截面尺寸和配筋具体情况，图 11-10 所示梁的平面注写包括集中标注和原位标注两部分。集中标注表达梁的通用数值，如图中引出线上所注写的三行数字。第一行中，KL3（2）表示三层的 3 号框架梁、两跨，250×450 表示梁的断面尺寸。第二行 φ8@100/200 表示箍筋直径为 φ8 的 HPB300 级钢筋，加密区间距 100 mm（支座附近），非加密区间距 200 mm；2φ12 为梁上部配置的贯通钢筋。第三行（-0.05）表示梁的顶面标高比楼层结构标高低 0.050 m。原位标注中，在柱附近的 2φ12+2φ18 表示支座处在梁的上部除了 2φ12 贯通钢筋外，另外增加了 2φ18 钢筋。4φ25 表示在梁的下部各跨均配置了 4 根纵向受力筋，为直径 25 mm 的 HRB335 级钢筋。各类钢筋的长度、深入支座的长度等尺寸以及钢筋弯钩等并不在图中示出，而是由施工单位的技术人员查阅《混凝土结构施工图平面整体表示方法制图规则和构造详图》（16G101）图集，对照确定。

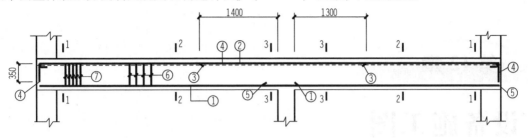

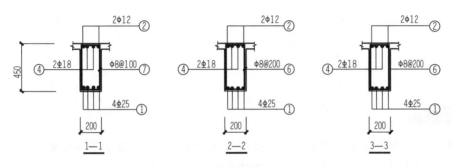

图 11-9 两跨框架梁配筋详图

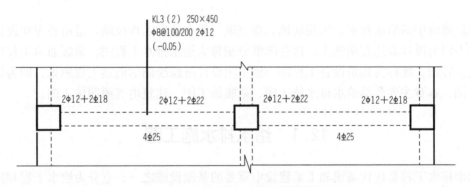

图 11-10 钢筋混凝土梁平法注写方式

习题

1. 什么是结构施工图？

2. 钢筋混凝土构件的结构图通常应包括哪些图？在梁配筋图中箍筋是如何表示的？钢筋的混凝土保护层厚度在图样中怎样表达？

3. 楼层结构平面布置图由哪些图组成？各表达什么内容？

4. 基础图一般应包括什么图？各表达什么内容？

第 12 章

设备施工图

1. 了解建筑给水排水系统、采暖系统、建筑电气系统的组成及施工图的组成。
2. 掌握给水排水、采暖、建筑电气施工图的表示方法。
3. 掌握给水排水、采暖、建筑电气施工图的阅读方法。

房屋建筑中的给水排水、采暖通风、建筑电气等专业的工程设施，是由各专业设计工程师经过专门的设计表达在图纸上，这些图纸分别称为给水排水工程图、采暖通风工程图、建筑电气工程图，统称为建筑设备工程图。施工图设计阶段绘制的前述工程图纸，即为建筑设备施工图，本章主要介绍给水排水施工图、采暖施工图、建筑电气照明施工图。

12.1 给水排水施工图

给水排水工程是现代城镇和工矿建设中重要的基础设施之一，它分为给水工程和排水工程。给水工程是指为满足城镇居民生活和工业生产等需要而建造安装的取水及其净化、输水配水等工程设施。排水工程是指与给水工程相配套的，用于汇集生活、生产污水（废水）和雨水（雪水）等，并将其经过处理，输送、排泄到其他水体中去的工程设施。

12.1.1 概述

1. 给水排水工程的分类及组成

给水排水工程分为室外给水排水和室内给水排水两类。

室内给水排水又称为建筑给水排水，其组成如图 12-1 所示。

室内给水系统一般包括：

（1）引入管：自室外给水管（厂区管网）至室内给水管网的一段水平连接段。

（2）水表节点：指引入管上装设的水表、表前后阀门和泄水口等，一般集中在一个水表井内。

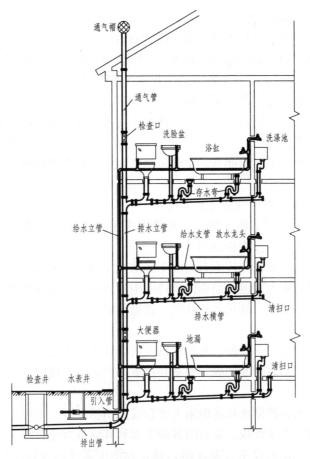

图 12-1　室内给水排水的组成

（3）室内输配水管道：包括水平干管、立管、支管。

（4）给水配件和设备：配水龙头、阀门、卫生设备等。

（5）升压及贮水设备：当水压不足或对供水的压力有稳定性要求时，需要设置水箱、水池、水泵、气压装置等。

（6）室内消防给水系统：根据建筑物的防火等级，有的需要设置独立的给水系统，及消火栓、自动喷淋设施等。

室内排水系统一般包括：

（1）卫生设备：用于接纳、收集污水的设备，是排水系统的起点。污水由卫生设备出水口经存水弯（水封段）等流入排水横管。

（2）排水横管：接纳用水设备排出的污水，并将其排入污水立管的水平管段。

（3）排水立管：接纳各种排水横管排来的污水，并将其排入排出管。

（4）排出管：室内排水立管与室外排水检查井之间的一段连接管段。

（5）通气管：排水立管上端通到屋面上面的一段立管，主要是为了排除排水管道中的有害气体和防止管道内产生负压。通气管顶端设置风帽或网罩。

（6）清扫口和检查口：为了检查、疏通排水管道而在立管上设置检查口、在横管端头设置清扫口。

2 给水排水施工图的分类

给水排水施工图分为室外给水排水施工图和室内给水排水施工图。

室外给水排水施工图表达的范围比较大，可以表示一幢建筑物外部的给排水工程，也可以表示一个小区（或厂区）或一个城市的给排水工程。其内容包括平面图、高程图、纵断面图、详图。室内给排水施工图表示一幢建筑物内部的给排水工程设施情况，包括平面图、系统图、屋面排水平面图、剖面图、详图。此外，对水质净化和污水处理来说还有工艺流程图、水处理构筑物工艺图等。

对于一般建筑给水排水工程而言，主要包括室内给水排水平面图、系统图，室外给水排水平面图及有关详图。

3. 给水排水施工图的图示特点及基本规定

（1）图示特点。给水排水施工图中，系统图采用轴测投影绘制，工艺流程图采用示意法绘制，而其他图样采用正投影法绘制。

管道、器材和设备一般采用国家有关制图标准规定的图例表示。给水排水管道一般用粗线绘制；纵断面图中的重力管道，剖面图和详图中的管道一般用双中粗线绘制。不同管径的管道，用同样宽的线条表示，管径另外注明。管道与墙的距离示意性地画出，安装时按有关施工规程确定距离。

暗装在墙内的管道也画在墙外，另外加以说明。管道上的连接配件为标准的定型工业产品，且有些配件需施工安装时才能确定数量和位置，因此，连接配件不再绘出。

（2）基本规定。

①图线。新设计的各种排水和其他重力流管线采用粗实线，不可见时采用粗虚线；新设计的各种给水和其他压力流管线，原有的各种排水和其他重力流管线采用中粗实线，不可见时采用中粗虚线；给水排水设备、零（附）件、总图中新建的建筑物、构筑物的可见轮廓线，原有的各种给水和压力流管线采用中实线，不可见时采用中虚线；建筑的可见轮廓线、总图中原有的建筑物和构筑物的可见轮廓线用细实线，不可见时用细虚线。

②比例。给水排水工程图常用比例见表12-1。

表12-1 给水排水工程图常用比例

名 称	比 例	备 注
总平面图	1:1000、1:500、1:300	宜与总图专业一致
管道纵断面图	纵向：1:200、1:100、1:50 横向：1:1000、1:500、1:300	
水处理构筑物、设备间、卫生间、泵房平面图、剖面图	1:100、1:50、1:40、1:30	
建筑给水排水平面图	1:200、1:150、1:100	宜与建筑专业一致
建筑给水排水轴测图	1:150、1:100、1:50	宜与相应图纸一致
详图	1:50、1:30、1:20、1:10、1:5、1:2、1:1、2:1	

③标高。给水排水工程图中的标高以米（m）为单位，一般应注写至小数点后第三位，在总图中可注写至小数点后第二位。室内管道一般应标注相对标高；室外管道宜标注绝对标高。当无绝对标高资料时，可以标注相对标高，但应与总图专业一致。压力管道宜标注管中心标高；沟渠和重力流管道宜标注沟（管）内底标高。

在给水排水平面图、系统图中，标注管道标高应按图 12-2 所示的方式标注，标高符号既可以直接标注在管道图例线上，也可以标注在引出线上。在剖面图中，管道标高应按图 12-3 所示的方式标注；在平面图中，沟渠标高应按图 12-4 所示的方式标注。

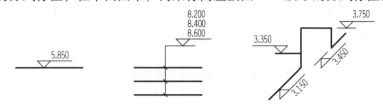

图 12-2　平面图、系统图中管道标高注法

（a）标注在管道图例线上；（b）标注在引出线上；（c）系统图中标高注法

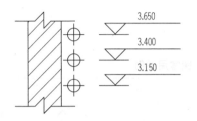

图 12-3　剖面图管道标高注法

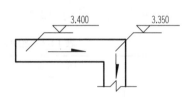

图 12-4　平面图沟渠标高注法

④管径。给水排水工程图中，管道应注明直径。直径的单位是毫米（mm）。管道的直径分为公称直径、内径和外径。根据管道的材质和用途，标注不同的直径。低压流体输送用镀锌焊接钢管、不镀锌焊接钢管、铸铁管、硬聚氯乙烯、聚丙烯管等，管径应以公称直径 DN 表示（如 $DN20$、$DN40$ 等）；耐酸陶瓷管、混凝土管、钢筋混凝土管、陶土管（缸瓦管）等，管径应以内径 d 表示（如 $d380$、$d230$ 等）。焊接钢管（直缝或螺旋缝电焊钢管）、无缝钢管等，管径应以外径×壁厚表示（如 $D108 \times 4$、$D159 \times 4.5$ 等）。

单管及多管的管径应按图 12-5 所示的方法标注。

图 12-5　管径注法

⑤编号。当建筑物的给水引入管或排水排出管的数量多于一根时，宜用阿拉伯数字编号［图 12-6（a）］，编号圆直径为 11 mm，圆和水平直径均采用细实线，上半圆中注明管道类别代号，下半圆中注写编号。

建筑物内穿越楼层的立管，其数量多于一根时，宜用阿拉伯数字编号，编号宜按图 12-6（b）的方式标注，JL 为给水立管代号，WL 为污水立管代号。

给水排水附属构筑物（阀门井、检查井、水表井、化粪池等）多于一个时应编号。编号宜用构筑物代号后加阿拉伯数字表示。构筑物代号应采用汉语拼音字头。

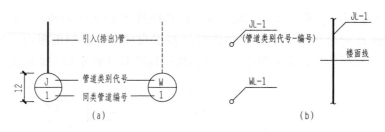

图12-6 管道编号表示法

（a）引入管或排出管编号；（b）立管编号

给水阀门井的编号顺序，应从水源到用户、从干管到支管、从支管到用户。排水检查井的编号顺序，应从上游到下游，先支管后干管。

4. 图例

给水排水施工图常用图例见表12-2。

表12-2 给水排水施工图常用图例

名 称	图 例	名 称	图 例
生活级水管	———— J ————	通气帽	↑ 成品 铅丝球
污水管	———— W ————	立管检查口	⊢
流向	▶	清扫口	平面 系统
坡向	$i=×‰$	圆形地漏	
立管	○—×L	盥洗槽	
水表井	▶	浴缸	
截止阀	DN≥50 DN<50	污水池	
放水龙头	平面图中 系统图中	盥洗盆	
多孔水管		蹲式大便器	
存水弯		坐式大便器	
淋浴喷头		小便槽	

12.1.2　室外给水排水平面图

室外给水排水平面图主要表明房屋建筑的室外给水排水管道、工程设施的布置及其与区域性的给水排水管网、设施的连接等情况。

1. 室外给水排水平面图的图示内容

室外给水排水平面图一般包括以下内容：

（1）表明建筑总平面图的主要内容，如地形、地貌及建筑物、构筑物、道路、绿化等的布置、有关的标高。

（2）表达区域内新建和原有给水排水管道、设施的平面布置、规格、数量、标高、坡度、流向等。

（3）当给水和排水管道的种类较多或地形复杂时，给水和排水管道可分别绘制总平面，或者增加局部放大图、纵断面图。

2. 室外给水排水平面图的识读

（1）读图步骤。

①读标题栏、设计说明，熟悉有关图例，了解工程概况。

②了解管道的种类、系统，分清给水、排水和其他用途的管道，分清原有管道和新建管道。

③对于新建管道，分系统按给水和排水的流程逐一了解新建阀门井、水表井、消火栓、检查井、雨水口、化粪池等的设置，了解管道的位置、直径、坡度、标高、连接等情况。

必要时需对照局部放大图、纵断面图、室内给水排水底层平面图等有关图纸进行阅读。

（2）读图实例。下面以某住宅楼工程的室外给水排水总平面（图 12-7）为例。

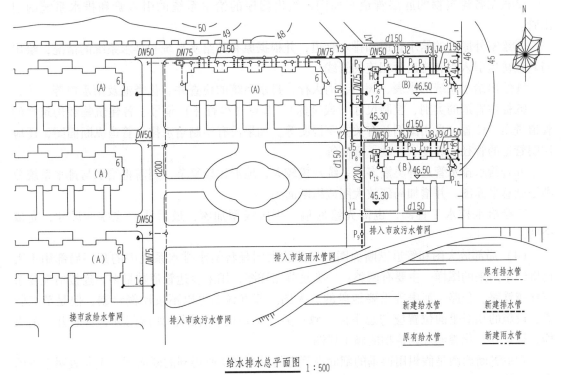

给水排水总平面图　1：500

图 12-7　给水排水总平面图

首先阅读给水系统，原有给水干管由南面市政给水管网引入，管道中心距离已有住宅楼16 m，管径为*DN*75，管道沿小区内道路敷设，给水干管一直向北再折向东，沿途分别设置支管（*DN*50）接入已有的四栋住宅楼（部分省略），并分别在适当的位置设置了两个室外消火栓。

新建给水管由已有住宅楼南侧最后一个给水阀门井接出，向东引到新建住宅楼，管径为*DN*50，管道中心距新建住宅楼10 m，新建给水管道上共有 9 座阀门井，在新建住宅楼的西侧设置了一个室外消火栓。

再阅读排水系统，本工程采用分流制，即分为污水和雨水两个系统分别排放。其中排放污水系统的原有管道主要是由住宅楼北侧向西汇集至化粪池的。排水支管管径为150，接到沿小区道路的干管上，干管管径为200（已有住宅楼的部分排水管省略）。新建排水管道是新建住宅楼的配套工程，接纳住宅楼排出的污水，由东而西排入化粪池（P_1—化粪池；P_{10}—化粪池）。汇集到化粪池的污水先进入进水井，再到出水井，经过简单预处理再从出水井的出水口排入污水干管，再向南出小区排向市政管网。

最后阅读雨水系统，各建筑物屋面的雨水经房屋雨水管排泄至室外地面，汇合地面上的雨水由庭院中路边雨水口进入雨水排水管道（已有雨水管道省略），再由北而南出小区排向市政雨水管道。

（3）室外给水排水平面图的绘制。

①选定比例和图幅，绘出建筑总平面图的主要内容（建筑物及道路等）。由于给水排水总平面图重点是表示管网的布置，所以，一般可以用中实线画出新建房屋的轮廓，用细实线绘出原有建筑物、道路、构筑物等。

②根据各建筑物的底层管道平面图，绘出房屋的给水系统的引入管和排水系统的引出管。

③绘室外原有的给水管道和排水管道，并根据原有的给水系统和排水系统的情况，绘出与新建房屋引入管和排出管相连的管线。

④绘出给水系统的水表、阀门、消火栓，排水系统的检查井、化粪池及雨水口等。

⑤标注管道的类别、控制尺寸（或坐标）、节点（检查井）编号、各建筑物和构筑物的管道进出口位置、自用图例及有关文字说明等。如果没有绘制给水排水管道纵断面图，还应注明管道的管径、坡度、长度、标高等。

⑥若给水排水管道种类繁多，系统规模较大，地形比较复杂，则需将给水与排水系统分别绘制总平面图，并增加局部放大图或纵断面图。

⑦绘给水排水工程图，也需先绘底稿，再按线型加深，最后注写文字、尺寸，完成全图。

（4）局部放大图和管道纵断面图。局部放大图是将给水排水系统中的某一局部用更大比例绘制出来的图样，主要有两类：一类是节点详图，用来表达管道数量多，连接情况复杂或穿越铁路、公路、河渠等重要地段的放大图。节点详图可以不按比例绘制，但是节点管道、设施的相对平面位置应与总平面一致；另一类是设施详图，如阀门井、水表井、消火栓、检查井、化粪池等构筑物的施工详图。

管道纵断面图是假想用铅垂的剖面沿管道的纵向剖切所得到的断面图，主要表明室外给水排水管道的纵向地面线、管道坡度、管道基础、管道与检查井等构筑物的连接和埋深以及与本管道相关的各种地下管道、地沟等的相对位置和标高。纵断面图的压力管道一般宜用单粗实线绘制，重力管道宜用双粗实线绘制。图 12-8 为新建住宅楼（北楼）外排水管 HC 至 P_9 的纵断面图，它显示出新建排水管各管段的管径、坡度、标高、长度以及与其交叉的给水管和雨水管（因水平与竖直方向分别采用两种绘图比例，给水管道和雨水排水管道的断面呈椭圆形）的相对位置情况。

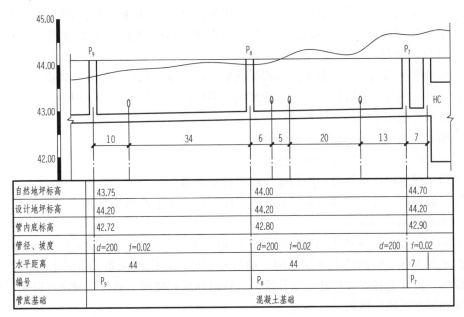

自然地坪标高	43.75		44.00			44.70
设计地坪标高	44.20		44.20			44.20
管内底标高	42.72		42.80			42.90
管径、坡度	$d=200$　$i=0.02$		$d=200$　$i=0.02$		$d=200$	$i=0.02$
水平距离	44		44			7
编号	P_9		P_8			P_7
管底基础	混凝土基础					

图 12-8　管道纵断面图

12.1.3　室内给水排水施工图

室内给水排水施工图主要包括给水排水平面图、系统图和详图等。

1. 室内给水排水平面图

（1）内容。室内给水排水平面图是表明给水排水管道及设备的平面布置的图样，主要包括：

①各用水设备的平面位置、类型。

②给水管网及排水管网的各个干管、立管、支管的平面位置、走向，立管编号和管道安装方式（明装或暗装）。

③管道器材设备如阀门、消火栓、地漏、清扫口等的平面位置。

④底层平面图还要表明给水引入管、水表节点、污水排出管的平面位置、走向及与室外给水、排水管网的连接。

⑤管道及设备安装预留洞位置、预埋件、管沟等方面对土建工程专业的要求。

（2）绘制。多层房屋的给水排水平面图原则上应每一层绘制一个平面图，管道系统及设备布置相同的楼层可以共用一个平面图表示。底层平面图因为要表达室外的引入管和排出管等，仍应单独绘出。底层给水排水平面图一般应绘出整幢房屋的平面图，其余各层可以仅绘出布置有管道及设备的房屋的局部平面图。

室内给水排水平面图是在建筑平面图的基础上表明给水排水有关内容的图纸。因此，要先用细线绘制房屋平面图中的墙身、柱、门窗洞、楼梯、台阶、轴线等主要内容。可以采用与建筑平面图相同的比例，如果有表达不清楚的地方也可以放大比例。再在抄绘的建筑平面图上，绘制卫生器具和管道。卫生器具（如洗脸盆、大便器等）和设施（如洗台、小便槽、污水池等）按规定的图例用中实线绘出。不论管道在楼面（地面）之上或之下，只要是属于本层使用的管道，均用规定的线型绘于本层平面图上，不考虑其可见性。为了便于识读施工，一般将给水系统和排水系统绘制在一个平面图上。当较复杂时，也可以分别绘制。

在给水排水平面图上，一般要注出轴线间的尺寸、地面标高、系统及管道编号、有关文字说明及图例。而管道的管径、坡度、标高则不必标注，另标注在系统图中。

给水排水平面图绘制的具体步骤：

①用细实线绘出建筑平面的主要部分。

②用中实线绘出卫生器具设备的轮廓线。

③用粗实线绘出给水管道，用粗虚线绘出排水管道。

④标注必要的尺寸、标高、系统编号等，注写有关文字说明及图例。

2. 室内给水排水系统图

（1）内容。室内给水排水系统图是用正面斜轴测投影绘制的，它主要表明室内给水排水管网的来龙去脉，管网的上下层之间、前后左右之间的空间关系，管道上各种器材的位置。系统图一般注有各管径尺寸、立管编号、管道标高和坡度。通过系统图可以明了建筑物给水系统和排水系统的概貌。

（2）绘制。管道系统图一般采用正面斜等轴测投影绘制，即 X 轴为水平方向，Z 轴为竖直方向，Y 轴与水平方向成 45° 夹角，三个轴向的变形系数都是 1。一般管道平面图的长向与 X 轴一致，管道平面图的宽向与 Y 轴方向一致。

管道系统图一般应采用与管道平面图相同的比例绘制，当管道系统复杂时，可以采用更大的比例。

各管道系统的编号应与底层管道平面图中的系统编号一致。排水系统和给水系统一般应分别绘制，以避免过多的管道重叠和交叉。

系统图中管道用单线绘制，采用的线型与平面图一样，一般给水管道采用粗实线绘制，排水管道采用粗虚线绘制。

对于多层建筑物的管道系统图，如果有管网布置相同的层，则不必层层重复绘出，可以将重复层的管道省略不画，只需在管道折断处注明"同某层"即可。当空间交叉管道在系统图中相交时，在相交处被挡的管线应断开。当系统图中管线过于集中或有重叠时，可以将某些管段断开，移至别处画出，在管线断开处注明相应的编号（图 12-9）。

在管道系统图中还要画出管道穿过的墙、地面、楼面、屋面的位置，以表明管道与房屋的相互联系，如图 12-10 所示。

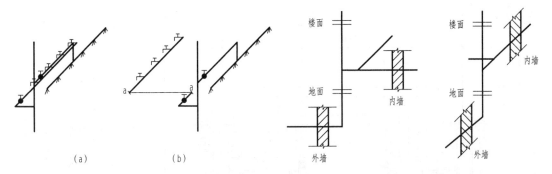

<table>
</table>

图 12-9　系统图中密集重叠处的引出画法
（a）有重叠；（b）断开并移开绘制

图 12-10　系统图中管道与房屋构件位置关系表示法

　　管道系统图中，所有管段均需标注管径，当连续几段的管径相同时，可以仅注其中两端管段的管径，中间管段省略不注。有坡度的横管应标注其坡度，当排水横管采用标准坡度时，图中可省略不注，而在设计说明中写明。管道系统图中还应标注必要的标高，标高是以建筑物首层室内地面为 ±0.000 的相对标高。给水系统图中，一般要注出横管、阀门、放水龙头和水管各部位的标高。排水系统图中，横管的标高一般由卫生器具的安装高度和管件尺寸所决定，所以不必标注。检查口和排出管起点要标注标高。此外，还要注出室内地面、室外地面、各层楼面和屋面的标高。

　　绘制管道系统图时，应参照管道平面图按管道系统分别绘制，其步骤如下：

①画主管。

②画立管上的各层地面线、屋面线。

③画给水引入管或污水排出管、通气管。

④画出给水引入管或污水排出管所穿过的外墙（局部）。

⑤从立管上引出各横管，在横管上画出用水设备的给水连接支管或排水承接支管。

⑥画出管道系统上的阀门、水龙头、检查口等器材。

⑦标注管径、标高、坡度、有关尺寸及编号等。

3. 平面图和系统图的识读

（1）读图步骤。

①查看图纸目录及设计说明，了解主要的建筑图和结构图，对给水排水工程有一个概括的了解。

②按给水系统和排水系统分别阅读；在同类系统中按管道编号依次阅读，某一编号的系统按水流方向顺序识读。给水系统：室外管网——引入管——水平干管——立管——支管——配水龙头（或其他用水设备）；排水系统：卫生器具——器具排水管（常设有存水弯）——排水横管——排水立管——排出管——检查井。

　　读图时，系统图和平面图应联系对照着阅读。

（2）读图实例。图 12-11 至图 12-15 给出了某住宅楼给水排水工程的平面图和系统图，分别阅读如下。

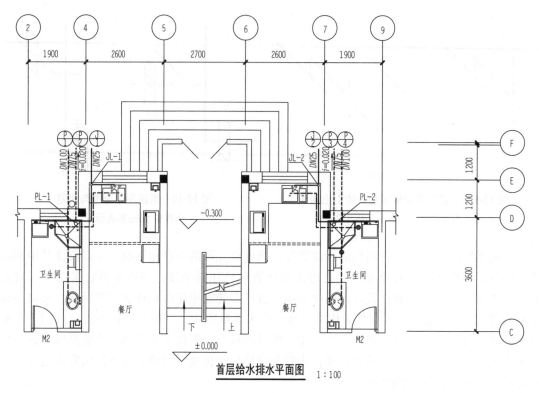

首层给水排水平面图 1：100

图 12-11　首层给水排水平面图

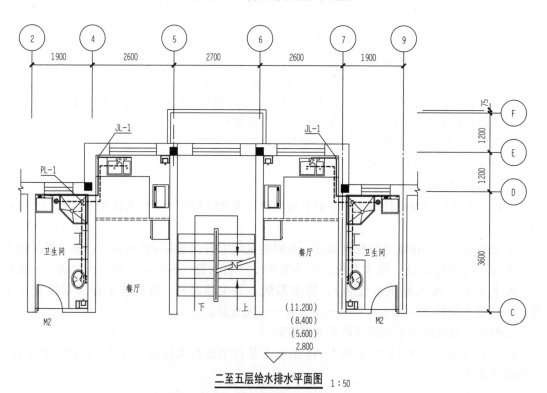

二至五层给水排水平面图 1：50

图 12-12　二至五层给水排水平面图

①平面图。图 12-11 和图 12-12 给出了一住宅小区某栋楼一层、二至五层的给水排水平面图，由平面图可了解到哪些房间布置有卫生器具、管道如何，其位置走向，这些房间的地面标高是多少。由图可知，在住宅楼的三个楼层中均在厨房和卫生间有给水排水设施。由管道编号可知，给水引入管 J/1、J/2 自Ⓔ轴墙进入室内，J/1 经水平干管及给水立管 JL－1 向各层厨房的洗菜盆供水，经水平管向卫生间各用水卫生设施供水；J/2 经水平干管及给水立管 JL－2 向各层厨房的洗菜盆供水，经水平管向卫生间各用水卫生设施供水。JL－1、JL－2位于厨房内一角，由给水立管 JL－1、JL－2 接出水平干管，由水平干管供水的设施器具依次是：厨房内洗菜盆，卫生间内淋浴间、洗衣机、坐便器、洗脸盆等。污水排出管有 P/1 至 P/2 共 4 根，排水立管有 PL－1 至 PL－2 共 2 根。P/1、P/2 没有接排水立管，即只承接、排泄首层的污水。P/2、P/3 为管道立管的排出管，该排出管则只连接排水立管而没有连接排水横管，说明它们承接、排泄首层以上的污水。

②系统图。先阅读给水系统图，图 12-13 所示给水系统图分别是 J/1、J/2 给水系统，现在先阅读 J/1 系统。对照平面图可知，引入管 *DN*25 穿过Ⓔ轴外墙引入室内，管道中心标高－1.500 m，进入室内后接至立管 JL－1，立管 JL－1 出一层地面后有阀门，在标高 1.000 m 处接出一横支管，安装有阀门、水表，通过横管供水至厨房的洗菜盆和卫生间的淋浴间、洗衣机、坐便器、洗脸盆等。另一给水系统是 J/2，在－1.500 m 一根 *DN*25 的引入管进入室内，进入室内后接至立管 JL－2，立管 JL－2 出一层地面后有阀门，在标高 1.000 m 处接出一横支管，安装有阀门、水表，通过横管供水至厨房的洗菜盆和卫生间的淋浴间、洗衣机、坐便器、洗脸盆等。由给水系统图还可以了解到各处的管径。再阅读排水系统图，图 12-14、图 12-15 为排水系统图，图中示出四个排水管道系统图，现仅阅读 P/2 排水系统，配合平面图可知该系统，在二、三、四、五层排水横管上可见地漏、洗脸盆、淋浴间、洗菜盆的 S 形存水弯、坐便器排水支管等，横管管径有 *DN*50、*DN*100 两种，坡度 $i = 0.020$，各层排水横管基本相同。排水立管向上有出屋面的排气管，向下穿过楼面、进入地面并在－1.800 m 标高处转为 *DN*100 排出管。立管在一层、三层、五层设有检查口。其他排水系统由读者自行阅读，注意每层中排水横管所接用水设备的排水管有何不同。

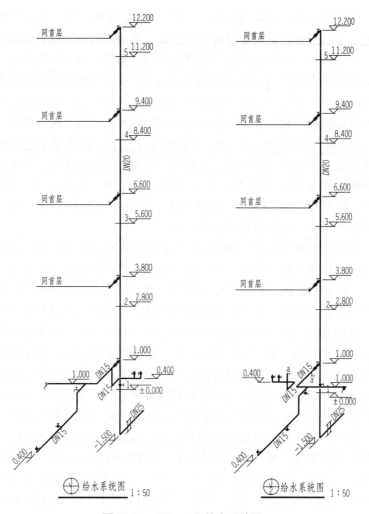

图 12-13   J/1、J/2 给水系统图

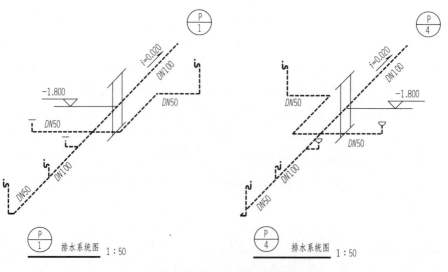

图 12-14   P/1、P/4 排水系统图

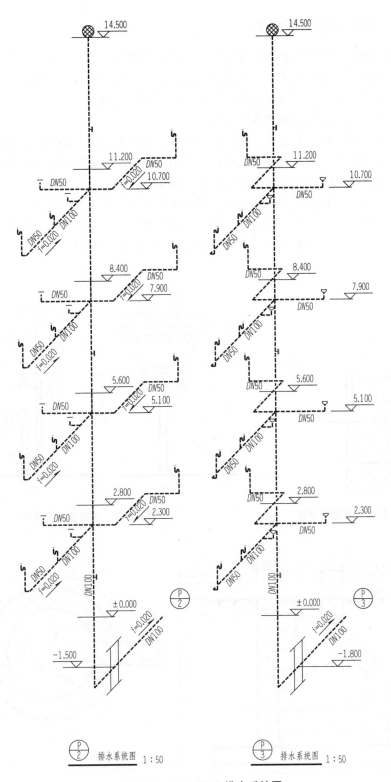

图 12-15 P/2、P/3 排水系统图

12.1.4　给水排水工程详图

　　无论是给水排水平面图、系统图还是给水排水总平面图，都只是显示了管道系统的布置情况。至于卫生器具、设备的安装，管道的连接、敷设，还需绘制安装详图。

　　详图要求详尽、具体、明确，视图完整，尺寸齐全，材料规格注写清楚，并附必要说明。详图采用比例较大，可按前述规定选用。

　　当各种管道穿越基础、地下室、楼地面、屋面、梁和墙等建筑构件时，其所需预留孔洞和预埋件的位置及尺寸，均应在建筑结构施工图中明确表示，而管道穿越构件的具体做法需以安装详图表示，图 12-16 所示为管道穿墙的一种做法。

　　一般常用的卫生器具及设备安装详图，可直接套用给水排水国家标准图集或有关的详图图集，无须自行绘制。选用标准图时，只需在图例或说明中注明所采用图集的编号即可；对不能套用的，则需自行绘制详图。现举洗脸盆、排水检查井设施详图为例供参阅，如图 12-17、图 12-18 所示。

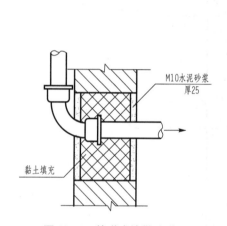

图 12-16　管道穿墙做法详图

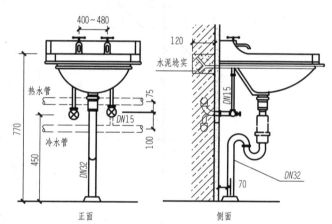

图 12-17　洗脸盆安装详图

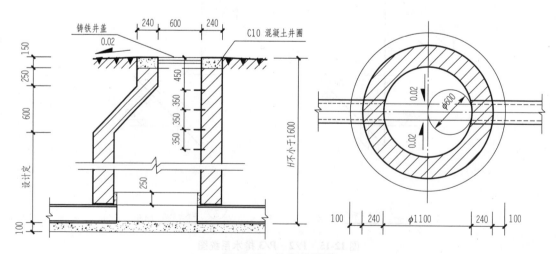

图 12-18　检查井详图

12.2 采暖工程图

采暖工程是为了改善人们的生活和工作条件，或者满足生产工艺的环境要求而设置的。

采暖工程是指在冬季创造适合人们生活和工作的温度环境，保持各类生产设备正常运转，保证产品质量以保持室温要求的工程设施。采暖工程由三部分组成：产热部分，即热源，如锅炉房、热电站等；输热部分，即由热源到用户输送热能的热力管网；散热部分，即各种类型的散热器。按采暖工程的热媒不同，一般分为热水采暖和蒸汽采暖。

采暖工程图是建筑工程图的组成部分，主要包括采暖平面图、系统图、剖面图、详图等。

12.2.1 采暖工程图的一般规定

1. 图线

（1）粗实线。用于绘制采暖供水干管、供气干管、立管和部件的轮廓线。

（2）中实线。用于绘制散热器及其连接支管线和采暖设备的轮廓线。

（3）细实线。用于绘制平、剖面图中土建构造轮廓线以及尺寸、图例、标高和引出线等。

（4）粗虚线。用于绘制采暖回水管、凝结水管。

（5）中虚线。用于绘制采暖管或设备被遮挡部分的轮廓线。

（6）细虚线。用于绘制采暖地沟轮廓线、工艺设备被遮挡部分轮廓线。

（7）单点长画线。用于绘制设备和部件的中心线、定位轴线。

（8）双点长画线。用于绘制工艺设备外轮廓线。

（9）折断线和波浪线。同建筑图。

2. 比例

绘图时，应根据图样的用途和物体的复杂程度优先选用表 12-3 中的常用比例，特殊情况允许选用可用比例。

表 12-3　比例

图名	常用比例	可用比例
总平图	1:500、1:1000	1:3000
剖面图	1:50、1:100、1:150、1:200	1:300
局部放大图、管沟断面图	1:50、1:20、1:50、1:100	1:30、1:40、1:50、1:200
索引图、详图	1:1、1:2、1:5、1:10、1:20	1:3、1:4、1:15

3. 图例

采暖工程图常用图例（部分）见表 12-4。

表 12-4　图例

名称	图例	名称	图例
供热（汽管）		自动排气阀	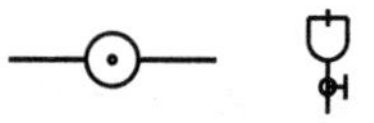
回（凝结）水管		散热器	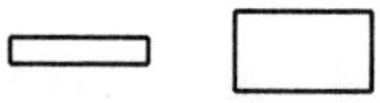
立管		手动排气阀	
流向		截止阀	
丝堵		闸阀	
固定支架		止回阀	 或
水泵		安全阀	
疏水器	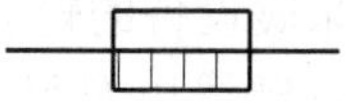	坡度及坡向	 $i=0.003$　或　$i=0.003$

4. 制图基本规定

（1）对于图纸目录、设计施工说明、设备及主要材料表等，如单独成图，其编号应排在其他图纸之前，编排应按上述顺序。

（2）图样需要的文字说明，宜以附注的形式放在该张图纸的右侧，并以阿拉伯数字编号。

（3）一张图纸内绘制几种图样时，图样应按平面图在下、剖面图在上、系统图和安装详图在右的顺序进行布置。如无剖面图时，可将系统图绘在平面图的上方。

（4）图样的命名应能表达图样的内容。

12.2.2　采暖工程图的规定

1. 标高和坡度

（1）需要限定高度的管道，应标注相对标高。

（2）管道应标注管中心标高，并标注在管段的始端或末端。

（3）散热器宜标注底标高，同一层、同标高的散热器只标右端的一组。

（4）坡度宜用单向箭头表示，数字表示坡度，箭头表示坡向下方。

2. 管道转向、分支、交叉和跨越

管道转向、分支、交叉和跨越的画法如图 12-19 所示。

3. 管径标注

（1）焊接钢管应用公称直径"DN"表示，如 DN32、DN15。无缝钢管应用外径×壁厚表示，如 DN114×5。

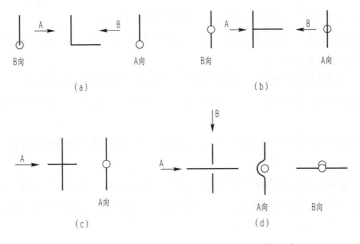

图 12-19 管道转向、分支、交叉、跨越画法

（a）管道转向；（b）管道分支；（c）管道交叉；（d）管道跨越

（2）管径尺寸标注的位置如下：

①管径变径处；

②水平管道的上方；

③斜管道的斜上方；

④竖向管道的左方；

⑤当无法按上述位置标注时，可另找适当位置标注，但应用引出线示意该尺寸与管段的关系；

⑥同一种管径的管道较多时，可不在图上标注管径尺寸，但应在附注中说明。

4. 编号

（1）采暖立管编号采用阿拉伯数字表示，如图 12-20 所示。

（2）采暖入口编号采用阿拉伯数字表示，R—代号，n—编号，如图 12-21 所示。

图 12-20 采暖立管编号画法　　　　　**图 12-21 采暖入口编号画法**

12.2.3 室内采暖工程图

室内采暖工程包括采暖管道系统和散热设备。室内采暖工程图分为平面图、系统图及详图，现仅介绍前两者。

1. 室内采暖平面图

（1）内容。室内采暖平面图是表示采暖管道及设备平面布置的图纸，主要内容如下。

1）散热器平面位置、规格、数量及其安装方式（明装或暗装）。

2）采暖管道系统的干管、立管、支管的平面位置和走向，立管编号和管道安装方式（明装或暗装）。

3）采暖干管上的阀门、固定支架、补偿器等的平面位置。

4）采暖系统有关设备如膨胀水箱、集气罐（热水采暖）、疏水器的平面位置和规格、型号以及设备连接管的平面布置。

5）热媒入口及入口地沟情况，热媒来源、流向及与室外热网的连接。

6）管道及设备安装所需的留洞、预埋件、管沟等与土建施工的关系和要求。

（2）绘制。

1）多层房屋的管道平面图原则上应分层绘制，管道系统布置相同的楼层平面可绘制一个平面图。

2）用细线抄绘房屋平面图的主要部分，如房屋的墙身、柱、门窗洞、楼梯、台阶等主要构配件，其他如房屋细部和门窗代号等均可略去。底层平面图应画全轴线，楼层平面图可只画边界轴线。

3）绘出采暖设备平面图，散热器的规格及数量标注方法如下：

①柱式散热器只注数量；

②圆翼形散热器应注根数、排数，如 3×2，表示每排根数×排数；

③光管散热器应注管径、长度、排数，如 $D108×3000×4$，表示管径（mm）×管长（mm）×排数；

④串片式散热器应注长度、排数，如 1.0×3，表示长度（m）×排数；

⑤散热器的规格、数量标注在本组散热器所靠外墙的外侧，远离外墙布置的散热器标注在散热器的上侧（横向放置）或右侧（竖向放置）。

4）按管道类型以规定线型和图例绘出由干管、立管、支管组成的管道系统平面图。管道一律用单线绘制。

5）标注尺寸、标高、注写系统和立管编号以及有关图例、文字说明等。在底层平面图中注出轴线间尺寸，另外要标注室外地面的整平标高和各层楼面标高。管道及设备一般不必标注定位尺寸，必要时，以墙面和柱面为基准标出。采暖入口定位尺寸应标注由管中心至相邻墙面或轴线的距离。管道的长度在安装时以实测尺寸为依据，图中不予标注。

2. 室内采暖系统图

（1）内容。室内采暖系统图是根据各层采暖平面中管道及设备的平面位置和竖向标高，用正面斜轴测或正等轴测投影法以单线绘制而成。它表明自采暖入口至出口的室内采暖管网系统、散热设备、主要附件的空间位置和相互关系。该图注有管径、标高、坡度、立管编号、系统编号以及各种设备、部件在管道系统中的位置。把系统图与平面图对照阅读，可了解室内采暖系统的全貌。

（2）绘制。

①连择轴测类型，确定轴测方向。采暖系统图宜用正面斜轴测或正等轴测投影法绘制，采暖系统图的轴向要与平面图的轴向一致，亦即 OX 轴与平面图的长度方向一致，OY 轴与平面图的宽度方向一致。

②确定绘图比例。系统图一般采用与之相对应的平面图相同的比例绘制。当管道系统复杂时，亦可放大比例。当采取与平面图相同的比例时，水平的轴向尺寸可直接从平面图上量取，竖直的轴向尺寸可依层高和设备安装高度量取。

③按比例画出建筑楼层地面线。

④绘制管道系统。采暖系统图中管道系统的编号应与底层采暖平面图中的系统索引符号的编号一致。采暖系统宜按管道系统分别绘制，这样可避免过多的管道重叠和交叉。采暖管道用粗实线绘制，回水管道用粗虚线绘制，设备及部件均用图例表示并以中、细线绘制。当管道过于集中无法画清楚时，可将某些管段断开，引出绘制，相应的断开处宜用相同的小写拉丁字母注明。

⑤依散热器安装位置及高度画出各层散热器及散热器支管。

⑥画出管道系统中的控制阀门、集气罐、补偿器、固定支架、疏水器等。

⑦标注管径、标高等。管道系统中所有管段均需标注管径，当连续几段的管径都相同时，可仅注其两端管段的管径。凡横管均需注出（或说明）其坡度。注明管道及设备的标高，标明室内、外地面和各层楼面的标高。柱式、圆翼形散热器的数量应注在散热器内；光管式、串片式散热器的规格、数量应注在散热器的上方。标注有关尺寸以及管道系统、立管编号等。

⑧室内采暖平面图和系统图应统一列出图例。

3. 室内采暖平面图与系统图的识读

识读室内采暖工程图需先熟悉图纸目录，了解设计说明，了解主要的建筑图（总平面图、平面图、立面图、剖面图以及有关的结构图），在此基础上将采暖平面图和系统图联系对照识读，同时再辅以有关详图识读。

（1）熟悉图纸目录，了解设计说明。

①熟悉图纸目录，从图纸目录中可知工程图样的种类和数量，包括所选用的标准图或其他工程图样，从而可粗略得知工程的概貌。

②阅读设计和施工说明，了解有关气象资料、卫生标准、热负荷量、热指标等基本数据；采暖系统的形式、划分及编号；统一图例和自用图例符号的含义；图中未加表明或不够明确而需特别说明的一些内容；统一做法的说明和技术要求。

（2）室内采暖平面图的识读。

①明确室内散热器的平面位置、规格、数量以及散热器的安装方式（明装、暗装或半暗装）。

②了解水平干管的布置。识读时需注意干管是敷设在最高层、中间层还是底层。在底层平面图上还会出现回水干管或凝结水干管（蒸汽采暖系统），识别时也要注意。此外还应弄清楚干管上的阀门、固定支架、补偿器等的位置、规格及安装要求等。

③通过立管编号查清立管系统数量和位置。

④了解采暖系统中膨胀水箱、集气罐（热水采暖系统）、疏水器（蒸汽采暖系统）等设备的位置、规格以及设备管道的连接情况。

⑤查明采暖入口及入口地沟或架空情况。采暖入口无节点详图时，采暖平面图中一般将入口装置的设备如控制阀门、减压阀、除污器、疏水器、压力表、温度计等表达清楚，并注明规格、热媒来源、流向等。若采暖入口装置采用标准图，则可按注明的标准图号查阅标准图。当有采暖入口详图时，可按图中所注索引号查阅采暖入口详图。

（3）室内采暖系统图的识读。

①按热媒的流向确认采暖管道系统的形式及干管与立管以及立管、支管与散热器之间的连接情况，确认各管段的管径、坡度、坡向，水平管道和设备的标高以及立管编号等。

②了解散热器的规格及数量。当采用柱形或翼形散热器时，要弄清楚散热器的规格与片数（以及带脚片数）；当为光管散热器时，要弄清楚其型号、管径、排数及长度；当采用其他采暖设备时，要弄清楚设备的构造和标高（底部或顶部）。

③注意查清其他附件与设备在管道系统中的位置、规格及尺寸，并与平面图和材料表等加以核对。

④查明采暖入口的设备、附件、仪表之间的关系，热媒来源、流向、坡向、标高、管径等。如有节点详图，要查明详图编号，以便查阅。

（4）识读举例。图 12-22、图 12-23、图 12-24 为某住宅楼采暖工程施工图。它包括室内采暖平面图（在此仅给出首层）、系统图和详图。该工程的热媒为热水，由锅炉房通过室外埋地管道集中供热。供暖入口和回水出口位于厨房入口处，在 -1.500 标高穿过基础进入厨房间，管径 $DN50$，然后出地面经热力箱再返入地面下至管道竖井。管径变为 $DN40$，供热立管分别在 1.200、3.000、5.700 标高处分出 $DN32$ 供热干管接至户内分配器，由分配器引出三路支管，管径 $DN20$，敷设在地面下，分别向卫生间和小卧室、厨房和餐厅、客厅和大卧室供热。散热器为铝合金 LF-700-0.8 型，均明装在窗台之下。平面图表明了散热器的布置状况及各组散热器的片数。由详图中的说明可知，由供热入口至分户热力计量表管材采用热镀锌钢管，支管采用铝塑复合管（耐温大于 95 ℃）。在管道系统上尚有对夹式蝶阀、锁闭阀、平衡阀、过滤器、热计量表、自动排气阀等。供热干管采用 0.003 的坡度"抬头走"，回水干管采用 0.003 的坡度"低头走"。

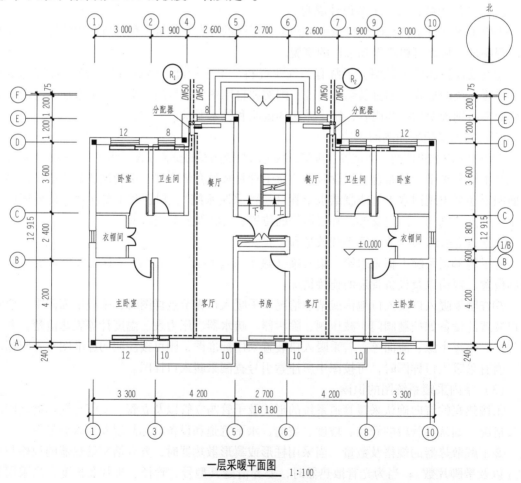

一层采暖平面图　1:100

图 12-22　采暖平面图

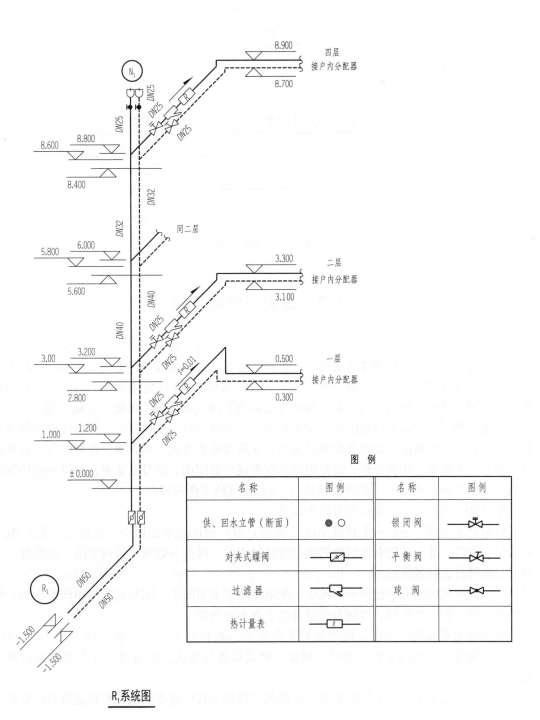

R₁系统图

图 12-23　采暖系统图

名　称	图　例	名　称	图　例
供、回水立管（断面）	● ○	锁闭阀	
对夹式蝶阀		平衡阀	
过滤器		球阀	
热计量表	R		

图　例

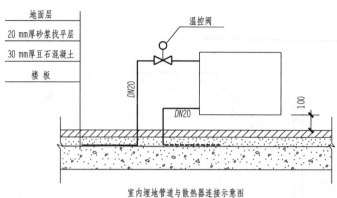

室内埋地管道与散热器连接示意图

说明:
散热器:选用铝合金LF-700-0.8型散热器,挂墙明装。
管材:由热力入口起至分户热量表选用热镀锌钢管;支管材质为铝塑复合管(耐温大于95℃)。

图 12-24　采暖详图

12.3　建筑电气施工图

房屋建筑中,都要安装许多电气设施,如照明、电视、通信、网络、消防控制、各种工业与民用的动力装置、控制设备及避雷装置等。电气工程或设施,都需要经过专门设计表达在图纸上,这些图纸就是电气施工图(也叫电气安装图)。在房屋建筑施工图中,它与给水排水施工图、采暖通风施工图一起,被列为设备施工图。电气施工图按"电施"编号。

上述各种电气设施表达在图中,主要是两个方面的内容:一是供电、配电线路的规格与敷设方式;二是各类电气设备及配件的选型、规格及安装方式。而导线、各种电气设备及配件等本身,多数不是用其投影,而是用国家标准规定的图例、符号及文字,标绘在按比例绘制的建筑物各种投影图中(系统图除外),这是电气施工图的特点。

电气施工图的图类,常见的有以下几种:

供电总平面图——在一个建筑小区(街坊)或厂区的总平面图中,表达变(配)电所的容量、位置,通向各用电建筑物的供电线路的走向、线型与数量、敷设方法,电线杆、路灯、接地等位置及做法的图。

变、配电室的电力平面图——在变、配电室建筑平面图中,用与建筑图相同的比例,绘出高低压开关柜、变压器、控制盘等设备的平面布置的图。

室内电力平面图——在一幢建筑的平面图中,各种电力工程(如照明、动力、电话、广播、网络等)的线路走向、型号、数量、敷设位置及方法、配电箱、开关等设备位置的布置图。

室内电力系统图——不是投影图,是用图例符号示意性地概括说明整幢建筑的供电系统的来龙去脉的图。

避雷平面图——在建筑屋顶平面图上,用图例符号画出避雷带、避雷网的敷设平面图。

施工安装详图——用来详细表示电气设施安装方法及施工工艺要求的图,多选用通用电气设施标准图集。

本节主要介绍室内电力平面图及室内电力系统图的图示内容及画法、读法。

12.3.1 有关电气施工图的一般规定

1. 绘图比例

一般各种电气的平面布置图使用与相应建筑平面图相同的比例，此种情况下，如需确定电气设备安装的位置或导线长度，可在图上用比例尺直接量取。与建筑图无直接联系的其他电气施工图，可任选比例或不按比例地示意性绘制。

2. 图线使用

电气施工图的图线，其线宽应遵守建筑工程制图标准的统一规定（见第 1 章），其线型与统一规定基本相同。各种图线的使用方法如下：

（1）粗实线（b）：电路中的主回路线；

（2）虚线（$0.35b$）：事故照明线、直流配电线路、钢索或屏蔽等，以虚线的长短区分用途；

（3）单点长画线（$0.25b$）：控制及信号线；

（4）双点长画线（$0.25b$）：50 V 及以下电力、照明线路；

（5）中粗线（$0.5b$）：交流配电线路；

（6）细实线（$0.25b$）：建筑物的轮廓线。

3. 图例符号

建筑电气施工图中，包含大量的电气符号。电气符号包括图形符号、电工设备文字符号、电工系统图的回路标号三种，现只介绍前两种。

（1）图形符号。在电气工程的施工图中，常用的电气图形符号见表 12-5。

表 12-5　电气图形符号

名称	图例	名称	图例
配电箱	▬	暗装双极开关	
接地线		暗装三极开关	
熔断器	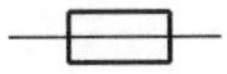	暗装四极开关	
电度表	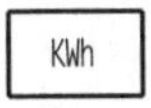 KWh	单极双控开关	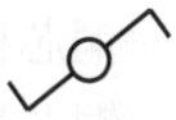
灯具的一般符号	 ⊗	单极接线开关	
荧光灯一般符号		向上引线	
双管荧光灯	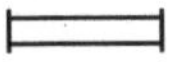	自下引来	
壁灯		向下引线	

续表

名称	图例	名称	图例
吸顶灯		自下向上引线	
明装单相双极插座		向下并向上引线	
暗装单相双极插座		自上向下引线	
暗装单相三极插座		两根导线	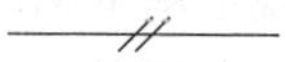
暗装单相四极插座		三根导线	
暗装单极开关		四根导线	
明装单极开关	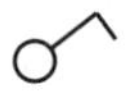	n 根导线	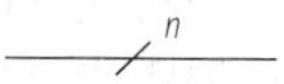

（2）电工设备文字符号。电工设备文字符号用来表明系统图和原理图中设备、装置、元（部）件及线路的名称、性能、作用、位置和安装方式。

在电力平面图中标注的文字符号规定为：

①在配电线路上的标号格式。

$a-b\ (c\times d+c\times d)\ e-f$

a——回路编号，一般用阿拉伯数字；

b——导线型号；

c——导线根数；

d——导线截面；

e——敷设方式及穿管管径；

f——敷设部位。

表示常用导线型号的代号有：

BX——铜芯橡皮绝缘线；

BV——铜芯聚氯乙烯绝缘线；

BLX——铝芯橡皮绝缘线；

BLV——铝芯聚氯乙烯绝缘线；

BBLX——铝芯玻璃丝橡皮绝缘线；

RVS——铜芯聚氯乙烯绝缘绞型软线；

RVB——铜芯聚氯乙烯绝缘平型软线；

BXF——铜芯氯丁橡皮绝缘线；

BLXF——铝芯氯丁橡皮绝缘线；

LJ——裸铝绞线。

表达导线敷设方式的常见文字符号见表 12-6。

表 12-6　导线敷设方式的常见文字符号

文字符号	文字符号的意义	文字符号	文字符号的意义
RC	穿水煤气管敷设	FPC	穿聚氯乙烯半硬质管敷设
SC	穿焊接钢管敷设	KPC	穿聚氯乙烯塑料波纹电线管敷设
TC	穿电线管敷设	CP	穿金属软管敷设
PC	穿聚氯乙烯硬质管敷设	PCL	用塑料夹敷设

表达导线敷设部位的常见文字符号见表 12-7。

表 12-7　导线敷设部位的常见文字符号

文字符号	文字符号的意义	文字符号	文字符号的意义
CLE	沿柱或跨柱敷设	CLC	暗敷设在柱内
WE	沿墙面敷设	WC	暗敷设在墙内
CE	沿天棚面或顶板面敷设	FC	暗敷设在地面内
ACE	在能进入的吊顶内敷设	CCC	暗敷设在顶板内
BC	暗敷设在梁内	ACC	暗敷设在不能进入的吊顶内

表达线路用途的常见文字符号见表 12-8。

表 12-8　线路用途的常见文字符号

文字符号	文字符号的意义	文字符号	文字符号的意义
WC	控制线路	WP	电力线路
WD	直流线路	WS	声道（广播）线路
WE	应急照明线路	WV	电视线路
WF	电话线路	WX	插座线路
WL	照明线路		

例如，在施工图中，某配电线路上标有这样的写法：

WL－2－BV（3×16＋1×10）PC32－FC，WL－2 表示照明第二回路，BV 是铜芯聚氯乙烯绝缘线，3 根 16 mm² 加上 1 根 10 mm² 截面的导线，PC 是穿聚氯乙烯硬质管敷设，4 根导线穿管径为 32 mm 的焊接钢，FC 是暗敷设在地面内。

②照明灯具的表达方式。

$$ab\frac{c \times d}{e}f$$

a——灯具数；

b——型号；

c——每盏灯的灯泡数或灯管数；

d——灯泡容量（W）；

e——安装高度（m）；

f——安装方式。

表示灯具安装方式的代号有：

CP——自由器线吊式；

CP_1——固定线吊式；

CP_2——防水线吊式；

Ch——链吊式；

P——管吊式；

W——壁装式；

S——吸顶式；

R——嵌入式；

CR——顶棚内安装。

一般灯具标注，常不写型号，如 $6\dfrac{40}{2.8}$，表示 6 个灯具，每盏灯为一个灯泡或一个灯管，容量为 40 W，安装高度为 2.8 m，链吊式。吊灯的安装高度是指灯具底部与地面距离。

另外，常用电工设备的文字符号见表 12-9。

表 12-9　电工设备常用基本文字符号（部分）

文字符号	设备装置及元件	文字符号	设备装置及元件
C	电容器	R	电阻器
EL	照明灯	RP	电位器
FU	熔断器	SA	控制开关
KA	交流继电器	SB	按钮开关
L	电感器	SP	压力传感器
M	电动机	T	变压器
PA	电流表	TM	电力变压器
PJ	电度表	XP	插头
PV	电压表	XS	插座
QF	断路器		

12.3.2　电气照明施工图

1. 电气照明的一般知识

建筑物内部的电气照明，应由以下几部分组成：引向室内的供电线路（进户线）、照明配电箱、由配电箱引向灯具和插座的供电支线（配电线路）、灯具及插座的型号及布局等。如图 12-25、图 12-26 所示。

供电线路除特殊需要外，通常采用 380/220 V 三相四线制供电。由市电网的用户配电变压器或变配电室的低压侧引出三根相线（或称火线，以 L_1、L_2、L_3 表示）和一根零线（以 N 表示）。相线与相线之间的电压是 380 V，称为线电压；相线与零线之间的电压是 220 V，称为相电压。

　　根据照明用电量的大小不同，供电方式可采用 220 V 单相二线制（图 12-25）和 380/220 V 三相四线制（图 12-26）两种系统。一般小容量的照明负载（计算电流在 30 A 以下），可用 220 V 的单相二线制供电。对容量较大的照明负载（计算电流趋近 30 A），常采用 380/220 V 三相四线制供电方式。采用三相四线制供电，可使各相线路的负载比较均衡。

　　给照明设施供电的照明配电箱，根据其外壳结构通常分为墙挂式（明装）和嵌入安装式（暗装）两种。进线一般为三相四线，出线（分支线）主要是单相多回路的，也有用三相四线或二相三线的。

　　从图 12-25、图 12-26 中可以看到，电源经进户线进入室内，经过供电单位设置的总熔断丝盒后（或配电柜），进入配电箱，经配电箱分配成数条支路，分别引至室内各处的电灯、插座等用电设备上。配电箱对室内的用电进行总控制、保护、计量和分配。

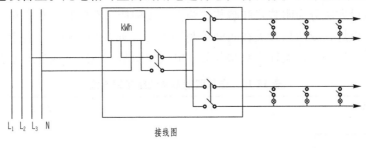

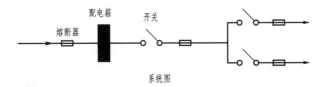

图 12-25　220 V 单相二线制供电系统

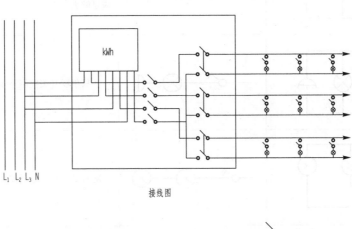

图 12-26　380/220 V 三相四线制供电系统

配电箱内装有计量用电量的电度表、进行总控制的总开关和总保护熔断器（或限流及过压保护器）、各分支线的分开关和分路熔断器。由配电箱引出的数条分支线路，通过最短的路径，直接敷设到灯具和插座上，使用电设备器具尽可能均匀地分配在各支线上。每一支路的灯具和插座总数，不应超过 20 个，负载电流不超过 15 A，支线长度不应超过下述范围：220 V 单相二线制为 35 m，380/220 V 三相四线制为 70 m。

室内照明线路的敷设方法，分为明线布线和暗线布线两种。明线敷设是将导线沿着墙壁或天棚的表面，架设在绝缘的支撑（槽板、瓷夹、瓷瓶、线卡）上。暗线敷设是将导线穿入绝缘管或金属管内（管子预设在墙内、楼板内或天棚内）。暗线敷设方式所用的绝缘导线，其绝缘强度不应低于 500 V 的交流电压。管内所穿导线总面积不应超过管孔面积的 40%，管内不允许有接头，同一管内的导线数量不超过 10 根。

灯开关按敷设方法分为明装式和暗装式两类，按构造分有单联、双联和三联开关。可以一只开关控制一盏灯，或两只开关在两处控制一盏灯（如楼梯间灯的上下控制），前一种开关称为单联开关，后一种开关称为双联开关。电气照明基本线路接线方式见表 12-10。

表 12-10 电气照明基本线路接线方式

接线图	电路图	线路接线方式及说明
		一只单联开关控制一盏灯，开关控制相线
		一只单联开关控制两盏灯或多盏灯，一只单联开关控制多盏灯时，要注意开关的容量应足够大
		一只单联开关控制一盏灯及插座
		两只单联开关分别控制两盏灯
		两只单联开关在两个地方控制一盏灯，如楼梯灯需楼上楼下同时控制，走廊灯需要走廊两端同时控制

接线图	电路图	线路接线方式及说明
		一只单联开关控制一盏灯但不控制插座

插座分为双极插座和三极插座，双极插座又分双极两孔和双极三孔（其中一孔作地极）两种，三极插座有三极三孔和三极四孔（其中一孔作地极）两种。插座也有明装和暗装两类。

在建筑平面图上根据灯具、开关和插座的位置进行布线，各线路用单线图表示，以短斜线或数字表明同一走向的导线根数（图 12-27）。

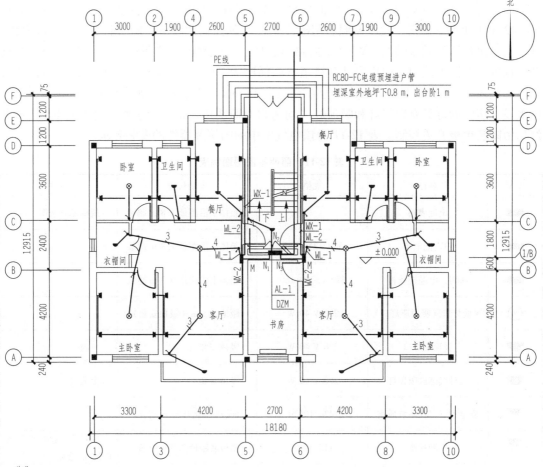

说明：
1. 本工程照明线均采用BV-500V型导线。
2. 表箱至户内开关箱导线为BV-3×16-PC40-FC/CC。
3. 户内开关箱至照明负荷为BV-2×2.5-PC25-FC/CC。
4. 户内开关箱至空调插座为BV-3×4-PC25-FC/CC。
5. 至卫生间等电位接线盒为BV-1×4-PC20FC/CC。

一层照明平面图　　1:100

图 12-27　一层照明平面图

2. 照明平面图

照明平面图是在按一定比例绘制的建筑平面图上，标明电源（供电导线）的实际进线位置、规格、穿线管径，配电箱的位置，配电线路的走向、编号、敷设方式，配电线的规格、根数、穿线管径，开关、插座、照明器具的种类、型号、规格、安装方式、位置等。现以图 12-27 为例说明照明平面图如何表达上述内容。

图 12-27 是住宅楼一层照明平面图，进户电缆在北侧由 −1.4 m 深处穿 80 mm 的水煤气钢管过Ⓔ轴墙进入室内，至电缆换线箱 DZM（此段电缆由电力部门负责），由电缆换线箱随即接入配电箱"AL − 1"（图中两箱画在一起），配电箱还接出一根线沿⑤轴至室外，注有PE 线字样，表示有一根接地保护线。

配电箱"AL − 1"旁有向上引线的图形符号，表示有导线从配电箱引出引向上一层。本层从配电箱引出三个回路；N_1 向左单元供电、N_2 向楼梯间照明、N_3 向右单元供电。引向住户室内的导线进入户内后接户内配电箱（图中注有 M），户内配电箱接出照明回路 WL − 1、WL − 2，插座回路 WX − 1、WX − 2 和 PE 线，其中 WL − 1 供客厅、主卧室及阳台照明用电，WL − 2 供卫生间、厨房、次卧室照明用电，WX − 1 回路向次卧室、厨房和卫生间及洗衣机、排风扇、热水器的插座供电，WX − 2 回路向客厅、主卧室的插座供电。各回路的导线规格及敷设方式在图下注明，如户内开关箱至空调插座为 BV − 3 × 4 − PC25 − FC/CC，即铜芯聚氯乙烯绝缘线，3 根，4 mm^2 截面，穿在直径为 25 mm 的聚氯乙烯硬质管内，沿地面、楼板暗敷设。房间的灯具有白炽灯和吸顶灯（均为临时照明用，由住户装修时选择灯具），每盏灯均由暗装单极开关控制。表 12-11 为该电气图中的图例及器件的安装要求。

表 12-11　照明平面图图例表

图例	名称	规格	安装位置	备注
▬	电度表箱		箱体下沿距地 1.8 m 暗装	规格见系统图
▬	户内配电箱	300 × 250 × 90	箱体下沿距地 1.8 m 暗装	
▬	DZM，电缆换线箱	320 × 500 × 160	箱体下沿距地 0.3 m 暗装	
⊗	吊线灯口（吸顶座灯口）	220 V 40 W	距地 2.5 m（吸顶安装）	
◖	吸顶座灯口	220 V 40 W	吸顶安装	户内
◖	红外线感应吸顶灯	220 V 40 W	吸顶安装	走道内
▽	安全型二三孔暗装插座	T426/10USL	面板底距地 0.35 m 暗装	
▽K	空调插座	T15/15CS	面板底距地 2.0 m 暗装	带开关，起居室距地 0.35 m 暗装
▽X	洗衣机插座	T15/10S + T223DV	面板底距地 1.6 m 暗装	带开关防溅型
▽R	电热水器插座	T426/15CS + T223DV	面板底距地 1.8 m 暗装	防溅型
▽T	电吹风插座	T426/10USL + T223DV	面板底距地 1.4 m 暗装	防溅型

续表

图例	名称	规格	安装位置	备注
▼F	厨房插座	T426/10US3	面板底距地 1.4 m 暗装	带开关
▼B	电冰箱插座	T426/10US3	面板底距地 1.6 m 暗装	带开关
▼C	抽油烟机插座	T426/10US3	面板底距地 1.8 m 暗装	带开关
▼P	排气扇插座	T426U + T223DV	面板底距地 2.4 m 暗装防溅型	
◝t	延时触摸开关	TP31TS	面板底距地 1.4 m	
◝	暗装单极开关	T31/1/2A	面板底距地 1.4 m	
◝	暗装双极开关	T32/1/2A	面板底距地 1.4 m	
▣	等电位接线盒	125 × 167 × 82	距室内地面 0.5 m 暗装	首层电源入户处
		88 × 88 × 53	距地 0.35 m 暗装	住宅卫生间内

绘制照明平面图时应注意以下几点：

（1）建筑部分只用细实线画出墙柱、门窗位置等。

（2）注写建筑物的定位轴线尺寸。

（3）绘图比例可与建筑平面图的比例相同。

（4）不必注明线路、灯具、插座的定位尺寸，具体位置在施工时按有关规定确定。

（5）电气设施平面布置相同的楼层，可用一个电气平面图表达，说明其适用层数。

（6）灯具开关的布置，要结合门的开户方向，安全方便。

3. 照明系统图

在照明平面图中，已清楚地表达了各层电气设备的水平及上下连接线路，对于平房或电气设备简单的建筑，只用照明平面图即可施工。而多层建筑或电气设备较多的整幢建筑的供配电状况，仅用照明平面图了解全貌，就比较困难，因此，一般情况下都要画照明系统图。

照明系统图要画出整个建筑物的配电系统和容量分配情况，所用的配电装置，配电线路所用导线的型号、截面、敷设方式，所用管径，总的设备容量等。

系统图用来表示总体供电系统的组成和连接方式，通常用粗实线表示。系统图通常不表明电气设备的具体安装位置，所以不是投影图，没有比例关系，主要表明整个工程的供电全貌和接线关系。

现以与图 12-27 照明平面图相对应的住宅楼照明系统图（图 12-28）为例，说明系统图的图示内容和表达方法。

图中进户线缆由配电柜引出穿直径 50 的水煤气钢管至电缆换线箱，再由电缆换线箱引出 380/220 V 三相四线制电源，BV – 500V – 4 × 35 – PC50 – WC 表示用三根截面为 35 mm^2（相线）和一根截面为 35 mm^2（零线）的铜芯聚氯乙烯绝缘导线，穿在直径为 50 mm 的聚氯乙烯硬质管内，沿墙暗敷。导线接入干线 T 形接线箱后，除接至一层配电箱"AL‑1"外，还向二、三、四层引线。另有一根接地保护线（PE）从配电箱接出至室外接地。电表箱内有电度表，DD862a 是电度表的型号，10（40）A 表示工作电流为 10（短时允许最大电流 40）安培。电表后有一限流及过压保护开关（见图上方表中所注），然后接至户内的分户配电箱 M。

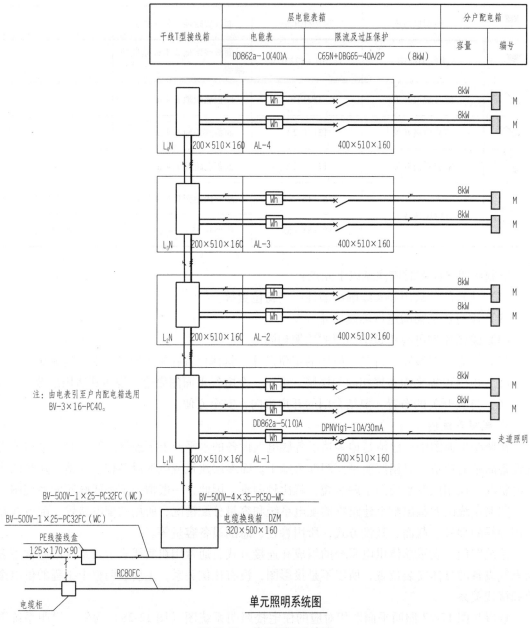

干线T型接线箱	层电能表箱		分户配电箱	
	电能表	限流及过压保护	容量	编号
	DD862a-10(40)A	C65N+DBG65-40A/2P （8kW）		

注：由电表引至户内配电箱选用 BV-3×16-PC40。

单元照明系统图

图 12-28 单元照明系统图

习题

1. 建筑给水与排水系统由哪些部分组成？

2. 建筑给水与排水施工图一般由哪些图组成？

3. 在建筑给水与排水平面图中，管道是如何表示的？立管是如何表示的？应如何编号？系统图中应标注哪些尺寸？

4. 建筑采暖系统由哪些部分组成？

5. 建筑采暖施工图一般有哪些图？

6. 在采暖平面图中，管道是如何表示的？立管是如何表示的？应如何编号？系统图中应标注哪些尺寸？

7. 建筑电气系统由哪些部分组成？

8. 建筑电气施工图一般有哪些图？

9. 在建筑照明电气平面图和系统图中，配电线路是如何表示的？配电线路的标注格式如何？

第 13 章

机械工程图

★学习目标

1. 了解零件图的作用和内容。
2. 掌握零件图的表达方法。
3. 掌握装配图的表达方法。

机械工程图是机械产品在设计、制造、检验、安装、调试过程中使用的、用以反映产品的形状、结构、尺寸、技术要求等内容的机械工程图样。根据其功能的不同，可分为零件图和装配图。本章将简要介绍零件图和装配图的作用、内容、表达方法、读图及绘图的一般方法和步骤等。

13.1　零件图

13.1.1　零件图的作用

零件图是设计部门提交给生产部门的重要技术文件，它不仅反映了设计者的设计意图，而且表达了零件的各种技术要求，如尺寸精度、表面质量要求等，工艺部门要根据零件图制造毛坯、制订工艺规程、设计工艺装备等。所以，零件图是制造和检验零件的重要依据。

13.1.2　零件图的内容

图 13-1 所示是一个端盖，图 13-2 是它的零件图。

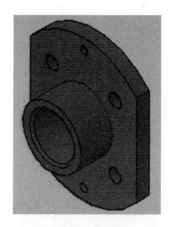

图 13-1　端盖

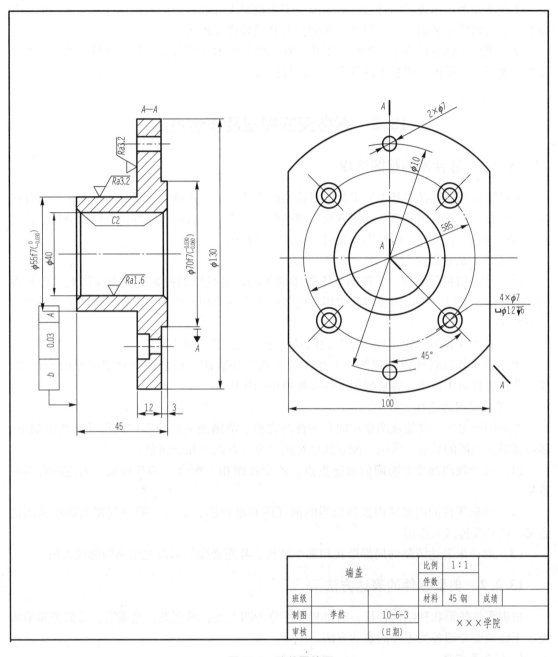

图 13-2　端盖零件图

从图 13-2 可以看出，一张完整的零件图通常包括下列内容：

（1）一组视图。在零件图中，需用一组视图来表达零件的形状和结构，应根据零件的结构特点，选择适当的剖视、断面、局部放大等表达方法，用简明的方法将零件的形状、结构表达清楚。

（2）完整的尺寸。零件图上的尺寸不仅要标注完整、清晰，而且要合理，能够满足设计意图，宜于制造生产，便于检验。

①技术要求。用规定的符号、数字或文字来说明零件在制造、检验过程中应达到的一些要求，如表面质量要求、尺寸公差、几何公差和热处理要求等。

②标题栏。标题栏位于图纸的右下角，在标题栏中填写零件的名称、材料、数量、绘图比例以及设计、描图、审核人的签字、日期等内容。

13.2　零件图的视图及表达方法

13.2.1　零件图的视图选择

零件图的视图选择的基本要求是选择恰当的表达方法，正确、完整、清晰地表达零件的内外结构，并力求绘图简单、读图方便。要达到这个要求，就要对零件进行结构分析，依据零件的结构特点，选择一组视图，关键是选择好主视图。

1. 主视图的选择原则

（1）形状特征最明显。主视图是零件图的核心，主视图的投影方向直接影响其他视图的投影方向，所以，主视图要将组成零件的各形体之间的相互位置和主要形体的形状结构表达清楚。

（2）以加工位置确定主视图。其目的是使加工制造者看图方便。

（3）以工作位置确定主视图。工作位置是指零件装配在机器或部件中工作时的位置。按工作位置选取主视图，容易想象零件在机器中的作用。

2. 其他视图的选择

主视图确定后，其他视图要在配合主视图完整、清晰地表达出零件的形状结构前提下，尽可能减少视图的数量，所以，配置其他视图时应注意以下几个问题：

（1）每个视图都要有明确的表达重点，各个视图相互配合、相互补充，表达内容不应重复。

（2）根据零件的内部结构选择恰当的剖视图和断面图，一定要明确剖视图和断面图的意义，使其发挥最大作用。

（3）对尚未表达清楚的局部形状和细小结构，补充必要的局部视图和局部放大图。

13.2.2　典型零件的表达方法

根据零件的形状和结构特征，通常将零件分为四大类：轴套类、盘盖类、叉架类和箱体类。下面简要介绍各类零件的表达方法。

1. 轴套类零件

轴套类零件主要在车床或磨床上加工，所以主视图的轴线应水平放置。这类零件一般不画视图为圆的侧视图，而是根据需要围绕主视图画一些局部视图、断面图和局部放大图，如图13-3所示。

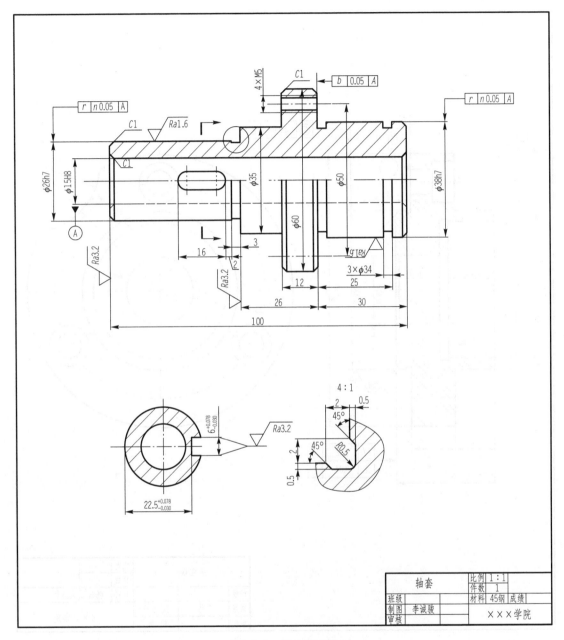

图 13-3　轴套类零件

2. 盘盖类零件

盘盖类零件主要在车床上加工，所以轴线亦应水平放置，一般选择非圆方向为主视图，根据其形状特点再配合画出局部视图或左视图，如图 13-4 所示。

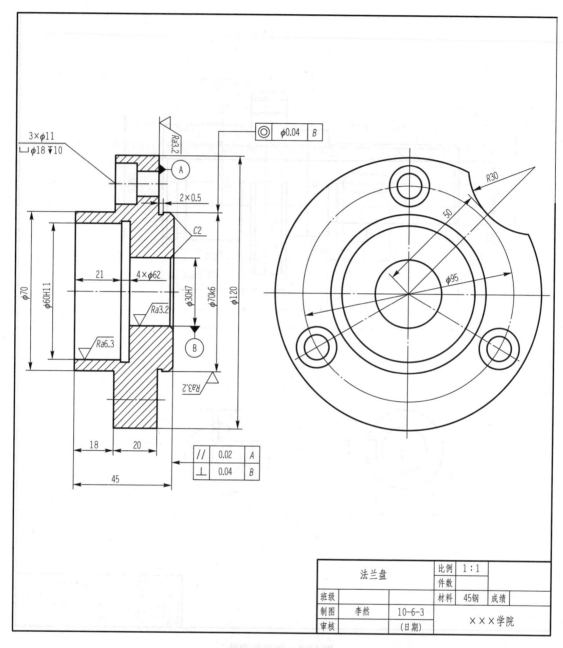

图13-4 盘盖类零件

3. 叉架类零件

　　叉架类零件的形状结构一般比较复杂，加工方法和加工位置不止一个，所以主视图一般以工作位置摆放，一般需 2～3 个视图，再根据需要配置一些局部视图、斜视图或断面图。图示支架零件，主视图按工作位置绘制，采用了局部剖视图，左视图也采用了局部剖视图，此外采用了 A 向局部视图表示下部凸台的形状，如图 13-5 所示。

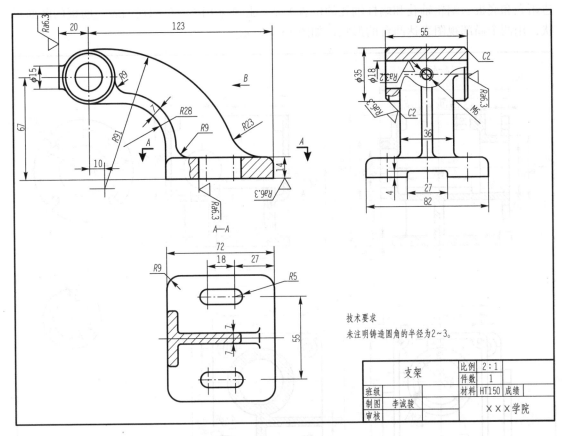

技术要求

未注明铸造圆角的半径为2～3。

支架		比例	2:1
		件数	1
班级		材料	HT150	成绩
制图	李诚骏		×××学院
审核			

图 13-5　叉架类零件

4. 箱体类零件

箱体类零件的结构一般比较复杂，加工位置不止一个，其他零件和它有装配关系，因此，主视图一般按工作位置绘制，需采用多个视图，且各视图之间应保持直接的投影关系，没表达清楚的地方再采用局部视图或局部断面图表示。如图 13-6 所示的减速器箱体，其结构比较复杂，基础形体由底板、箱壳、"T"形肋板、互相垂直的蜗杆轴孔（水平）和蜗轮轴孔系（垂直）组成，蜗轮轴孔在底板和箱壳之间，其轴线与蜗杆轴孔的轴线垂直异面，"T"形肋板将底板、箱壳和蜗轮轴孔连接成一个整体。

减速器箱体主视图采用全剖视图，主要表达蜗杆轴孔、箱壳、肋板的形状和关系；左视图采用 $B-B$ 全剖视，主要表达蜗轮轴孔、箱壳的形状和关系；俯视图绘制成外形图，主要表

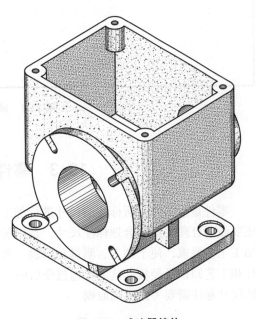

图 13-6　减速器箱体

达箱壳和底板、蜗轮轴孔和蜗杆轴孔的位置关系；此外采用 $C - C$ 剖视图表达肋板的断面形状，用两个局部视图表达凸台的形状，如图 13-7 所示。

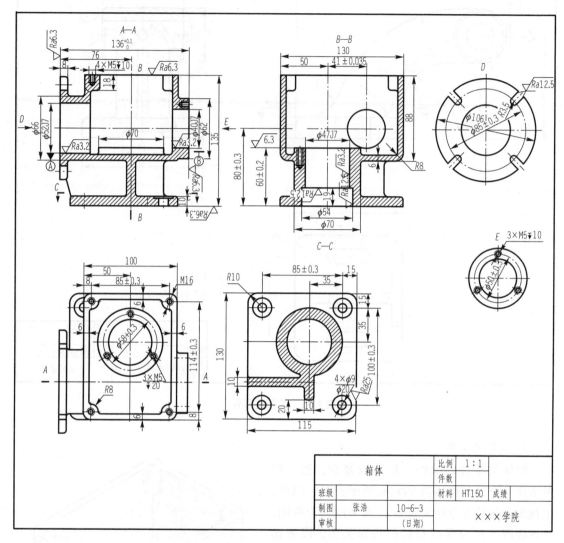

图 13-7　减速器箱体零件图

13.3　零件图的尺寸标注

　　零件是按零件图所标注的尺寸进行加工和检验的。标注尺寸除了正确、完整、清晰外，还要做到合理。所谓合理标注尺寸，是指所标注的尺寸既要满足零件的设计要求，又要符合加工工艺要求，便于加工、测量和检验。要达到合理标注尺寸的要求，需要具备较丰富的设计和工艺知识及经验，这需要通过今后的专业课学习和在工作实践中逐步掌握。一般零件图的尺寸标注需要考虑下列原则。

1. 满足设计要求

（1）重要尺寸必须直接注出。零件上的重要尺寸必须直接注出，以保证设计要求。如零件上反映零件所属机器（或部件）规格性能的尺寸、零件间的配合尺寸、有装配要求的尺寸以及保证机器（或部件）正确安装的尺寸等，都应直接注出，不能通过其他尺寸计算，如图 13-8 中的尺寸 A。

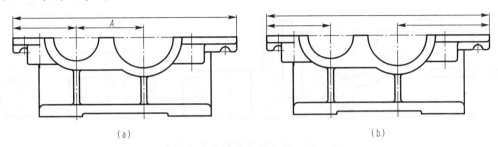

图 13-8　重要尺寸直接注出

（a）合理；（b）不合理

（2）尺寸不能注成封闭的尺寸链。所谓尺寸链，是指头尾相接的尺寸形成的尺寸组，每个尺寸是尺寸链的一环。图 13-9（a）构成一封闭的尺寸链，这样标注的尺寸在加工时往往难以保证设计要求。因此，实际标注尺寸时，一般在尺寸链中选择一个最不重要的尺寸不注，通常称之为开口环，如图 13-9（b）所示。

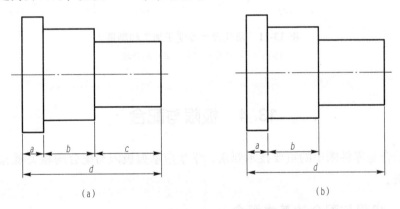

图 13-9　不能注成封闭的尺寸链

（a）封闭尺寸链；（b）开口环

2. 符合加工工艺要求

尺寸标注要尽可能符合工艺要求。如图 13-10 所示，轴承盖的半圆孔是和轴承座配合在一起加工的，所以要标注直径。半圆键的键槽也要标注直径，以便于选择铣刀。铣平键键槽时，键槽深要以素线为基准。轴的长度尺寸考虑了加工时的顺序。

3. 便于加工和测量

零件图中所注尺寸要便于加工和测量，如图 13-11 所示。

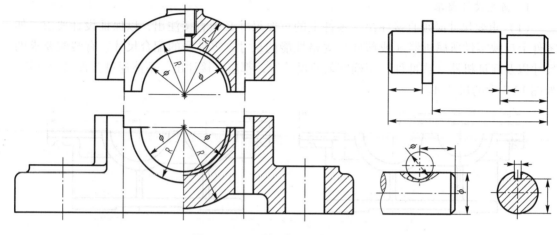

图 13-10 尺寸标注要符合工艺要求

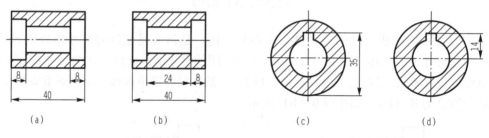

| （a） | （b） | （c） | （d） |

图 13-11 所注尺寸要便于加工和测量

（a）、（c）合理；（b）、（d）不合理

13.4 极限与配合

极限与配合是零件图中的重要技术要求，学生应掌握极限与配合的相关概念及在零件图中的标注方法。

13.4.1 极限与配合的基本概念

（1）公称尺寸：设计时确定的尺寸，如图 13-12 中的 $\phi50$。

（2）最大极限尺寸：零件实际尺寸所允许的最大值。

（3）最小极限尺寸：零件实际尺寸所允许的最小值。

（4）上极限偏差：最大极限尺寸和基本尺寸的差。孔的上极限偏差代号为 ES，轴的上极限偏差代号为 es。

（5）下极限偏差：最小极限尺寸和基本尺寸的差。孔的下极限偏差代号为 EI，轴的下极限偏差代号为 ei。

上偏差和下偏差统称为极限偏差。

（6）公差：允许尺寸的变动量，公差等于最大极限尺寸和最小极限尺寸的差。

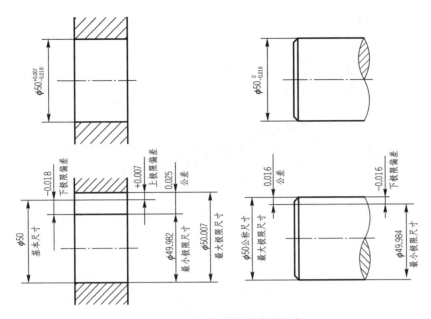

图 13-12　极限与配合的基本概念

13.4.2　公差带图

用零线表示基本尺寸，上方为正，下方为负，用矩形的高表示尺寸的变化范围（公差），矩形的上边代表上偏差，矩形的下边代表下偏差，距零线近的偏差为基本偏差，矩形的长度无实际意义，这样的图形称为公差带图，如图 13-13 所示。

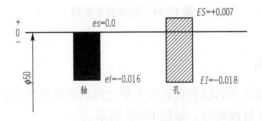

图 13-13　公差带图

13.4.3　标准公差和基本偏差

标准公差是由国家标准规定的公差值，其大小由两个因素决定，一个是公差等级，另一个是基本尺寸。国家标准《产品几何技术规范（GPS）极限与配合　第 2 部分：标准公差等级和孔、轴极限偏差表》（GB/T 1800.2—2009）将公差划分为 20 个等级，分别为 IT01、IT0、IT1、IT2、IT3……IT17、IT18。其中 IT01 精度最高，IT18 精度最低。

轴和孔的基本偏差系列代号各有 28 个，用字母或字母组合表示，孔的基本偏差代号用大写字母表示，轴的基本偏差代号用小写字母表示，如图 13-14 所示。基本偏差决定公差带的位置，标准公差决定公差带的高度。

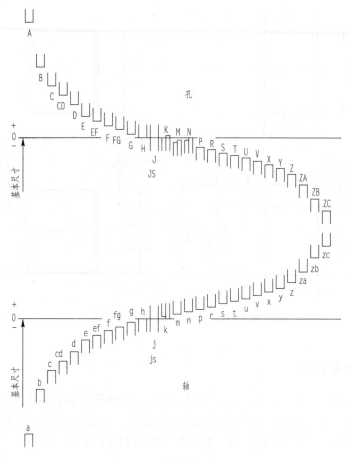

图 13-14　基本偏差系列

13. 4. 4　配合种类

公称尺寸相同，相互结合的轴和孔的公差带之间的关系称为配合。按配合性质不同可分为间隙配合、过盈配合和过渡配合，如图 13-15 所示。

（1）间隙配合：保证具有间隙（包括最小间隙为零）的配合。此时，孔的公差带在轴的公差带之上。在间隙配合中，孔的最小极限尺寸与轴的最大极限尺寸之差为最小间隙；孔的最大极限尺寸与轴的最小极限尺寸之差为最大间隙。

（2）过盈配合：保证具有过盈（包括最小过盈为零）的配合。此时，孔的公差带在轴的公差带之下。在过盈配合中，孔的最小极限尺寸与轴的最大极限尺寸之差为最大过盈；孔的最大极限尺寸与轴的最小极限尺寸之差为最小过盈。

（3）过渡配合：可能具有间隙，也可能具有过盈的配合。此时，孔的公差带和轴的公差带相互交叠。

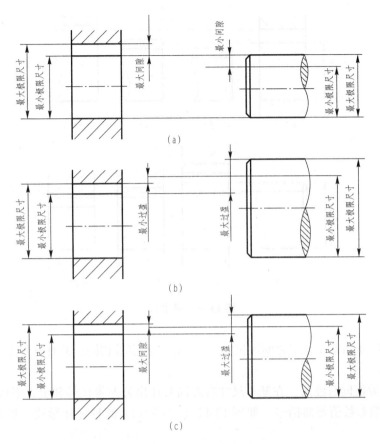

图 13-15　配合种类

（a）间隙配合；（b）过盈配合；（c）过渡配合

13.4.5　基准制

采用基准制是为了统一基准件的极限偏差，从而达到减少零件加工定值刀具和量具的规格数量的目的。国家标准规定了两种配合制度：基孔制和基轴制，如图 13-16 所示。

基孔制配合是基本偏差为零的孔的公差带，与不同基本偏差的轴的公差带形成各种配合的一种制度。基孔制配合的孔称为基准孔，其基本偏差代号为 H，下极限偏差为零。

基轴制配合是基本偏差为零的轴的公差带，与不同基本偏差的孔的公差带形成各种配合的一种制度。基轴制配合的轴称为基准轴，其基本偏差代号为 h，上极限偏差为零。

13.4.6　极限与配合在零件图中的标注

极限与配合在零件图中的标注有下列三种标注形式：

（1）代号注法：在基本尺寸右边注出公差带代号，如图 13-17（a）所示，公差带代号的字号与基本尺寸的字号相同。此种标注形式一般用于批量生产的零件。

（2）数值注法：在基本尺寸右边注出上、下极限偏差数值，如图 13-17（b）所示，上极限偏差在基本尺寸右上方，下极限偏差与基本尺寸在同一底线上，上、下极限偏差的数字字号应比基本尺寸字号小一号；当上、下极限偏差的绝对值相同时，偏差数字可只注写一

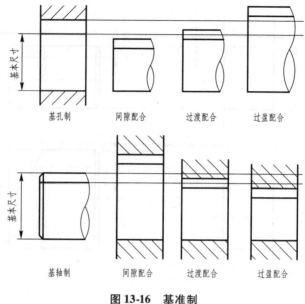

图 13-16 基准制

次，并在公称尺寸和偏差数字之间注出"±"，且二者字号相同。此种标注形式一般用于单件生产的零件。

（3）代号数值同时注法：在基本尺寸右边同时注出公差带代号和上、下极限偏差数值，且上、下极限偏差数值要加括号，如图 13-17（c）所示。此种标注形式一般用于生产批量不定的零件。

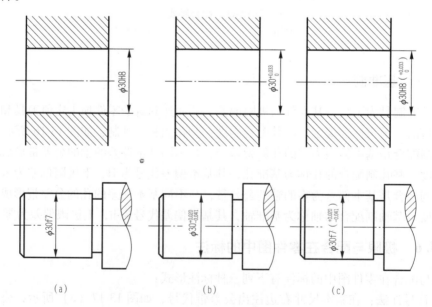

图 13-17 极限与配合在零件图中的标注

还需要注意的是，当同一公称尺寸的表面具有不同的尺寸公差要求时，应用细实线分开，并在细实线两侧分别标注其公差。

13.5　读零件图的方法及步骤

在设计、生产和学习过程中，读零件图是一项很重要的工作。读零件图要解决以下几个问题：想象零件的结构形状，了解零件的材料，看懂零件的尺寸大小，掌握各加工表面的技术要求。

读图仍然要遵从由整体到局部的原则，用形体分析法和线面分析法研究零件的结构和尺寸，看零件图是在组合体看图的基础上增加零件的精度分析、结构工艺性分析等。下面以图 13-18 为例，说明读零件图的方法及步骤。

（1）看标题栏。看一张零件图，要从标题栏入手，从标题栏了解零件的材料，由材料了解零件毛坯的制造方法。图 13-18 所示的机座零件的材料为 HT200，所以毛坯的制造方法为铸造。

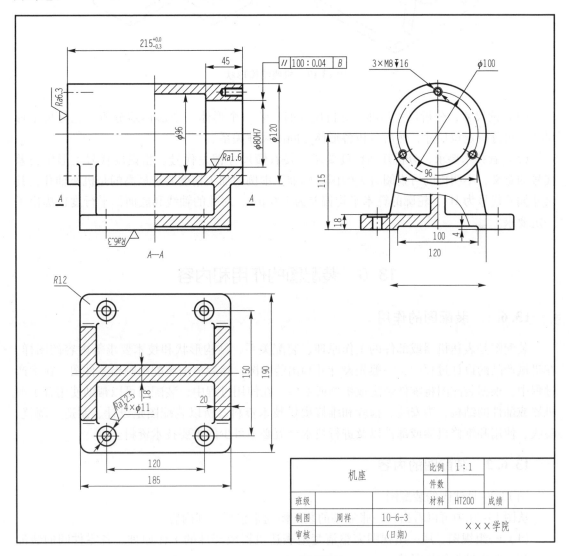

图 13-18　机座零件图

（2）分析视图表达方法，弄清各视图的剖切位置和视图之间的关系。图 13-18 所示机座零件图，主视图采用半剖，左视图采用局部剖，俯视图采用全剖，并在主视图上做了标记。

（3）分析视图，想象零件的形状。先从基础形体入手，由大到小逐步想象零件的形状。图 13-19 所示为机座的形状及想象过程。

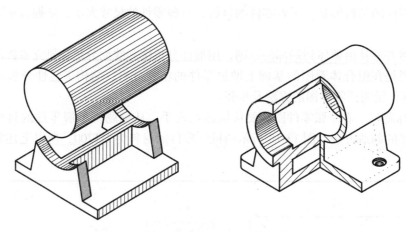

图 13-19　机座结构形状

（4）读尺寸，分析尺寸基准。分析尺寸时，要一个形体一个形体地分析，先分析定形尺寸，再分析定位尺寸，然后分析各形体之间的尺寸关系。

（5）看技术要求，分析几何精度要求。要看懂尺寸偏差代号、粗糙度代号、形位公差代号的意义，不明白的可查阅有关的国家标准。本例中加工精度要求最高的是机座轴孔，其尺寸偏差代号为 H7，轮廓的算术平均偏差为 1.6 μm，对孔的轴线和底面的平行度也提出了一定要求。

13.6　装配图的作用和内容

13.6.1　装配图的作用

装配图是表达机器或部件的工作原理、装配关系、结构形状和技术要求等内容的图样。在机械产品的设计过程中，一般先设计并画出装配图，然后根据装配图画出零件图。在生产过程中，根据装配图将零件装配成机器或部件。在使用过程中，装配图可以帮助使用者了解机器或部件的结构，为安装、检验和维修提供技术资料。所以装配图是设计、制造、调整、验收、使用和维修机器或部件以及进行技术交流必不可少的重要技术资料。

13.6.2　装配图的内容

图 13-20 是球阀的装配图。

从图 13-20 中可以看出，一张完整的装配图通常包括下列内容：

（1）一组视图。用一组视图完整清楚地表达机器或部件的工作原理、各零件间的装配关系和主要零件的结构形状。

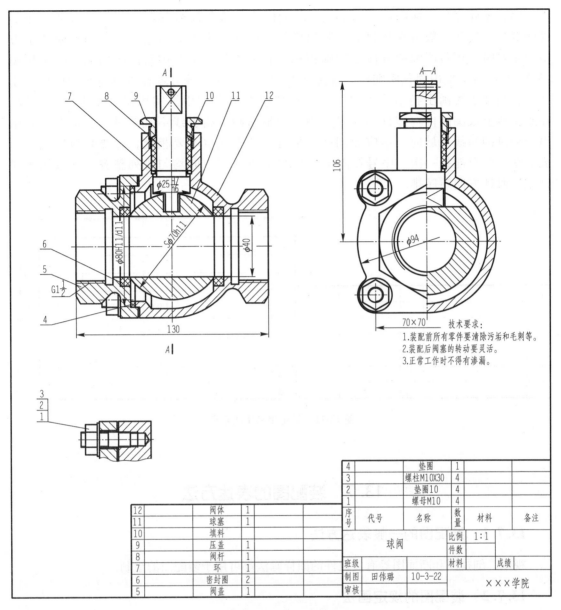

技术要求:
1.装配前所有零件要清除污垢和毛刺等。
2.装配后阀塞的转动要灵活。
3.正常工作时不得有渗漏。

4		垫圈	1		
3		螺柱M10X30	4		
2		垫圈10	4		
1		螺母M10	4		
序号	代号	名称	数量	材料	备注

12		阀体	1		
11		球塞	1		
10		填料			
9		压盖	1		
8		阀杆	1		
7		环	1		
6		密封圈	2		
5		阀盖	1		

球阀	比例	1:1
	件数	
班级		材料		成绩	
制图	田伟璐	10-3-22	×××学院
审核			

图 13-20　球阀装配图

（2）必要的尺寸。在制造零件时是根据零件图制造的，装配图上只需要标注机器或部件的性能（规格）尺寸、配合尺寸、安装尺寸、外形尺寸等。性能（规格）尺寸在设计时已确定，它是设计机器和选用机器的重要依据；配合尺寸是指两零件间有配合要求的尺寸，一般要标注出尺寸和配合代号；安装尺寸是指将机器或部件安装在地基上或其他机器或部件上所需要的尺寸，如滑动轴承中底板的尺寸；外形尺寸是指机器或部件的外形轮廓尺寸，如总高、总宽、总长等尺寸。

（3）技术要求。用来说明机器或部件性能、装配和调整要求、试验与验收条件以及使用要求等内容的文字符号。

（4）零件序号、标题栏、明细栏。装配图中的零件序号和明细栏用于说明每个零件的名称、代号、数量和材料等。明细栏位于标题栏上方并与它相连，当标题栏上方空间不足时，可将明细栏分段依次画在标题栏的左侧，本章中装配图的明细栏采用图13-21所示的学生用简化明细栏。编排零件序号时应在被编号零件可见轮廓线内画一小圆点，用细实线画出指引线引出图外，在指引线的端部用细实线画一水平线或圆圈，在水平线上或圆圈内写零件的序号。为使图形清晰，指引线不宜穿过太多的图形，指引线通过剖面线区域时，不应和剖面线平行，指引线也不要相交，必要时指引线可画成折线，但只能折一次。序号在图上应按水平或垂直方向均匀排列整齐，并按照顺时针或逆时针方向顺序排。

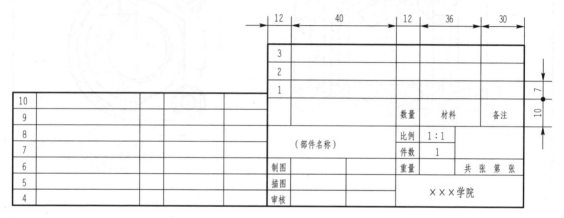

图13-21　学生用简化明细栏

13.7　装配图的表达方法

13.7.1　装配图的一般表达方法

视图、剖视图和断面图等有关机件的图样画法都可用于装配图的绘制。

13.7.2　装配图的规定画法

下面以图13-22为例，说明装配图的规定画法。

（1）装配图中，相邻两个零件的剖面线应画成倾斜相反方向或间隔不同，但同一零件在各剖视图或断面图中的剖面线应完全一致。对于轮廓线间距离小于2 mm的窄剖面区域，其剖面符号用涂黑表示。

（2）装配图中，两个零件的接触表面和配合表面只画一条线，不接触面或非配合面之间则应画成两条线，分别表示各零件的轮廓。

（3）装配图中，标准件及轴、连杆、球、手柄等实心零件被纵向剖切且剖切面通过其对称平面或轴线时，这些零件按不剖来绘制。如需特别表明这些零件上的某些结构，如凹槽、键槽、销孔等，可采用局部剖视图。

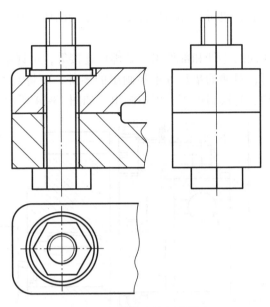

图 13-22　装配图的规定画法

13.7.3　装配图的特殊表达方法

1. 假想画法

如选择的视图已将大部分零件的形状、结构表达清楚，但仍有少数零件的某些方面还未表达清楚时，可单独画出这些零件的视图或剖视图。为表示部件（或机器）的作用和安装方法，可将其他相邻零件的部分轮廓用双点画线画出。假想轮廓的剖面区域内不画剖面线，如图 13-23 所示。

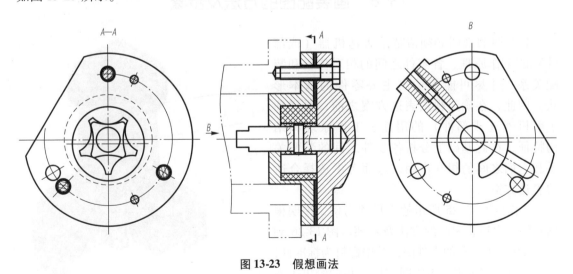

图 13-23　假想画法

2. 拆卸画法

当某些零件的图形遮住了其后的需要表达的零件，或在某一视图上不需要画出某些零件时，可拆去某些零件后绘制，也可选择沿零件结合面进行剖切的画法。

3. 简化画法

对于装配图中若干相同的零件和部件组，如螺栓连接等，可详细地画出一组，其余只需用点画线表示其位置即可；对薄的垫片等不易画出的零件，可将其涂黑；零件的工艺结构，如小圆角、倒角、退刀槽、起模斜度等，可不画出，如图 13-24 所示。

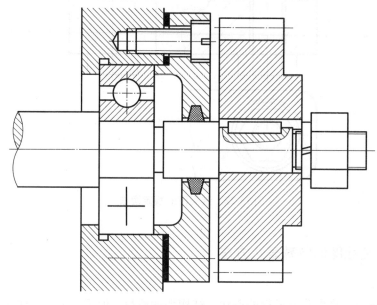

图 13-24　简化画法

13.8　画装配图的方法及步骤

装配图的视图必须清楚地表达机器（或部件）的工作原理、各零件之间的相对位置和装配关系，并尽可能表达出主要零件的基本形状。因此，在确定视图表达方案之前，要详细了解机器（或部件）的用途、工作原理和结构特征，在此基础上分析各零件之间的装配关系和它们之间的相互作用，进而考虑选择合适的表达方案。

下面以图 13-25 所示的千斤顶为例，说明根据零件图绘制装配图的方法及步骤。图 13-26 到图 13-29 为千斤顶的零件图，其中螺钉为标准件，其尺寸应查表确定，为绘图方便，我们给出了螺钉的零件图。

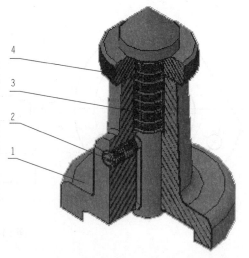

图 13-25　千斤顶

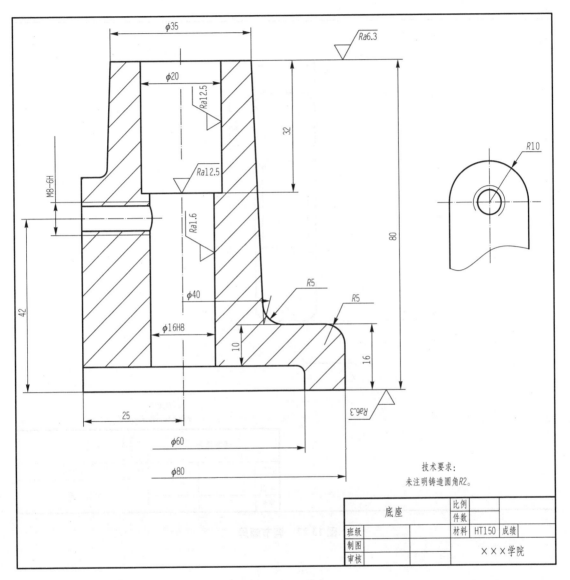

技术要求:
未注明铸造圆角R2。

底座		比例	
		件数	
班级		材料	HT150	成绩
制图			×××学院
审核			

图 13-26　底座

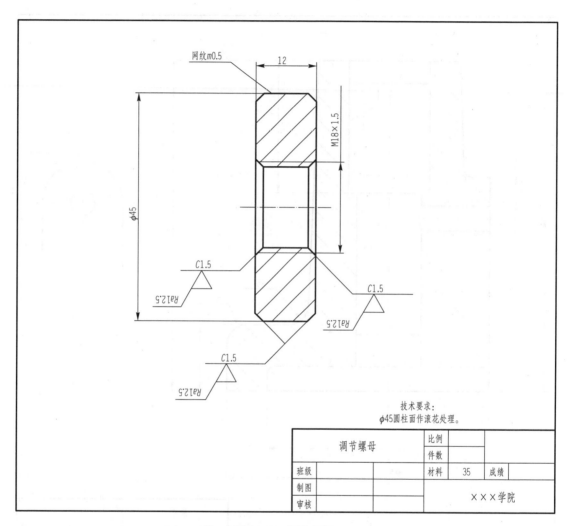

图 13-27　调节螺母

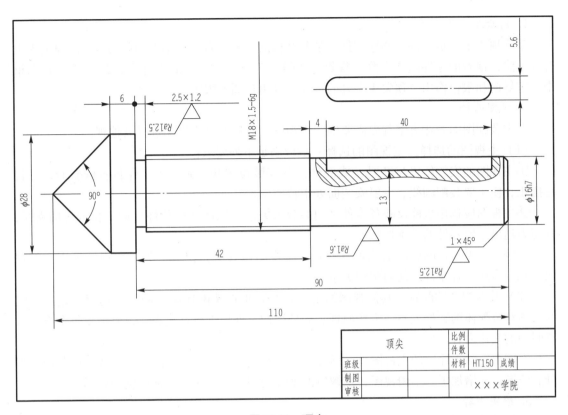

图 13-28　顶尖

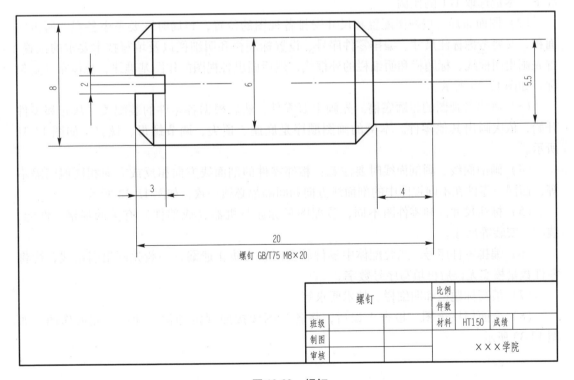

图 13-29　螺钉

1. 用途及工作原理

千斤顶用于支承零件，调整零件上某些结构的水平位置。转动调节螺母 4，使顶尖 3 上升或下降，顶着的零件随之升降。螺钉 2（GB/T75 M8×20）的头部嵌入顶尖 3 的长圆槽中，起导向和限位作用。顶尖 3 上升的最大高度由长圆槽限定。

2. 视图选择

考虑装配图的表达方案首先需要确定主视图，然后配合主视图选择其他视图。

（1）主视图的选择。主视图的选择一般应满足下列要求：

①主视图的安放位置与机器（或部件）的安装位置相一致。当工作位置倾斜时，可将它摆正，使主要装配轴线、主要安装面处于特殊位置。

②主视图应选用最能反映各零件之间的装配关系和机器（或部件）的工作原理的视图，并能表达出主要零件的基本形状。

本例中，千斤顶的底座轴线垂直放置，主视图与其工作位置一致。主视图采用全剖视图，充分表达了各零件之间的装配关系。

（2）其他视图的配置。其他视图的配置就是要根据装配体结构的具体情况，选用一定的视图对装配体的装配关系、工作原理、局部结构及外形进行补充表达，要注意每个视图都有明确的表达内容。

本例中，除千斤顶的主视图外，增加了一个左视图，表达螺钉的头部形状，以及调节螺母的外形；又增加了一个俯视图，从螺钉的轴线处剖切，表达千斤顶底座的外形。

3. 绘图步骤

（1）确定图幅及比例。根据所确定的表达方案，选取合适的图幅及比例。在可能的情况下，尽量选取 1:1 的比例。

（2）图面布局。按视图配置和尺寸安排各视图的位置，布局时既要考虑各视图所占的面积，又要考虑标注尺寸、编排零件序号、设置标题栏和明细栏以及填写技术要求的位置。首先画出图框线、标题栏和明细栏的外框线，然后画出各视图的作图基准线，总体布局要匀称，如图 13-30 所示。

（3）画出各视图的轮廓底稿。先画主要零件，然后根据各零件的装配关系从相邻零件开始，依次画出其他零件。本例的画图顺序是底座、顶尖、调节螺母、螺钉，如图 13-31 所示。

（4）画剖面线。画剖面线时要注意：相邻零件的剖面线方向相反或方向相同但间隔不等；而同一零件在不同视图中的剖面线方向和间隔都必须一致，如图 13-32 所示。

（5）标注尺寸。和零件图不同，装配图只标注与机器（或部件）有关的规格、性能、装配、安装等尺寸。

（6）编排零件序号。当装配体中零件较多时，为防止遗漏，一般先画出引出线，待将零件数量核实无误后再填写序号数字。

（7）填写标题栏和明细栏、技术要求等。

（8）全面校核全图。检查无误后，将各类图线按照规定加深、加粗，完成作图，如图 13-33 所示。

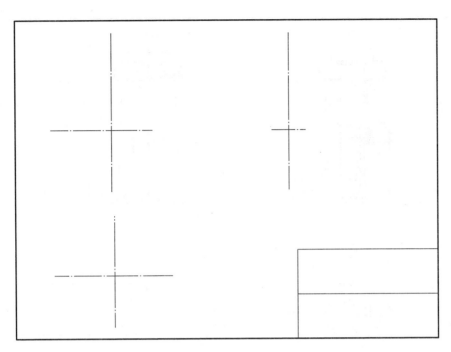

图 13-30　图面布局

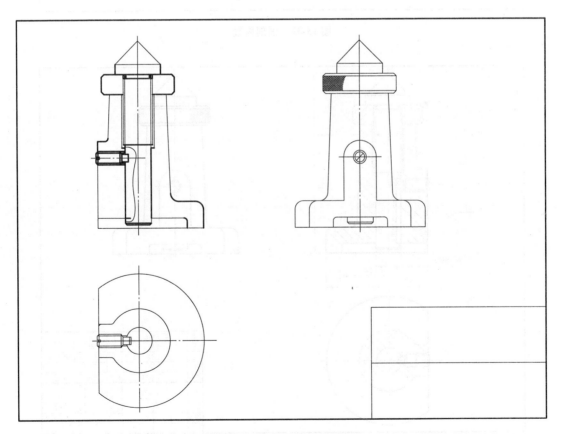

图 13-31　画各视图的轮廓底稿

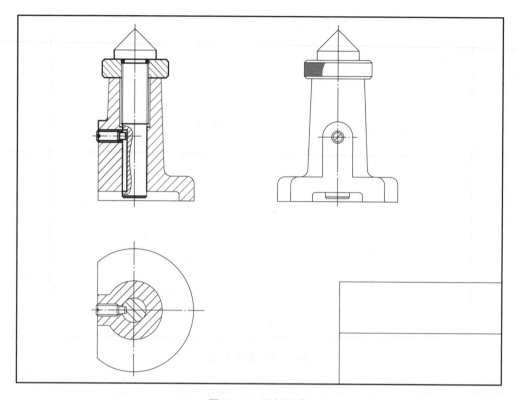

图 13-32　画剖面线

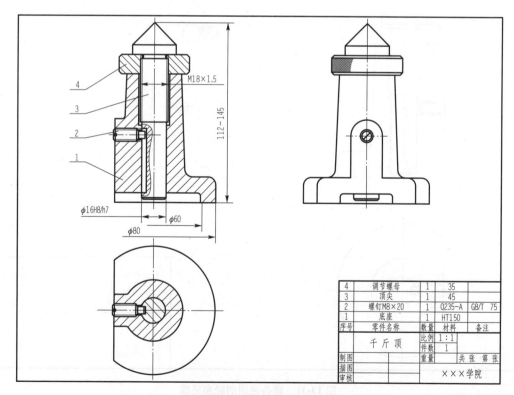

图 13-33　完成作图

13.9 读装配图的方法及步骤

读装配图时，应特别注意从机器或部件中分离出每一个零件，并分析其主要结构形状和作用，以及同其他零件的关系，然后将各个零件合在一起，分析机器或部件的作用、工作原理及防松、润滑、密封等系统的原理和结构，必要时还应查阅有关的专业资料。

不同的工作岗位，看图的目的是不同的，有的要仅了解机器或部件的用途和工作原理；有的要了解零件的连接方法和拆卸顺序；有的要拆画零件图等。下面以图 13-34 为例，说明读装配图的方法及步骤。

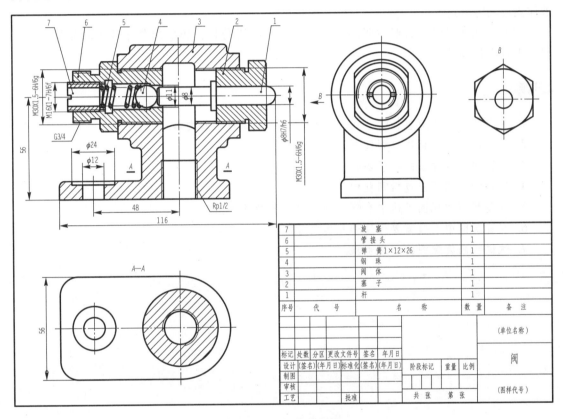

图 13-34　阀的装配图

（1）概括了解。从标题栏和有关的说明书中了解机器或部件的名称与大致用途，从明细栏和图中的序号了解机器或部件的组成。

（2）对视图进行初步的分析，明确装配图的表达方法、投影关系和剖切位置，并结合标注的尺寸想象出主要零件的结构形状。

图 3-34 所示为阀的装配图。该部件装配在液体管路中，用以控制管路的通与不通，采用了主视图（全剖）、俯视图（全剖）、左视图和 B 向局部视图的表达方法，有一条装配轴线，部件通过阀体上的 G1/2 螺纹孔、φ12 螺栓孔和管接头上的 G3/4 螺纹孔装入液体管路中。

（3）分析工作原理和装配关系。在概括了解的基础上，应对照各视图进一步研究机器或部件的工作原理和装配关系，从反映工作原理的视图入手，分析机器或部件中零件的运动情况，从而了解机器或部件的工作原理，从反映装配关系的视图入手，分析各条装配轴线，弄清零件相互间的配合要求、定位和连接方式等。

图 13-34 所示阀的工作原理从主视图上看最清楚，当旋转塞子 2 推动杆 1 向左压钢球 4 时，管路接通；当旋转塞子向右移动时，钢球在弹簧 5 作用下，向右运动关闭管路，用旋塞 7 可以调节弹簧的压力。装配时，先将钢球和弹簧装入管接头 6 中，然后旋入旋塞 7，调整好压力后，再将管接头旋入阀体左侧 M30×1.5 的螺孔中，右侧将杆 1 装入塞子 2 中，再将塞子旋入阀体右侧 M30×1.5 的螺孔中。杆 1 和管接头 6 径向有 7 mm 的间隙，管路接通时，液体由此间隙流过。

（4）分析零件结构，对主要的复杂零件进行投影分析，想象出其主要形状及结构，必要时拆画出其零件图。

习题

1. 完整的零件图应包括哪些内容？标题栏中应填写哪些内容？
2. 零件图的尺寸标注有哪些要求？
3. 试说明读零件图的一般步骤。
4. 完整的装配图应包括哪些内容？
5. 在装配图的视图表达中有哪些规定画法和特殊画法？
6. 在装配图中一般需要标注哪几类尺寸？
7. 试说明画装配图的一般步骤。

参考文献

[1] 王之煦，吴元骥. 画法几何与工程制图［M］. 3 版. 杭州：浙江大学出版社，1996.
[2] 刘继海，王桂梅. 土木工程图读绘基础［M］. 2 版. 北京：高等教育出版社，2006.
[3] 陈永喜，任德记. 土木工程图学［M］. 武汉：武汉大学出版社，2004.
[4] 孙兰凤，梁艳书. 工程制图［M］. 2 版. 北京：高等教育出版社，2009.
[5] 朱福熙，何斌. 建筑制图［M］. 北京：高等教育出版社，1992.
[6] 刘继海. 画法几何与土木工程制图［M］. 武汉：华中科技大学出版社，2007.
[7] 焦永和. 机械制图［M］. 北京：北京理工大学出版社，2003.
[8] 高俊亭，毕万全. 工程制图［M］. 2 版. 北京. 高等教育出版社，2003.
[9] 朱育万，卢传贤. 画法几何与土木工程制图［M］. 3 版. 北京：高等教育出版社，2005.
[10] 何铭新，李怀健. 画法几何及土木工程制图［M］. 3 版. 武汉：武汉理工大学出版社，2009.
[11] 谢步瀛. 土木工程制图［M］. 上海：同济大学出版社，2004.
[12] 王桂梅. 土木建筑工程设计制图［M］. 天津：天津大学出版社，2002.
[13] 潘睿. 画法几何及土木工程制图［M］. 北京：中国计量出版社，2009.